工作过程导向新理念丛书

中等职业学校教材·计算机专业

常用数码影像制作软件

——会声会影X2+数码故事2008中文版

丛书编委会 主编

清华大学出版社

北京

内容简介

本书根据教育部教学大纲，按照新的“工作过程导向”教学模式编写。为便于教师教学以及学生学习，本书将教学内容分解落实到每一课时，通过“课堂讲解”、“课堂练习”、“课后思考”三个环节实施教学。

本书共12章30课。前9章介绍了“会声会影”软件的应用，第10章介绍了“数码故事”软件的应用，第11和12章为综合实例，全方位地介绍了如何使用这两个软件制作影片和数码相册。每课为两个标准学时，共90分钟内容。建议总学时为一学期，每周4课时，也可以分为两学期授课。

本书可作为中等职业学校影视后期制作专业教材，也可以作为各类技能型紧缺人才培训班教材使用。

本书附有配套素材与教学光盘供学习使用。

图书在版编目(CIP)数据

常用数码影像制作软件——会声会影X2+数码故事2008中文版/《工作过程导向新理念丛书》编委会主编. —北京：清华大学出版社，2011.2

(工作过程导向新理念丛书)

(中等职业学校教程. 计算机专业)

ISBN 978-7-302-23933-8

Ⅰ. ①常…　Ⅱ. ①工…　Ⅲ. ①图形软件，会声会影X2—专业学校—教材

Ⅳ. ①TP391.41

中国版本图书馆CIP数据核字(2010)第195332号

责任编辑：田在儒　张　弛
责任校对：李　梅
责任印制：王秀菊
出版发行：清华大学出版社　　**地　　址：**北京清华大学学研大厦A座
http://www.tup.com.cn　　**邮　　编：**100084
社　总　机：010-62770175　　**邮　　购：**010-62786544
投稿与读者服务：010-62776969，c-service@tup.tsinghua.edu.cn
质　量　反　馈：010-62772015，zhiliang@tup.tsinghua.edu.cn
印　装　者：北京密云胶印厂
经　　销：全国新华书店
开　　本：180×260　**印　张：**15.25　**字　数：**367千字
附光盘1张
版　　次：2011年2月第1版　　**印　　次：**2011年2月第1次印刷
印　　数：1～3000
定　　价：25.00元

产品编号：040488-01

学科体系的解构与行动体系的重构

——《工作过程导向新理念丛书》代序

职业教育作为一种教育类型，其课程也必须有自己的类型特征。从教育学的观点来看，当且仅当课程内容的选择以及所选内容的序化都符合职业教育的特色和要求之时，职业教育的课程改革才能成功。这里，改革的成功与否有两个决定性的因素：一个是课程内容的选择，一个是课程内容的序化。这也是职业教育教材编写的基础。

首先，课程内容的选择涉及的是课程内容选择的标准问题。

个体所具有的智力类型大致分为两大类：一是抽象思维，一是形象思维。职业教育的教育对象，依据多元智能理论分析，其逻辑数理方面的能力相对较差，而空间视觉、身体动觉以及音乐节奏等方面的能力则较强。故职业教育的教育对象是具有形象思维特点的个体。

一般来说，课程内容涉及两大类知识：一类是涉及事实、概念以及规律、原理方面的"陈述性知识"，一类是涉及经验以及策略方面的"过程性知识"。"事实与概念"解答的是"是什么"的问题，"规律与原理"回答的是"为什么"的问题；而"经验"指的是"怎么做"的问题，"策略"强调的则是"怎样做更好"的问题。

由专业学科构成的以结构逻辑为中心的学科体系，侧重于传授实际存在的显性知识即理论性知识，主要解决"是什么"（事实、概念等）和"为什么"（规律、原理等）的问题，这是培养科学型人才的一条主要途径。

由实践情境构成的以过程逻辑为中心的行动体系，强调的是获取自我建构的隐性知识即过程性知识，主要解决"怎么做"（经验）和"怎样做更好"（策略）的问题，这是培养职业型人才的一条主要途径。

因此，职业教育课程内容选择的标准应该以职业实际应用的经验和策略的习得为主，以适度够用的概念和原理的理解为辅，即以过程性知识为主、陈述性知识为辅。

其次，课程内容的序化涉及的是课程内容序化的标准问题。

知识只有在序化的情况下才能被传递，而序化意味着确立知识内容的框架和顺序。职业教育课程所选取的内容，由于既涉及过程性知识，又涉及陈述性知识，因此，寻求这两类知识的有机融合，就需要一个恰当的参照系，以便能以此为基础对知识实施"序化"。

按照学科体系对知识内容序化，课程内容的编排呈现出一种"平行结构"的形式。学科体系的课程结构常会导致陈述性知识与过程性知识的分割、理论知识与实践知识的分割，以及知识排序方式与知识习得方式的分割。这不仅与职业教育的培养目标相悖，而且与职业教育追求的整体性学习的教学目标相悖。

按照行动体系对知识内容序化，课程内容的编排则呈现一种"串行结构"的形式。在学习过程中，学生认知的心理顺序与专业所对应的典型职业工作顺序，或是对多个职业工作过程加以归纳整合后的职业工作顺序，即行动顺序，都是串行的。这样，针对行动顺序的每一个工作过程环节来传授相关的课程内容，实现实践技能与理论知识的整合，将收到事半功倍的效果。鉴于每一行动顺序都是一种自然形成的过程序列，而学生认知的心理顺序也是循序渐进自然形成的过程序列，这表明，认知的心理顺序与工作过程顺序在一定程度上是吻合的。

需要特别强调的是，按照工作过程来序化知识，即以工作过程为参照系，将陈述性知识与过程性知识整合、理论知识与实践知识整合，其所呈现的知识从学科体系来看是离散的、跳跃的和不连续的，但从工作过程来看，却是不离散的、非跳跃的和连续的了。因此，参照系在发挥着关键的作用。课程不再关注建筑在静态学科体系之上的显性理论知识的复制与再现，而更多的是着眼于蕴含在动态行动体系之中的隐性实践知识的生成与构建。这意味着，**知识的总量未变，知识排序的方式发生变化，正是对这一全新的职业教育课程开发方案中所蕴含的革命性变化的本质概括**。

由此，我们可以得出这样的结论：如果“工作过程导向的序化”获得成功，那么传统的学科课程序列就将“出局”，通过对其保持适当的“有距离观察”，就有可能解放与扩展传统的课程视野，寻求现代的知识关联与分离的路线，确立全新的内容定位与支点，从而凸显课程的职业教育特色。因此，“工作过程导向的序化”是一个与已知的序列范畴进行的对话，也是与课程开发者的立场和观点进行对话的创造性行动。这一行动并不是简单地排斥学科体系，而是通过“有距离观察”，在一个全新的架构中获得对职业教育课程论的元层次认知。所以，**“工作过程导向的课程”的开发过程，实际上是一个伴随学科体系的解构而凸显行动体系的重构的过程**。然而，学科体系的解构并不意味着学科体系的“肢解”，而是依据职业情境对知识实施行动性重构，进而实现新的体系——行动体系的构建过程。不破不立，学科体系解构之后，在工作过程基础上的系统化和结构化的产物——行动体系也就“立在其中”了。

非常高兴，作为中国“学科体系”最高殿堂的清华大学，开始关注占人类大多数的具有形象思维这一智力特点的人群成才的教育——职业教育。坚信清华大学出版社的睿智之举，将会在中国教育界掀起一股新风。我为母校感到自豪！

王如[illegible]

2006年8月8日

《工作过程导向新理念丛书》编委会名单

前　　言

随着高新技术的发展，数码相机以及数码摄像机已经成为人们生活娱乐的重要组成部分。随着计算机软件操作越来越简单化，人们使用计算机编辑自己想要的影片或者数码相册，并将其制作成光盘永久保存，已经不再是梦想。

在迅速更新的多媒体技术中，会声会影由于简单易学，已成为最常用的一款视频编辑软件。它不仅提供了满足家庭或个人所需的影片剪辑功能，还可以挑战专业级的影片剪辑软件。无论是对影视制作的初学者，还是熟练操作的专家，会声会影都能满足将生活中记录的照片、视频进行编辑的要求，可以让奇思妙想变成现实，尽情挥洒无限创意。而数码故事自投入市场以来，已被全球许多国家数以万计的用户所选用。它简单易用又不失灵活性，在制作数码相册方面有其独特的优势。

本书最大的特色是“由任务驱动学习”。通过典型实例详细介绍了会声会影 X2、数码故事 2008 的各项实用功能及其应用方法和技巧，每个实例都按照实际的操作顺序编写，读者只需紧随实例的制作步骤，就可以制作出满意的效果。

本书以“课”的形式展开，全书共 30 课。课前有情景式的“课堂讲解”，包含了“任务背景”、“任务目标”和“任务分析”；课后有“课堂练习”，可分为“任务背景”、“任务目标”、“任务要求”和“任务提示”；课堂练习之后是“练习评价”；每课的最后还安排了“课后思考”。

全书共分 12 章 30 课：

第 1 章(第 1～3 课)介绍了会声会影的基础知识和电子相册的制作；

第 2 章(第 4～5 课)介绍了影视制作过程中对素材的捕获；

第 3 章(第 6～8 课)介绍了会声会影的基本操作，其中包括素材的添加、剪辑等；

第 4 章(第 9～12 课)主要介绍了会声会影中滤镜的添加及设置方法；

第 5 章(第 13～14 课)主要介绍了会声会影中各种转场效果的使用及设置；

第 6 章(第 15～17 课)主要介绍了影片叠加效果的制作方法及技巧；

第 7 章(第 18～19 课)主要介绍了会声会影标题制作的方法及技巧；

第 8 章(第 20～21 课)主要介绍了会声会影中音频素材的录制及剪辑操作；

第 9 章(第 22～23 课)介绍了会声会影影片输出的方法及技巧；

第 10 章(第 24～26 课)介绍了数码故事的操作界面及基本操作方法；

第 11 章(第 27～28 课)介绍了“保留新婚片刻”影片的整个制作过程；

第 12 章(第 29～30 课)介绍了“旅游的记忆”影片的整个制作过程。

本书定位于不同层次的读者。对于初学者，可以跟随详细的操作步骤，完成数码相册和影片的制作，并根据里面涉及的知识点提示对基础知识进行补充学习。对于具有一定软件基础的读者，可通过本书中大量的实例，举一反三，发挥视觉影像的无限创意。

本书附有配套素材与教学光盘供学习使用。

由于编者水平有限，错误和表述不妥的地方在所难免，希望广大读者批评指正。

编　者

2010年10月

目　录

第 1 章

使用会声会影X2

第1课　了解常用数码影像制作知识

随着数码产品地不断普及，普通的数码产品已经走进千家万户，如数码相机、高清 DV 摄像机等。一般用户通过这些设备来拍摄婚庆、景点、人物图像或者视频，但是对有效或者完美的保存这些素材，却不知如何操作。

许多用户都希望将拍摄的图像或者视频做成精美的影像光盘，可是拍摄后才发现，要制作一盘完美的数码影像光盘，仅会使用数码摄像机是远远不够的，后期制作也十分重要。

课堂讲解

任务背景： 小王对数码摄像机玩得十分熟练。有一次和同学去旅游时，拍摄了整个的旅游过程及景点。旅游回来后，想将自己拍摄的视频制作成精美的光盘，然后再与其他同学分享。在制作光盘时，却感觉到自己对数码影像后期制作一点都不了解，于是决定去学习一下后期制作。

任务目标： 了解数码影像后期、电视制式和视频格式等内容。

任务分析： 在学习影像后期制作之前，需要先了解数码影像的基本概念，并了解相关的视频格式、制作的制式等。

1.1　数码影像概述

任何使用数字来记录、存储、应用的影像文件称为数码影像。数码影像可通过软件、扫描仪、数码相机或数码摄像机等直接产生。数码影像文件可以用磁盘、闪存、光盘等数字存储设备存储。

由于数码影像以数字形式表现，复制的副本与原件完全相同，而且可随意输出至电视机、计算机、打印机、传统印刷机及数码印刷机等设备。

1. 数码相机

早期的传统相机使用“胶卷”作为其记录信息的载体，拍摄的图像要进行数字化处理，须经过拍照、冲洗、扫描 3 个步骤。而用数码相机摄影则无须胶卷、冲洗、扫描仪，拍摄的图像可直接输入计算机，如图 1-1 所示。

另外，数码相机实现了“所见即所得”——可立刻看到被拍摄下来的图像，如不满意立即删去。数码相机的存储器可以重复使用，不像传统相机那样需不断购买胶卷。大部分数码

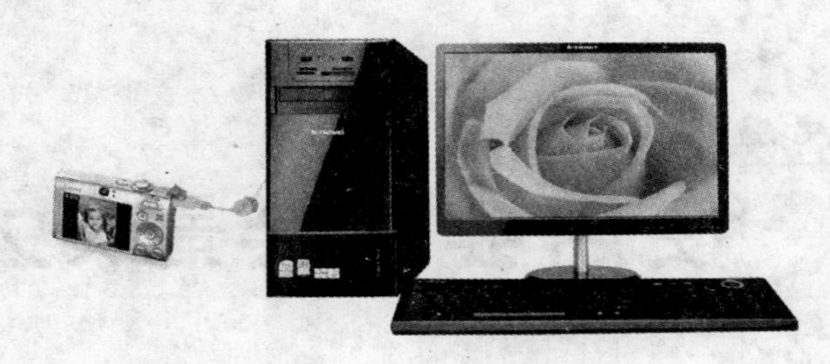

图 1-1

相机具有视频输出功能,可作为一种图像演示设备。用数码相机拍出的照片都以文件形式存在,可无限次复制,永久保存,没有衰减和失真,不存在“胶卷”的底片和照片的霉变等情况。

现在市场上的数码相机种类很多,其工作原理和适用范围都有所不同,也都有各自的优缺点。目前,按照其外观体积和使用用户的不同,常见有以下两种。

1）普通消费级数码相机

这类相机其使用方法与传统的相机并无多大区别(如索尼 T900、尼康 S620),非常方便,适合普通家庭使用,如图 1-2 所示。

2）单反数码相机

单反指单镜头反光,即 SLR(Single Lens Reflex),是当今最流行的取景系统,大多数 35mm 照相机都采用这种取景器。在这种取景方式下,通过反光镜和棱镜的独到设计,使用户可以从取景器中直接观察到通过镜头获得的影像,如图 1-3 所示。

图 1-2

图 1-3

这类相机又可分为入门级数码单反(如尼康 D60、尼康 D80),可以满足普通摄影爱好者的需要；中端数码单反相机(尼康 D90),可以满足大多数摄影场合的要求,性价比也相当高；高端数码单反相机(佳能 EOS 5D MarkII 和尼康 D700),主要是为专业摄影师而设计,在性能和功能方面都有优势。

了解这些专业术语,可以帮助用户快速掌握数码相机拍摄技巧,拍摄出色感十足的照片。其数码摄影的专业术语如下所示。

- CCD(Change-Coupled Device)：一种电荷耦合器件芯片,能够记录通过红、绿、蓝滤色镜的光信号,从而产生数字图像并保存到照相机中。
- 感光度(ISO)：衡量 CCD 需要多少光线才能完成准确曝光的数值。这个数值增大,

CCD对光线的敏感程度也增加，这样就可以在不同的光线下进行拍摄。

- 白平衡：在正常光线下看起来是白颜色的拍摄物，在较暗的光线下看起来可能就比较暗。而白平衡是无论环境光线如何，仍然把“白色”定义为“白色”的一种技术。
- 曝光补偿：在相机测光后，可作不同级数的调整，以使拍摄出来的影像和实际的光线近似。
- 光圈：各级光圈大小的数字叫光圈系数，用f/表示。它是相对口径的倒数，如1：3.5，光圈系数即f/3.5或3.5。光圈口径越小，进光量越少。

2. 数码摄像机

数码摄像机即DV(Digital Video)，中文是“数字视频”的意思。它对图像处理及信号的记录全部是使用数字信号完成的，并且存储数字信号的介质为磁盘方式。

数码摄像机与数码相机相同，都可以分为不同的类型，如按照用途分类如下。

1）广播级机型

这类机型主要应用于广播电视领域，图像质量高，性能全面，但价格较高，体积也比较大，如图1-4所示。

2）专业级机型

这类机型一般应用在广播电视以外的专业电视领域，如电化教育等，图像质量低于广播级摄像机。相对于消费级机型来说，专业DV不仅外形更漂亮，而且在配置上更高，比如采用了有较好品质表现的镜头、CCD的尺寸比较大等，在成像质量和适应环境上更为突出，如图1-5所示。

图　1-4

3）消费级机型

这类机型主要是适合家庭使用的摄像机，应用在图像质量要求不高的非业务场合，比如家庭娱乐等。这类摄像机体积小、重量轻、便于携带、操作简单、价格便宜，如图1-6所示。

图　1-5

图　1-6

1.2　电视制式

电视信号的标准也称为电视制式。电视制式是用来实现电视图像信号和伴音信号或其他信号传输的方法和电视图像的显示格式，以及这种方法和电视图像显示格式所采用的技术标准。

严格来说，彩色电视机的制式有很多种，但在人们的印象中，彩色电视机的制式一般只有3种。

(1) NTSC(National Television System Committee,美国电视系统委员会)制一般被称为正交调制式。其优点是电视接收机电路简单,缺点是容易产生偏色。因此,NTSC制电视机都有一个色调手动控制电路,供用户选择使用。采用这种制式的主要有美国、加拿大和日本等。

(2) PAL(Phase Alternating Line,逐行倒相)制一般被称为逐行倒相式。采用这种制式的主要有中国、德国、英国和其他一些西北欧国家。

(3) SECAM(Sequentiel Couleur A Memoire,顺序传送彩色与记忆制)一般被称为轮流传送式。PAL制和SECAM制可以克服NTSC制容易偏色的缺点,但电视接收机电路复杂,要比NTSC制电视接收机多一个一行延时线电路,并且图像容易产生彩色闪烁。采用这种制式的有法国、苏联和东欧一些国家。

这3种彩色电视制式各有优缺点,所以3种彩色电视制式互相共存至今。

1.3 视频文件格式的分类

文件的格式,就是文件编码类型,文件的结构。视频格式是指不同视频文件的编码类型。常见的视频文件格式有AVI、ASF、MPEG、MOV、RM等。

1. AVI格式

AVI(Audio/Video Interleaved)即音频视频交错格式,很多游戏的片首动画都是AVI格式。它是由Microsoft公司开发的一种数字音频与视频文件格式,对视频文件采用的是一种有损压缩方式,该方式的压缩率较高,并可将音频和视频混合到一起使用。

2. ASF格式

ASF(Advanced Streaming Format)即高级流格式。ASF是Microsoft公司为了和RealPlayer竞争而开发出来的一种可以直接在网上观看视频节目的文件压缩格式。它使用MPEG-4的压缩算法,压缩率和图像的质量很不错。因为ASF是一种可以在网上即时观赏的视频"流"格式,所以影像质量比VCD差,但比另一种视频流格式RAM要好。

3. MPEG/MPG/DAT格式

MPEG(Moving Pictures Experts Group)即动态图像专家组,它是由国际标准化组织ISO(International Standards Organization)与IEC(International Electrotechnical Commission)联合成立,专门用于运动图像(MPEG视频)及其伴音编码(MPEG音频)标准化。

MPEG是运动图像压缩算法的国际标准,包括MPEG-1、MPEG-2和MPEG-4。MPEG-1被广泛地应用在VCD的制作,绝大多数的VCD采用MPEG-1格式压缩。MPEG-2应用在DVD的制作方面、HDTV(高清晰电视广播)和一些高要求的视频编辑、处理方面。MPEG-4是一种新的压缩算法,使用这种算法的ASF格式可以把一部120min长的电影压缩到300MB左右的视频流。

4. DivX格式

DivX是一种将影片的音频由MP3来压缩,视频由MPEG-4技术来压缩的数字多媒体压缩格式。DivX由DivX Networks公司发明,打破了微软ASF种种协定的束缚,由Microsoft MPEG-4 v3修改而来,使用MPEG-4压缩算法。播放这种编码的视频,对机器的要求不高。采用DivX格式的文件小,图像质量好,一张CD-ROM可容纳120min的质量接近DVD的电影。

5. MOV格式

MOV格式是Apple公司开发的一种音频、视频文件格式。QuickTime用于保存音频和视频信息，支持 25 位彩色，支持领先的集成压缩技术，提供 150 多种视频效果，并配有提供了 200 多种 MIDI 兼容音响和设备的声音装置。

6. RM 格式

RM(Real Media)格式是 Real Networks 公司开发的一种新型流式视频文件格式。它可以在网络流量差的条件下实现不间断的视频播放，其图像质量和 MPEG-2、DivX 等相比有一定差距。

1.4　视频文件格式的转换

常见的视频格式有很多，各种格式的文件都有对应的播放器。例如，MOV 格式文件用 QuickTime 播放，RM 格式的文件用 RealPlayer 播放。但各种视频格式之间可以互相转换，下面介绍几种转换方法。

1. AVI 格式转换成 MPEG-1 格式

AVI 和 MPEG 是很常见的视频格式，所以用于格式转换的软件比较多。Honestech MPEG Encorder 软件就能够把 AVI 视频文件转换成 MPEG 视频文件，转换工作快速、准确，如图 1-7 所示。

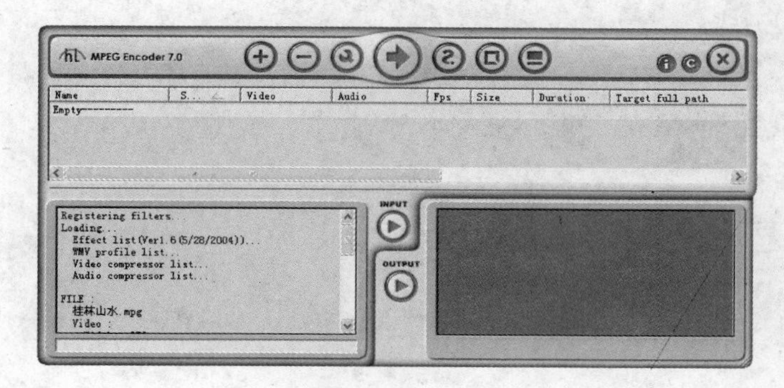

图　1-7

2. MPEG-1 格式转换成 AVI 格式

Honestech MPEG Recorder 软件可以在播放影像文件的时候记录和捕捉活动的图像数据，而且在保证高质量的情况下实现从 MPEG 文件到 AVI 文件的转换，可以节省不少磁盘空间，如图 1-8 所示。

3. MPEG-1 格式转换成 ASF 格式

要将 MPEG-1 格式的影像文件转换成 ASF 视频流格式文件，可以使用 Sonic Foundry Stream Anywhere 和 Windows Media Toolkit 软件等。例如，在 Sonic Foundry Stream Anywhere 软件中打开 MPEG 文件，另存为 ASF 文件就可以了，如图 1-9 所示。

4. AVI 格式转换成 DVD、VCD(MPEG-1)格式

AVI DivX to DVD SVCD VCD Converter 是一款功能强大的转换工具，可以将 AVI、DivX、MPEG-1/2、WMV/ASF 格式转换成能在 VCD/DVD 上播放的 DVD、SVCD、VCD 格式，并且支持刻录。它允许用户自定义输出文件为 NTSC 或者 PAL 格式，产生.m2v 和.mpa 的 DVD 版权信息文件，支持 PAL 和 NTSC 之间的转换，如图 1-10 所示。

honestech Mpeg Recorder
Auto Tune
Chan
Mute
Volume
Cassette
09:34:10
Src
Ctl
option
Sched
Rec

图 1-8

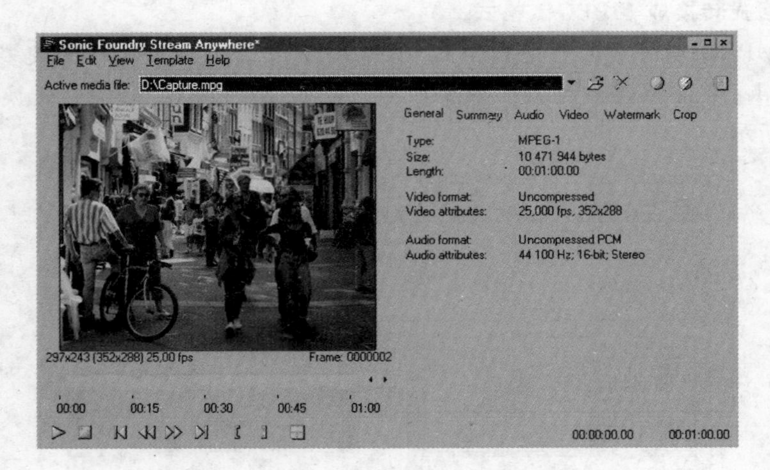
Sonic Foundry Stream Anywhere*
File Edit View Template Help
Active media file: D:\Capture.mpg
General Summary Audio Video Watermark Crop
Type: MPEG-1
Size: 10 471 944 bytes
Length: 00:01:00.00
Video format: Uncompressed
Video attributes: 25,000 fps, 352x288
Audio format: Uncompressed PCM
Audio attributes: 44 100 Hz; 16-bit; Stereo
297x243 (352x288) 25,00 fps
Frame: 0000002
00:00
00:15
00:30
00:45
01:00
00:00:00.00
00:01:00.00

图 1-9

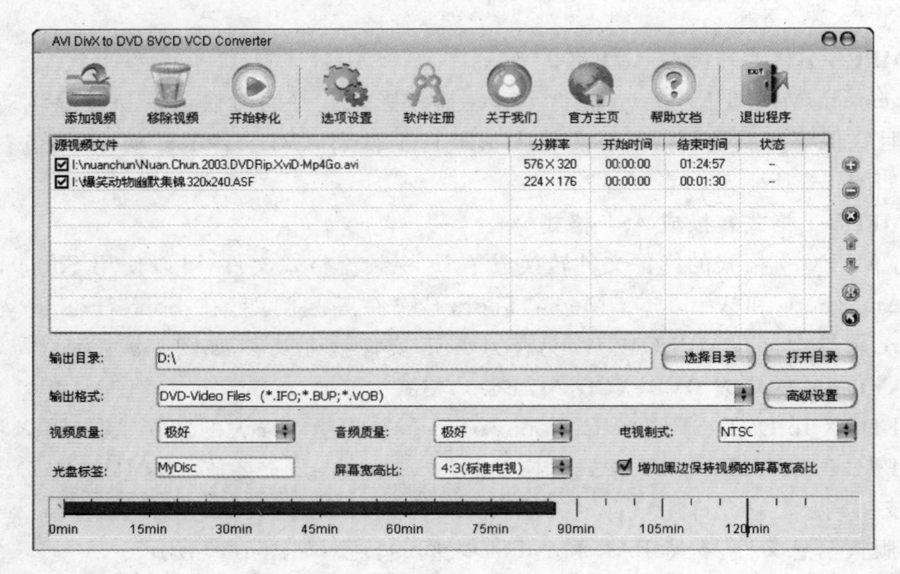
AVI DivX to DVD SVCD VCD Converter
添加视频
移除视频
开始转化
选项设置
软件注册
关于我们
官方主页
帮助文档
退出程序
源视频文件
分辨率
开始时间
结束时间
状态
I:\nuanchun\Nuan.Chun.2003.DVDRip.XviD-Mp4Go.avi
576×320
00:00:00
01:24:57
I:\爆笑动物幽默集锦320x240.ASF
224×176
00:00:00
00:01:30
输出目录:
D:\
选择目录
打开目录
输出格式:
DVD-Video Files (*.IFO;*.BUP;*.VOB)
高级设置
视频质量:
极好
音频质量:
极好
电视制式:
NTSC
光盘标签:
MyDisc
屏幕宽高比:
4:3(标准电视)
增加黑边保持视频的屏幕宽高比
0min
15min
30min
45min
60min
75min
90min
105min
120min

图 1-10

除了以上视频格式转换的方法外，还可以使用专门的视频编辑软件(如 Ulead Mediastudio、MainActor 等)作为格式转换软件。只要是视频编辑软件能打开的格式，就可以另存为它所支持的另外一些格式。

课堂练习

任务背景： 通过第 1 课的学习，小王已经了解数码影像制作的相关内容，并且弄清楚了电视制式和视频格式内容，还可以通过介绍的一些视频转换软件来转换一些视频文件的格式。但是毕竟书本上所介绍的内容是有限的，现在需要小王自己上网收集一些数码影像的相关资料。

任务目标： 通过上网了解更多数码影像的相关资料。

任务要求： 在网上查找数码设备，了解它们的优、缺点，详细了解设备的特点。另外，还需要了解在拍摄过程中，设备的一些常用参数设置。

任务提示： 大家可能都会使用数码设备，但如果对一些参数设置不当或者有误差，那么拍摄出来的效果，也差强人意。只有好的素材效果，才能制作出完美的影视效果。

练习评价

项　　目	标准描述	评定分值	得　分
基本要求 60 分	在网上查找普通用户常用的一些数码设备	20	
	描述一款数码相机和一款 DV 摄像机的特点	20	
	在网上查找 DV 拍摄的视频格式	20	
拓展要求 40 分	下载一段 AVI 视频格式，并转换成 MPEG 格式	40	
主观评价		总　分	

课后思考

(1) 高级数码相机是否具有录像功能？为什么要选择电视制式？

(2) 数码图像之间的区别是什么？

第 2 课　认识“会声会影”软件

会声会影是一套功能强大的 DVD、HD 高清视频编辑软件，是珍藏旅游记录、宝贝成长、浪漫婚礼回忆的最佳帮手，可建立高清的 HD 及标准画质影片、电子相册。利用影片快剪精灵可快速套用范本完成编辑；全新影片小画家可以在影片中插入签名或手绘涂鸦动画；可以将影片刻录到 DVD、AVCHD 和蓝光光碟。

课堂讲解

任务背景： 小王对数码后期制作有了一定的了解，并且在网上查阅到很多用户都使用“会声会影”软件来制作相册或者影视光盘。但是，小王对这个软件很陌生，为制作精美的光盘，小王决定学习这个软件。

任务目标： 深入了解会声会影软件，并掌握其向导及界面内容。

任务分析： 在学习影像后期制作之前，首先需要了解“会声会影”软件的界面及其向导的使用。

2.1 启动“会声会影”软件

步骤 1 选择“开始”菜单

安装 Corel VideoStudio 12(会声会影 X2)软件之后,单击“开始”按钮弹出菜单,选择“程序”选项,如图 2-1 所示。

图 2-1

步骤 2 执行软件命令

在弹出的级联菜单中,执行 Corel VideoStudio 12→Corel VideoStudio 12 命令,即可启动该软件,如图 2-2 所示。

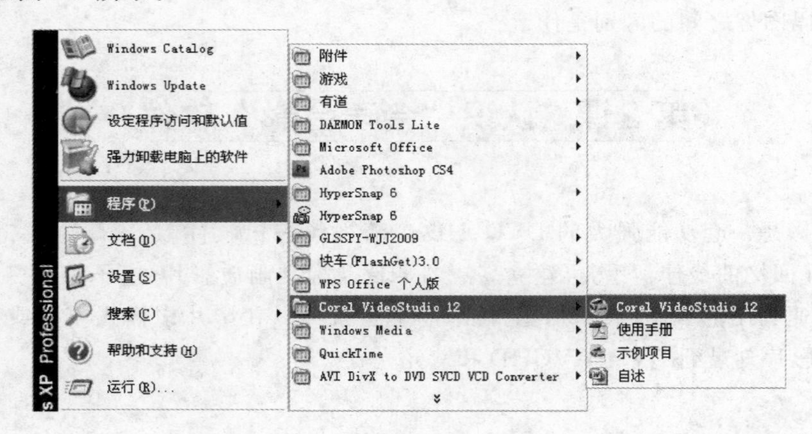

图 2-2

步骤 3 选择启动方式

在弹出的启动画面中选择启动的方式,如单击“会声会影编辑器”图标按钮,即可显示 Corel VideoStudio 窗口,如图 2-3 所示。

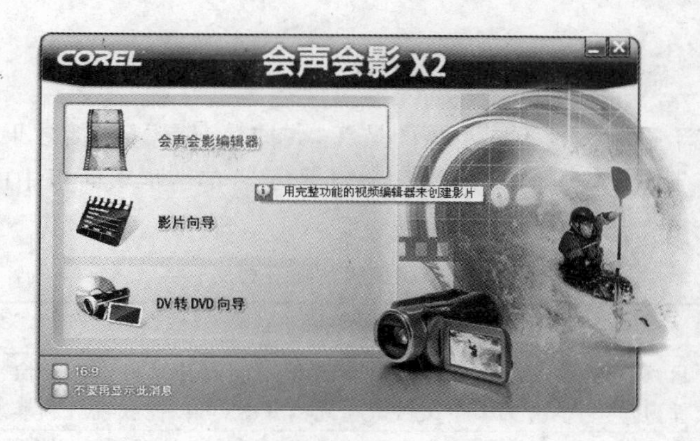

图　2-3

小知识：启动方式

在运行会声会影软件时，将出现一个启动画面，允许用户在以下视频编辑模式中进行选择。

- 会声会影编辑器：提供会声会影的全部编辑功能。它包含对影片制作过程(从添加素材、标题、效果、覆叠和音乐到在光盘或其他介质上制作最终影片)的完全控制。
- 影片向导：是视频编辑初学者的理想工具。它引导用户通过3个快速、简单的步骤完成影片制作过程。
- DV转DVD向导：向导用于捕获视频、向视频添加主题模板，然后将视频刻录到光盘上。

2.2　会声会影编辑器

“会声会影编辑器”提供了分步工作流程，使影片的制作变得简单轻松。“会声会影编辑器”是通过手工制作影片的，也是制作精美影片的界面，如图2-4所示。

图　2-4

在“编辑器”窗口中，包含的内容如下。

1. 步骤面板

它包含一些对应于视频编辑不同步骤的按钮，如捕获、编辑(包括效果、覆叠、标题和音频)、分享等 7 个简单步骤，其具体的含义如表 2-1 所示。单击步骤面板中的不同按钮，可在步骤之间进行切换。

表 2-1　步骤面板按钮及含义

按　钮	含　义
1 捕获	打开项目，即可在“捕获”步骤中将视频直接录制到计算机中。录像带的镜头可捕获为单个文件，也可自动分为多个文件。在此步骤中，可以捕获视频和静态图像
2 编辑	“编辑”步骤和“时间轴”是“会声会影编辑器”的核心，这是排列、编辑和修整视频素材的地方。在此步骤中，也可向视频素材应用视频滤镜
效果	在“效果”步骤中，可以在项目的视频素材之间添加转场。在“素材库”中，可以选择各种转场效果
覆叠	在“覆叠”步骤中，可以在素材上叠加多个素材，从而产生“画中画”效果
标题	如果没有开幕标题、字幕和闭幕词，就不是完整的影片。在“标题”步骤中，可以制作动画文本标题，也可以从素材库的各种预设值中进行选择
音频	背景音乐设置影片的基调。在“音频”步骤中，可以选择和录制计算机所安装的一个或多个 CD-ROM 驱动器上的音乐文件。在此步骤中，还可以为视频配音
3 分享	影片完成后，可以创建视频文件，以便在“分享”步骤中进行网络共享，或将影片输出到磁带、DVD 或 CD 上

2. 菜单栏

它包含一些提供不同命令集的菜单，用于自定义会声会影、打开和保存影片项目、处理各种素材等。

3. 预览窗口

显示当前素材、视频滤镜、效果或标题。

4. 导览面板

提供一些用于回放和精确修整素材的按钮。在“捕获”过程中，也用做 DV 或 HDV 摄像机的设备控制，如图 2-5 所示。其中，各按钮的含义如表 2-2 所示。

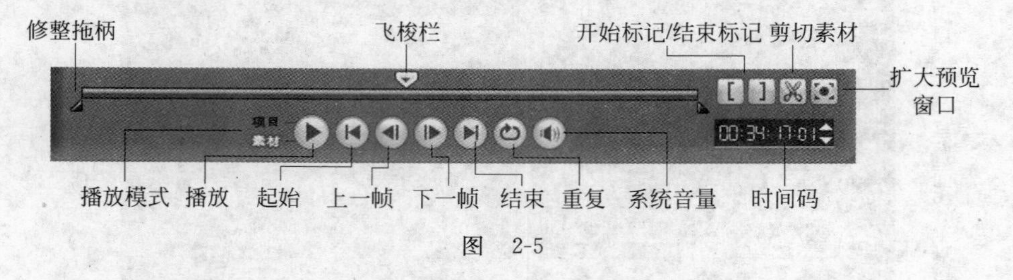

图　2-5

表 2-2　导览面板按钮名称及含义

按钮名称	含　义
播放模式	选择是要预览项目还是只预览所选素材
播放	播放、暂停或恢复当前项目或所选素材
起始	返回起始帧

续表

按钮名称	含　义
上一帧	移动到上一帧
下一帧	移动到下一帧
结束	移动到结束帧
重复	循环回放
系统音量	单击并拖动滑动条，可调整计算机扬声器的音量
时间码	通过指定确切的时间码，可以直接跳到项目或所选素材的某个部分
修整拖柄	用于设置项目的预览范围或修整素材
扩大预览窗口	扩大预览窗口时，只能预览，不能编辑素材
剪切素材	将所选素材剪辑为两部分。将飞梭栏放置于第一个素材的结束点（第二个素材的开始点），然后单击此按钮即可
开始标记/结束标记	使用这些按钮可以在项目中设置预览范围或标记素材修整的开始和结束点
飞梭栏	允许在项目或素材之间拖曳

5. 工具栏

在工具栏中可以快捷地访问编辑按钮。通过调整时间轴标尺，可以更改项目视图或缩放项目时间轴；单击智能代理管理器可以加快 HD 视频和其他大型源文件的编辑速度；使用轨道管理器可以添加更多覆叠轨，如图 2-6 所示。其中，各按钮的作用如表 2-3 所示。

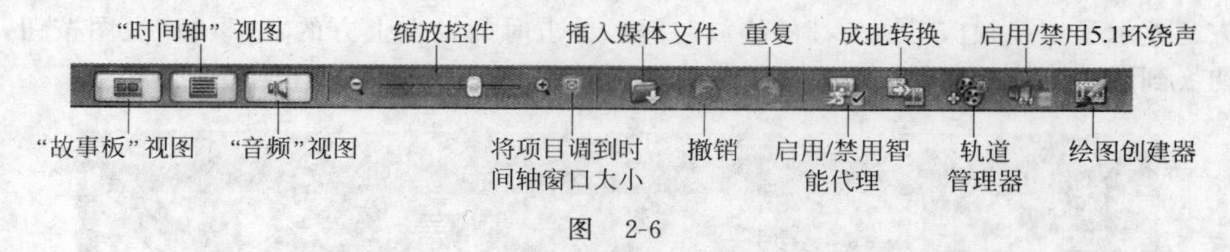

图　2-6

表 2-3　工具栏中按钮的名称及含义

按 钮 名 称	含　义
"故事板"视图	在时间轴上显示影片的图像缩略图效果
"时间轴"视图	用于对素材执行精确到帧的编辑操作
"音频"视图	显示音频波形视图，用于对视频素材、旁白或背景音乐的音量级别进行可视化调整
缩放控件	用于更改时间轴标尺中的时间码增量
将项目调到时间轴窗口大小	放大或缩小，从而在时间轴上显示全部项目素材
插入媒体文件	显示一个菜单，在该菜单上，可以将视频、音频或图像素材直接放到项目上
撤销	用于撤销上一操作
重复	用于重复撤销的操作
启用/禁用智能代理	在启用和禁用智能代理之间切换，在创建 HD 视频的较低分辨率工作副本时，用于自定义代理设置
成批转换	将多个视频文件转换为一种视频格式
轨道管理器	显示/隐藏轨道
启用/禁用 5.1 环绕声	用于创建 5.1 环绕声音轨
绘图创建器	是"会声会影编辑器"的一项新功能，利用该功能可以创建图像和动画图形覆叠，从而进一步增强项目的效果

6. 项目时间轴

在项目时间轴上，可以组合影片项目，其中包括所有素材、标题和效果。项目时间轴上有3种类型的视图，即故事板、时间轴和音频视图。

7. 选项面板

根据程序的模式和正在执行的步骤或轨，选项面板会有所变化。选项面板可能包含一个或两个选项卡，每个选项卡中的控制和选项都不同，具体取决于所选素材。

8. 库

库中存储了制作影片所需的全部内容：视频素材、视频滤镜、音频素材、静态图像、转场效果、音乐文件、标题和色彩素材，这些统称为媒体素材。

提示：*素材库中的图像可以直接打印。右击要打印的图像，然后选择打印图像并选择图像大小。右击图像，选择打印选项，指定打印对齐方式和边框即可。*

2.3 会声会影视图模式

在工具栏的左侧单击不同的按钮，可以在不同视图之间进行切换。

1. 故事板视图

故事板视图是一种简单明了的视图模式。放置到故事板视图中的素材或者视频将以多个缩略图的形式显示，其中每张图片均表示一个视频编辑或者一个过渡效果，而且在图片的下方还显示了该视频剪辑所持续的播放时间。单击时间轴左上方的"故事板"视图按钮，便可切换到此视图模式中，如图2-7所示。

图 2-7

在故事板视图中，只需从素材库中将捕获的素材拖动到视频轨道上，即可将所选择的素材或者视频移入其中。同时，用户在该视图模式下，还可以以拖放的方式来插入或排列素材的顺序。所选的视频素材可以在预览窗口中进行修整。

另外，选择某一个视频剪辑后，便可以在预览窗口中对其进行编辑，如视频的显示大小、位置以及素材之间的播放顺序等。

2. 时间轴视图

所谓的时间轴视图模式是指以时间轴方式显示的视图。该模式的最大特征是可以精确地以"帧"为单位来编辑素材，是视频编辑的最佳模式。单击"时间轴视图"按钮即可切换为时间轴视图，如图2-8所示。

在时间轴视图模式中，包含5个轨道以及其他操作视频的按钮等，其作用如表2-4所示。

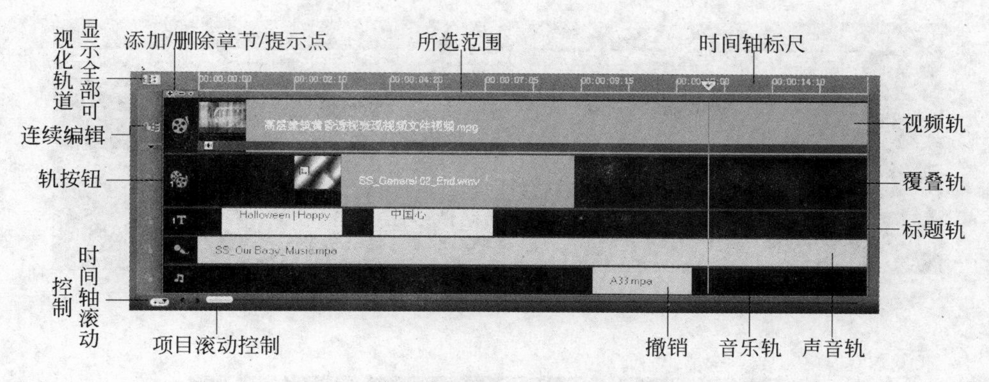

图　2-8

表 2-4　时间轴视图模式

名　　称	含　　义
显示全部可视化轨道	可显示项目中的所有轨道
添加/删除章节/提示点	可在影片中设置章节或提示点
连续编辑	启用/禁用连续编辑。如果启用，则可以选择要应用该选项的轨
轨按钮	单击这些按钮可以在不同轨之间进行切换
时间轴滚动控制	预览的素材超出当前视图时，启用/禁用时间轴上的滚动
项目滚动控制	使用左和右按钮或拖动滚动条，可以在项目中移动
所选范围	此彩色栏代表素材或项目的修整或所选部分
时间轴标尺	显示项目的时间码增量，格式为“小时:分钟:秒.帧”，可帮助确定素材和项目长度
视频轨	视频轨是视频编辑中最主要的轨道，该轨道上放置的素材可以是视频、图像、色彩等，为素材所添加的转场效果也只能给该轨道上的素材添加
覆叠轨	拖放到该轨道中的素材可以叠加到视频轨的素材之上。该轨道上的素材可以是视频、图像或色彩素材，并且可以对覆叠轨中的素材设置透明度、遮罩帧等。通过覆叠素材可以创建画中画效果或添加创意图像，来修饰视频轨上的素材
标题轨	标题轨主要为影片添加各种文字，如片头字幕、片尾字幕、画面解说字幕等，可以是静态的，也可以是动态的
声音轨	包含旁白素材
音乐轨	包含音频文件中的音乐素材

提示：滚轮鼠标可用于在时间轴上滚动。指针在缩放控制或时间轴标尺上时，可以使用滚轮放大和缩小“时间轴”。

3. 音频视图

此视图模式可以通过混合面板实时调整项目中音频轨的音量，也可以调整音频轨中特定的音量。单击“音频”视图按钮，可以切换到该视图模式中，如图 2-9 所示。

在音频视图两个音频轨道的音频素材上有一条水平线，这条线被称为音量调节线，用户可以为其添加关键帧来调节音频素材不同位置的音量。

另外，在音频视图中，面板上会显示“环绕混音”面板，如图 2-10 所示。通过该面板，也可以实时调整项目中所选音频轨的音量。如果单击编辑面板上的“5.1 声道”按钮，也可以在该面板中设置音频素材的环绕立体声效果。

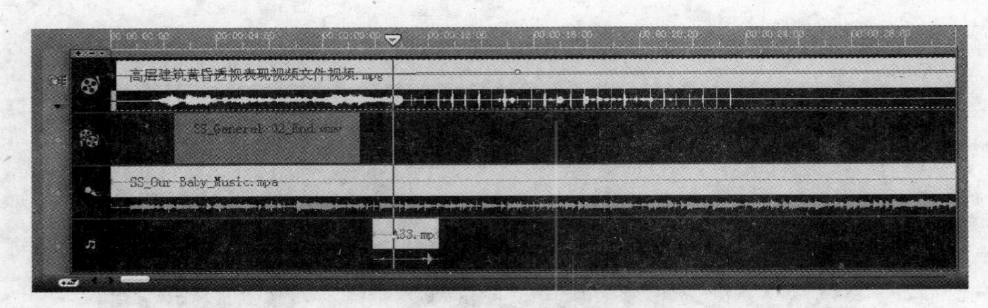

图 2-9

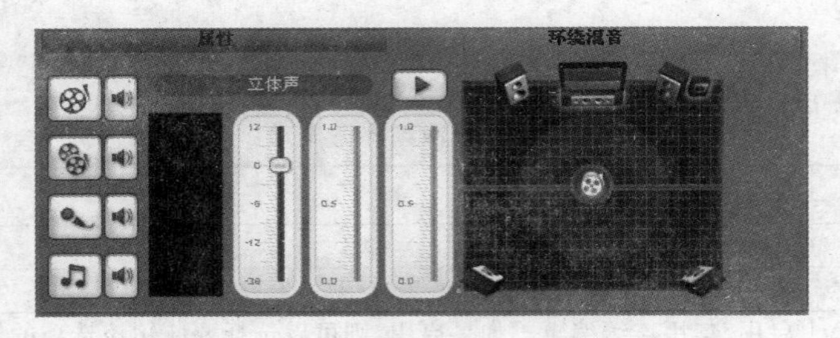

图 2-10

课堂练习

任务背景：通过本课的学习，小王对“会声会影”软件有了全新地认识，尤其对“会声会影编辑器”有了系统的了解。在此过程中，小王知道了如何启动“会声会影”软件以及编辑器界面中所包含的内容和视图方式。

任务目标：通过上网收集一些“会声会影”软件的相关信息以及一些制作实例。

任务要求：在网上查阅会声会影 X2 的详细信息，并掌握“会声会影”软件可以导入哪些类型素材。

任务提示：虽然，小王已经认识了“会声会影”软件，但对一些详细功能了解得不是太透彻。在后期影视制作之前，还需要了解一些制作流程。

练习评价

项　目	标准描述	评定分值	得　分
基本要求 60 分	描述“会声会影”软件的特点	20	
	描述“会声会影 X2”的新增功能	20	
	启动“会声会影”软件	20	
拓展要求 40 分	根据所下载的实例，制作影视片段	40	
主观评价		总　分	

课后思考

(1) 启动“会声会影”软件，有几种方法？

(2) 通过“会声会影编辑器”制作影视与通过向导制作影视的区别？

(3) 通过图像制作影视与通过视频制作影视的区别？

第3课　制作电子相册

使用会声会影软件可以将一些静态的图像制作成能够自动浏览的相册，如个人写真集、家庭旅游记等。在制作中可以把握好每个画面的播放时间，并为图像添加背景音乐和转场效果，将动画与音乐协调起来，使作品更加丰富、生动。

课堂讲解

任务背景：小王对会声会影软件有了较深入地了解，尤其对会声会影编辑器界面进行了详细认识。于是，小王想通过网上一些实例来熟悉一下如何制作电子相册，从而掌握软件的应用过程。

任务目标：通过制作相册，深入了解会声会影软件的应用，并掌握详细的图像影视处理方法。

任务分析：在制作相册时，既可以快速了解该软件的相关内容，又可以掌握"会声会影编辑器"所包含的内容以及影视后期制作流程。

3.1　启动软件并导入图像

步骤 1　启动"会声会影"软件

单击"开始"按钮，执行"程序"→Corel VideoStudio 12→Corel VideoStudio 12 命令，弹出"启动画面"，如图 3-1 所示。

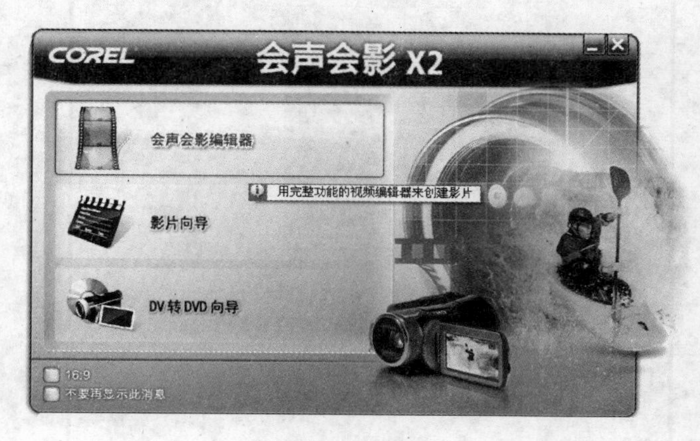

图　3-1

技巧：除了通过"开始"菜单启动该软件外，还可以直接在桌面双击 Corel VideoStudio 12 图标来启动该软件。

步骤 2　启动编辑器

单击"会声会影编辑器"图标按钮，弹出"会声会影编辑器"窗口，然后执行"文件"→"将媒体文件插入到时间轴"→"插入图像"命令，如图 3-2 所示。

图 3-2

步骤 3　选择并导入素材

在弹出的"打开图像文件"对话框中,选择需要导入的图像文件,并单击"打开"按钮,如图 3-3 所示。

图 3-3

小知识:选择图像文件

如果要选择多个图像文件,可以按照以下步骤进行操作。

- 选择多个不连续的图像文件,可以按住 Ctrl 键,再选择多个图像文件即可。
- 选择多个图像文件的开始图像文件,并按住 Shift 键,再选择末尾图像文件,即可选择多个连续的图像文件。

3.2　影视处理

步骤 1　显示添加的素材文件

当导入素材图像文件后，则在“会声会影编辑器”的“视频轨”中显示所有素材内容，如图 3-4 所示。

图　3-4

步骤 2　添加选择图像

拖动项目滚动条至最左边，并选择“视频轨”中最左边的图像，如图 3-5 所示。

图　3-5

步骤 3　切换至“相册”库

单击“编辑”面板中的“视频”右侧的下三角按钮，从弹出的下拉菜单中选择“转场”→“相册”选项，如图 3-6 所示。

图　3-6

步骤 4　添加图像转场效果

选择素材库中的“翻转”效果，并将其拖至“视频轨”最左边图像的后面，如图 3-7 所示。

图　3-7

提示：按照上述操作方法，可以将素材库中不同的转场效果添加到“视频轨”的两个图像之间。在添加过程中，可以重复使用同一个转场效果，也可选择不同的转场效果。

步骤 5 添加音频素材

打开“音频”面板，并显示音频素材文件，然后选择 A03 音频素材，并将其拖至“声音轨”中，如图 3-8 所示。

图 3-8

步骤 6 调整音频素材的播放时间

在“声音轨”中将光标置于音频素材的最末尾部，当光标变成双向箭头时，拖动鼠标使音频素材与“视频轨”中的图像素材对齐，如图 3-9 所示。

图 3-9

3.3 导出影视

步骤 1 浏览相册效果

在制作完成后，可以单击“导览”面板中的“播放”按钮，并在预览窗口中浏览所制作的相册效果，如图 3-10 所示。

图 3-10

提示：在导出视频之前，通过浏览其效果，可以及时调整、修改视频的不足之处。这个与导出后所自动播放的视频效果不同，导出后所浏览的视频效果，是已经生成的视频文件的效果。

步骤 2 创建视频文件

打开“分享”面板，并单击“创建视频文件”按钮，执行 MPEG-4→iPod MPEG-4 命令，如图 3-11 所示。

图 3-11

步骤 3　文件保存位置

在弹出的“创建视频文件”对话框中，单击“保存在”右侧的下三角按钮，并选择视频所保存的位置，然后在“文件名”文本框中输入“相册”，单击“保存”按钮即可，如图 3-12 所示。

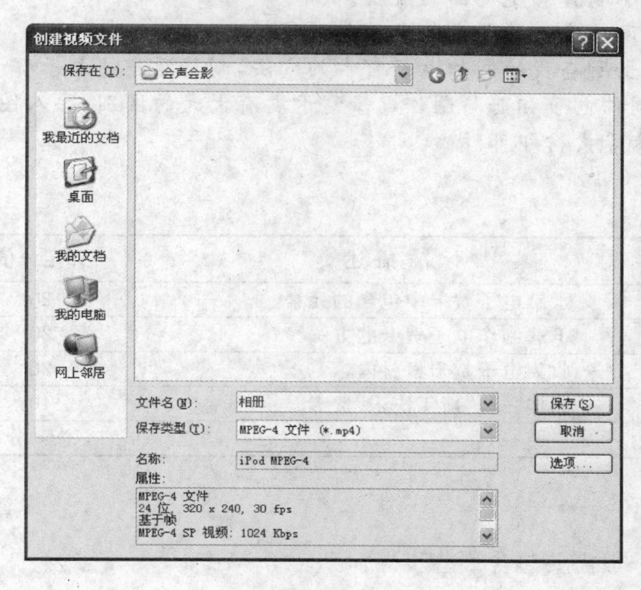

图　3-12

步骤 4　导出视频文件

此时，弹出渲染进度条，显示渲染的进度，如图 3-13 所示。在渲染过程中，按 Esc 键，可中止渲染。

图　3-13

课堂练习

任务背景： 通过本课的学习，小王已经掌握了利用会声会影软件制作简单相册的方法，同时了解了制作影视动画的流程。

任务目标： 通过上网搜索制作电子贺卡的相关资料。

任务要求： 通过网上所查找的制作电子贺卡的方法，制作漂亮的电子贺卡。

任务提示： 其实，制作电子相册与制作电子贺卡没有太大的区别，导入图像并添加一些文字、声音等素材即可。

练习评价

项　目	标准描述	评定分值	得　分
基本要求 60 分	了解电子贺卡中包含的元素	20	
	下载制作电子贺卡的方法	20	
	收集电子贺卡素材内容	20	
拓展要求 40 分	制作一段“新年快乐”贺卡	40	
主观评价		总　分	

课后思考

（1）影视制作一般需要包含哪些步骤？

（2）如何绘制影视后期制作的流程图？

第 2 章

创建项目及捕获视频

第 4 课　创建“一日游”项目

项目是一系列独特、复杂的并相互关联的活动和任务，这些活动和任务有着一个明确的目标或目的，必须在特定的时间、预算、资源限定内，依据规范完成。同样，在“会声会影”软件中，项目文件按照编排的时间、素材显示顺序、过渡效果、素材滤镜效果所形成的视频效果，管理影视文件中所有素材内容。因此，项目文件会将创建影片所需的各种素材（包括视频、音频、静止图片、效果、过渡和字幕）整合到名为项目文件的单一文件中。

课堂讲解

任务背景： 小王对会声会影软件有了足够的认识，但是在创建影视文件时，却对项目文件不得其解。他总是反复问自己为什么要创建项目文件。

任务目标： 通过创建“一日游”项目，了解项目文件和管理项目文件的方法。

任务分析： 在创建项目时，用户需要首先了解项目文件的属性，以及创建项目、智能代理和项目文件的参数设置。

4.1　创建第 1 个视频项目

步骤 1　从桌面启动软件

除了使用“开始”菜单外，还可以直接双击桌面中的 Corel VideoStudio 12 图标，启动会声会影软件，如图 4-1 所示。

步骤 2　选择“会声会影编辑器”

在弹出的启动画面中，单击“会声会影编辑器”图标按钮，如图 4-2 所示。

步骤 3　启动编辑器界面

在运行会声会影软件时，系统会自动打开一个新项目，以方便用户开始制作影片文件。但是，在新项目中总是使用会声会影软件的默认设置。例如，在窗口最上方的标题栏中，显示项目为“未命名”标题，如图 4-3 所示。

图 4-1

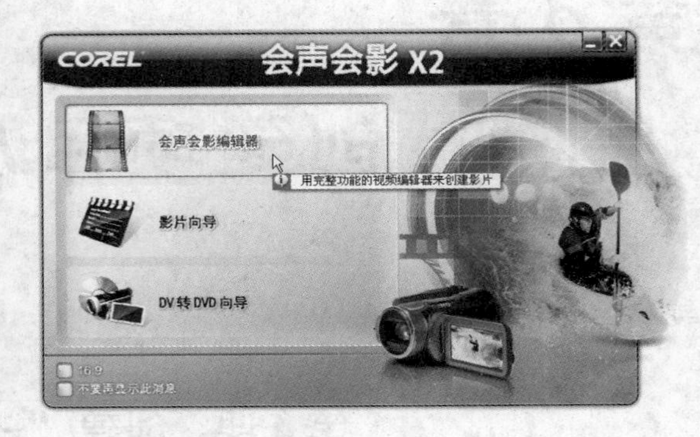

图 4-2

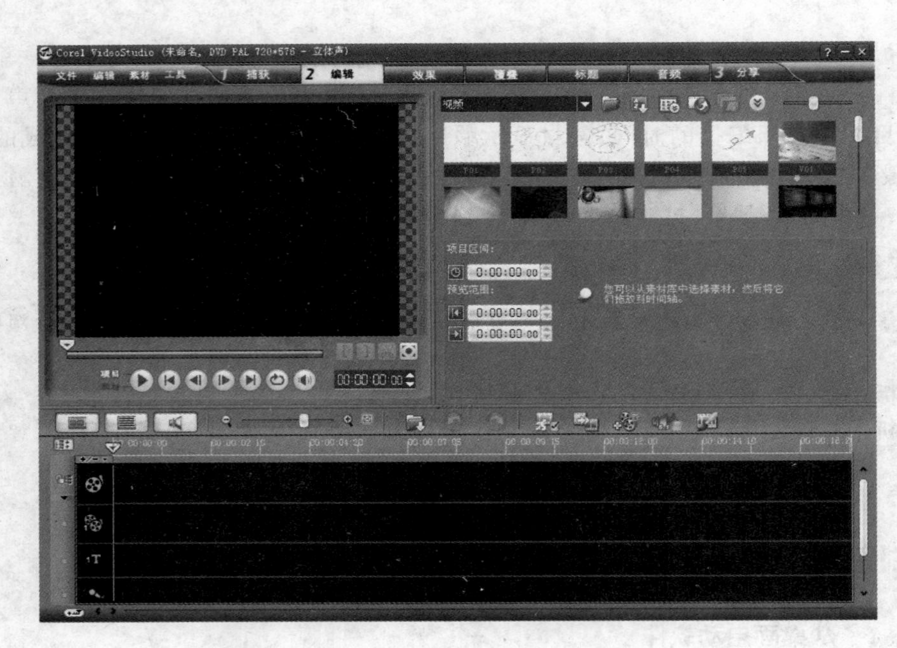

图 4-3

4.2 设置项目属性

步骤 1 打开"项目属性"对话框

在"会声会影编辑器"窗口中执行"文件"→"项目属性"命令，如图 4-4 所示，弹出"项目属性"对话框。

步骤 2 设置"项目属性"对话框

在"项目属性"对话框中，输入"一日游"标题，输入项目描述为"这是我们国庆期间，在旅游景点的所见所闻。"并单击"确定"按钮，如图 4-5 所示。

提示：项目设置确定了在预览项目时，影片项目的渲染方式。渲染是会声会影将原始视频、标题、声音和效果转换为可在计算机上回放的连续数据流的过程。

图　4-4

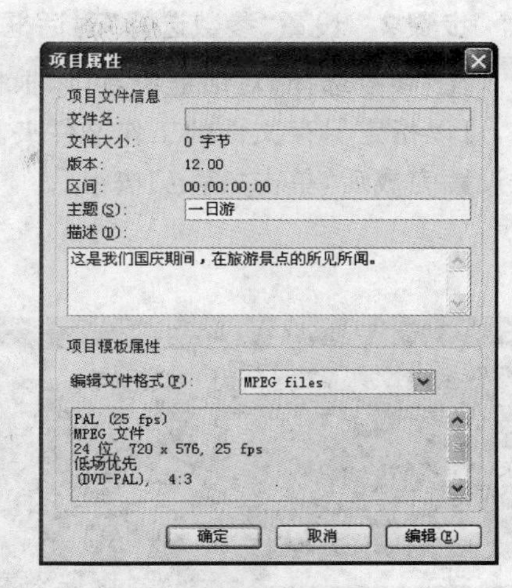

图　4-5

小知识：智能渲染

项目设置可以决定在预览项目时，视频项目的渲染方式。在编辑视频过程中，其预览速度通常是用户考虑的重要因素之一。

会声会影采用智能渲染技术，可以更快速地预览和创建影片。当用户第1次预览视频时，则通过创建的临时预览文件来渲染项目，这个预览文件组合了带特殊效果的视频、图像和音频素材。当第2次预览时，智能技术会检测项目中的改动。如果编辑文件已改动，则仅渲染编辑过的部分；如果没有改动编辑文件，则直接保存预览文件。

在智能渲染技术中，项目文件、视频源以及所使用的模板必须采用相同的格式和设置，即在捕获或将第1个素材插入项目时，会声会影会自动检查此素材属性与项目属性是否一致。如果这些属性(如果文件格式、帧大小等)不一致，系统将弹出信息提示对话框，如图4-6所示。

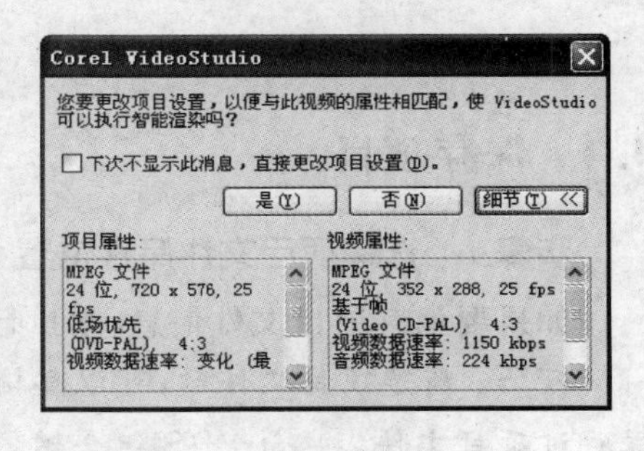

图　4-6

在该对话框中，单击“是”按钮，程序会自动调整项目设置内容，使其与素材属性设置相匹配。

提示：如果当用户将视频素材导入素材库中，并将其拖至“时间轴”，没有弹出提示信息，此时用户可以按F6键或者执行“文件”→“参数选择”命令，并在弹出的对话框中，单击“常规”标签，然后选择“将第一个视频插入到时间轴时显示信息”选项，在“智能代理”选项卡中取消“启用智能代理”选项的选择。

4.3　设置工作环境

步骤1　打开“参数选择”对话框

在“会声会影编辑器”窗口中，执行“文件”→“参数选择”命令，弹出“参数选择”对话框，如图4-7所示。

步骤 2　设置“参数选择”对话框

在“参数选择”对话框中，可以根据需要来设置程序的工作环境。例如，在“常规”选项卡中，可以指定保存文件的工作文件夹、设置撤销级数、选择首选的设置等，如图 4-8 所示。参数设置完成后，单击“确定”按钮。

图　4-7

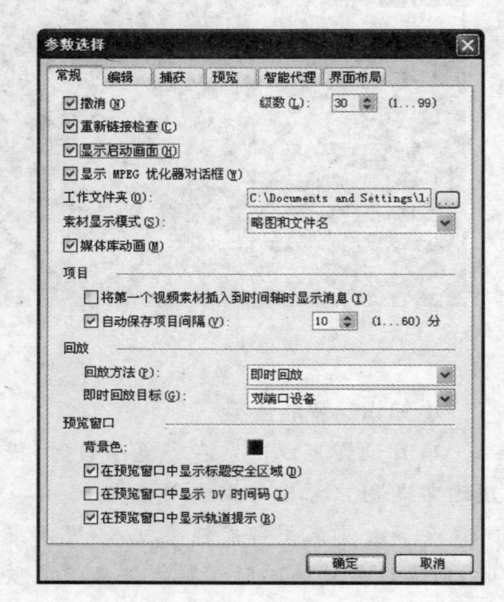

图　4-8

4.4　保存项目

步骤 1　选择项目文件保存位置

如果要保存项目文件信息，则执行“文件”→“保存”命令，如图 4-9 所示。

技巧：新建项目文件时，可以直接按 Ctrl+S 组合键，打开“另存为”对话框。如果已经保存过项目文件，按 Ctrl+S 组合键，则直接保存该文件。

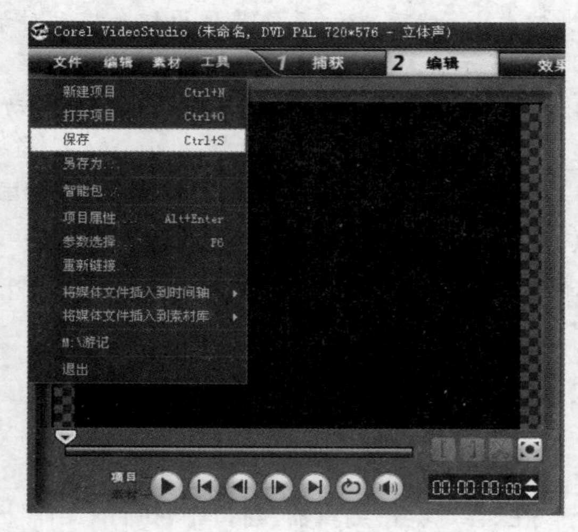

图　4-9

步骤 2　保存文件

在弹出的“另存为”对话框中，可以单击“保存在”右侧的下三角按钮，并选择文件保存的位置，输入“文件名”为“游记”，单击“保存”按钮即可保存该项目文件，如图 4-10 所示。

提示：在“另存为”对话框中，可以看到添加项目的详细内容，如“一日游”等。另外，在“保存类型”下拉列表中，除可以创建“Corel VideoStudio 12 项目文件(＊.VSP)”外，还可以创建“Corel VideoStudio 11 项目文件”和“Corel VideoStudio 10 项目文件”。

图 4-10

4.5 保存为智能包

如果要将所创建的项目文件在其他计算机上共享或编辑，则需要对视频项目打包处理。

步骤 1 执行“智能包”命令

在“会声会影编辑器”窗口中执行“文件”→“智能包”命令，如图 4-11 所示。

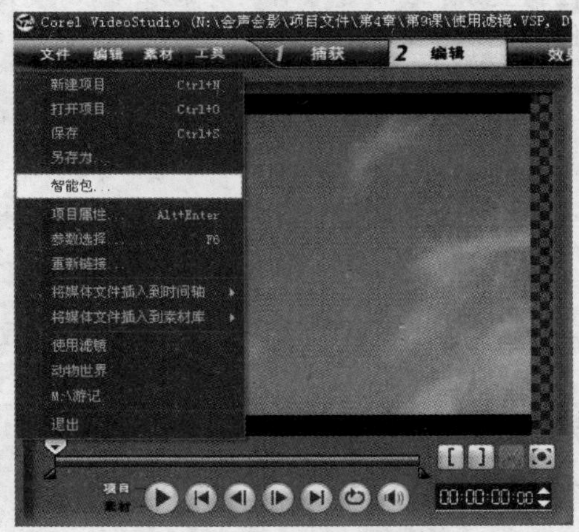

图 4-11

步骤 2 确认提示信息

在弹出的“保存当前的项目”提示信息框中，单击“是”按钮，如图 4-12 所示。

步骤 3 对“智能包”进行设置

在“智能包”对话框中，设置智能包保存的路径、项目文件夹名、项目文件名，单击“确定”按钮，如图 4-13 所示。

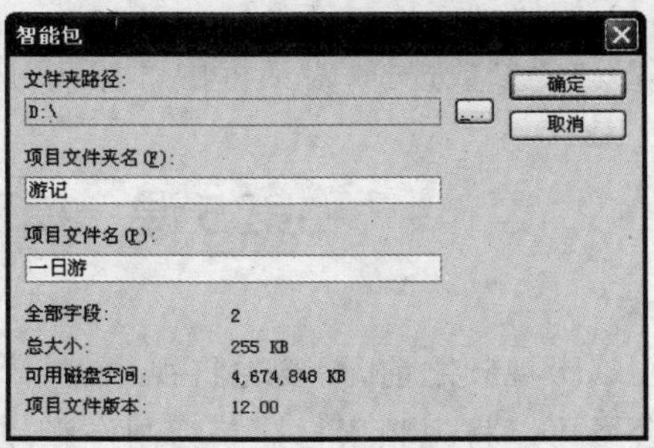

图 4-12

图 4-13

步骤 4　查看保存的内容

保存智能包后，可以在保存的指定位置，查看保存的内容，如在“D:\游记”文件夹中，可以看到保存的“一日游”文件及文件所使用的视频素材内容，如图 4-14 所示。

图　4-14

课堂练习

任务背景：通过本课的学习，小王已经学会创建项目文件的方法，并了解了智能包的作用。现在小王打算制作自己春节回家时拍摄的照片和视频文件。

任务目标：根据自己所拍摄的照片和视频创建项目文件。

任务要求：在创建项目文件过程中，需要设置“工作环境”和“项目属性”内容。

任务提示：虽然，小王已经学习了创建“项目文件”的方法，对“参数选择”对话框中的参数进行了了解。但是，创建“项目文件”是整个视频编辑过程中重要的一步，也是必须掌握的内容。

练习评价

项　　目	标 准 描 述	评定分值	得　分
基本要求 60 分	设置项目属性	20	
	设置项目选项	20	
	设置项目文件的工作环境	20	
拓展要求 40 分	将项目文件智能打包	40	
主观评价		总　分	

课后思考

（1）如何创建项目文件？

（2）在“参数选择”对话框中，“捕获”选项卡各参数的含义是什么？

第 5 课　捕获“亲友”素材

在编辑视频之前，需要先将视频导入计算机或者“会声会影编辑器”中，称为捕获视频。会声会影可以将视频素材捕获为制作影片所需要的各种格式，也可以通过按场景分割、成批捕获等功能来捕获视频，在捕获视频的同时可以进行一些影片的剪辑工作。在捕获过程中，视频数据通过捕获卡从来源（通常是视频相机）传输到计算机的硬盘。会声会影可以从 DV 或 HDV 摄像机、移动设备、模拟来源、VCR 和数字电视中捕获视频。

课堂讲解

任务背景：当小王创建项目文件后，需要将制作影视的素材捕获到"会声会影编辑器"中。小王对于捕获视频素材不是太了解，所以需要学习会声会影捕获视频的方法。

任务目标：了解会声会影捕获视频的方法。

任务分析：捕获视频素材及向"会声会影编辑器"中添加素材的方法比较多，下面就进行学习。

5.1　从 DV 中捕获视频

步骤 1　安装视频采集卡

打开机箱侧盖，并将视频采集卡插入计算机主板的 PCI 插槽内，然后固定视频采集卡，如图 5-1 所示。

图　5-1

提示：视频采集卡是将模拟摄像机、录像机、LD 视盘机、电视机等输出的视频数据或者视频音频的混合数据输入计算机，并转换成计算机可辨别的数字数据，存储在计算机中，成为可编辑处理的视频数据文件。

步骤 2　将 DV 与采集卡连接

取出采集卡所附带的数据线，将其一端连接到 DV 摄像机上，而另一端连接到计算机机箱视频采集卡的相应端口，如图 5-2 所示。

步骤 3　启动计算机及打开 DV

此时，启动计算机，并打开 DV 摄像机的开关，将 DV 开关拨至 VCR 状态（播放状态），如图 5-3 所示。

图　5-2

图　5-3

步骤 4　设置“数字视频设备”对话框

在弹出的提示对话框中，选择列表框中的“捕获和编辑视频”选项，并单击“确定”按钮，如图 5-4 所示。

步骤 5　启动会声会影软件

此时，系统将启动会声会影软件，启动软件后单击“会声会影编辑器”按钮，如图 5-5 所示。

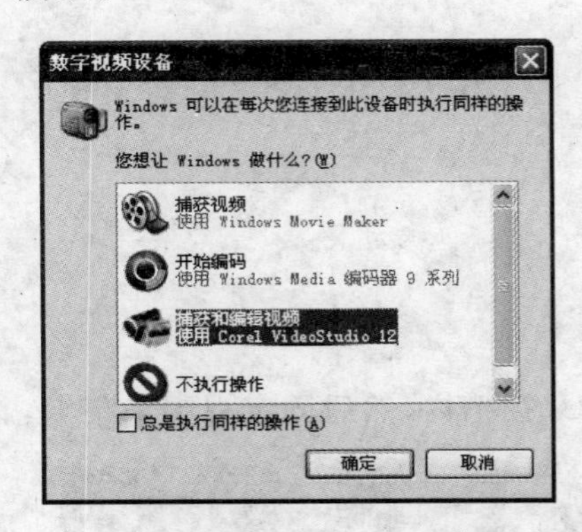

图　5-4

图　5-5

步骤 6　进入“会声会影编辑器”

在“会声会影编辑器”界面中，切换至“步骤”面板的“捕获”选项卡，然后在右侧面板中单击“捕获视频”按钮，如图 5-6 所示。

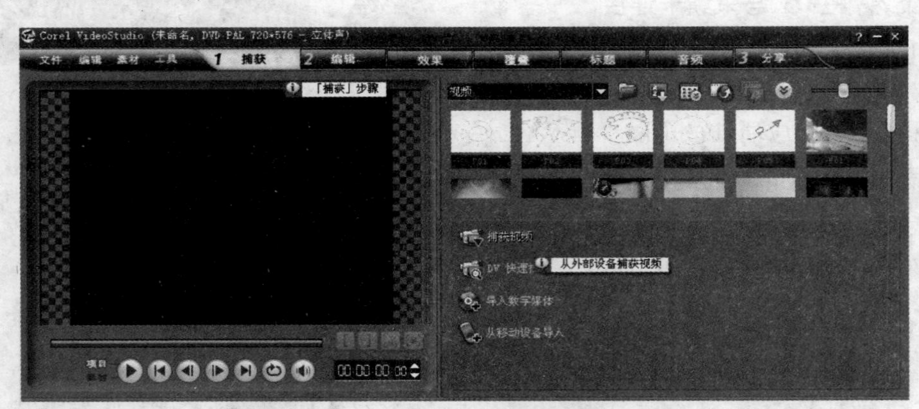

图　5-6

步骤 7　设置捕获参数

在弹出的扩展面板中单击“来源”右侧的下三角按钮，选择“HDV 源对象”选项，然后再单击“格式”右侧的下三角按钮，选择 MPEG 选项，如图 5-7 所示。

步骤 8　选择视频保存位置

单击“捕获文件夹”后面的按钮，弹出“浏览文件夹”对话框，然后选择捕获视频片段的保存位置，如图 5-8 所示。

图　5-7

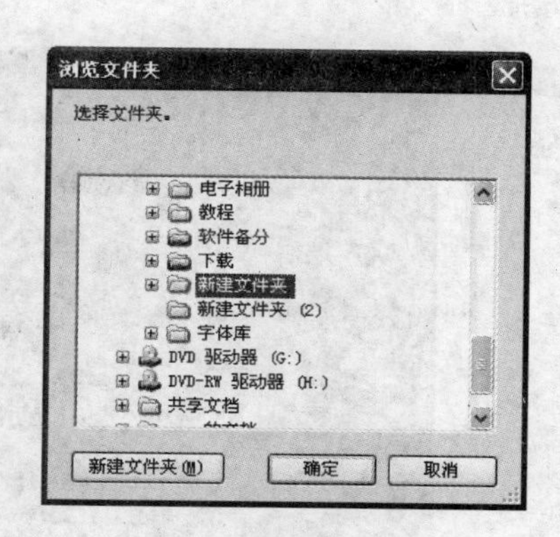

图　5-8

步骤 9　开始捕获视频

最后，单击“捕获视频”按钮，开始视频捕获，如图 5-9 所示。

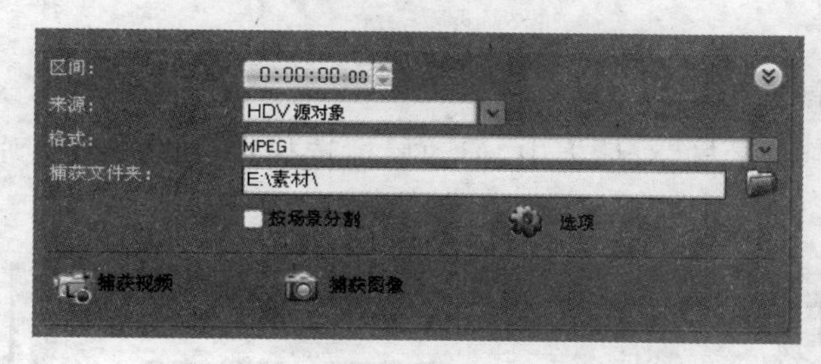

图　5-9

5.2　捕获图像素材

步骤 1　使用“影片向导”

在“会声会影 X2”启动界面中，单击“影片向导”按钮，如图 5-10 所示。

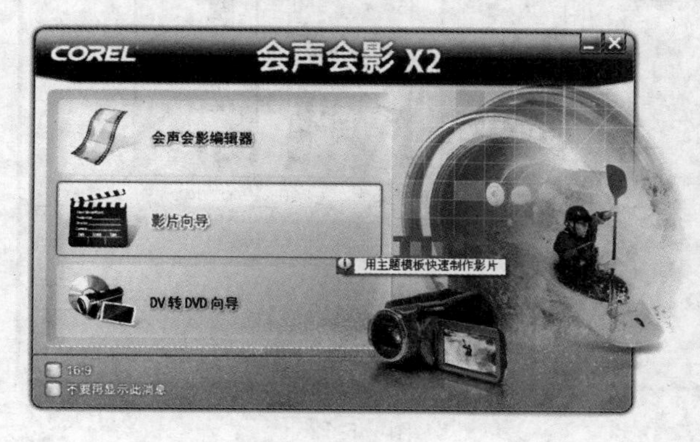

图　5-10

步骤 2　设置“影片向导”对话框

在弹出的“影片向导”对话框中单击“插入图像”按钮，如图 5-11 所示。

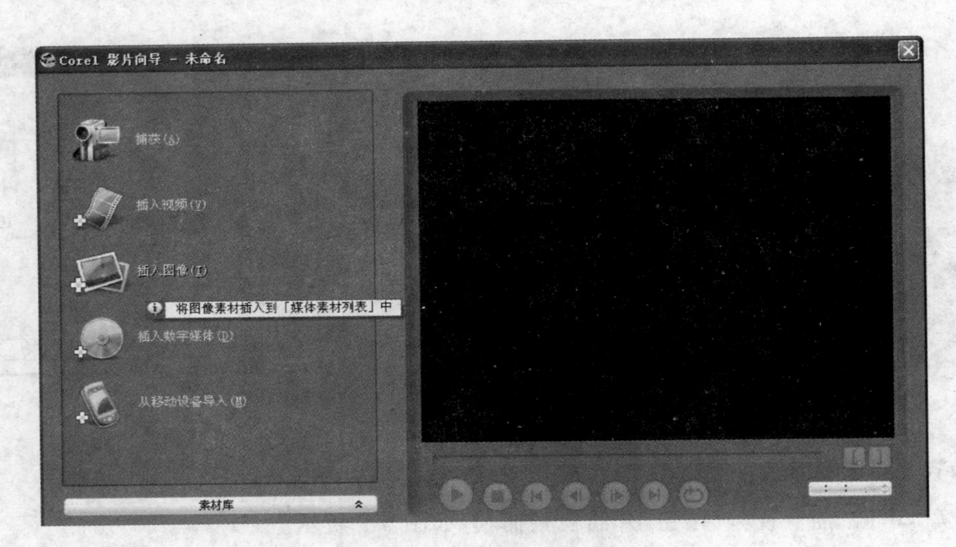

图 5-11

步骤 3　选择图像素材

在弹出的“添加图像素材”对话框中，拖动鼠标选择连续的多张照片，单击“打开”按钮，如图 5-12 所示。

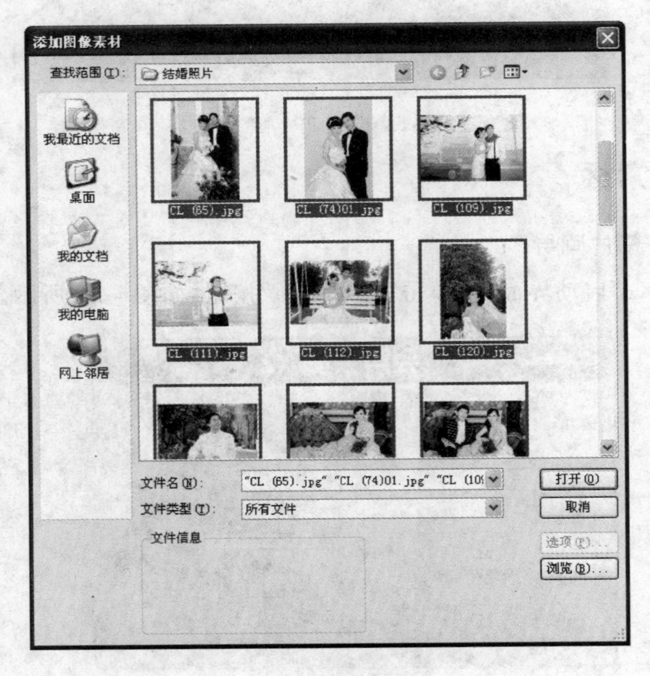

图 5-12

步骤 4　将素材导入向导

此时，在“预览窗口”中，将显示“素材列表”的最后一个图像素材内容，而其他素材图像将在“素材列表”中显示出来，如图 5-13 所示。

图　5-13

步骤 5　选择主题模板

在弹出的窗口中，单击“主题模板”下面的下三角按钮，可更改主题模板方式，也可以直接单击“下一步”按钮，如图 5-14 所示。

图　5-14

步骤 6　创建新项目

在弹出的窗口中，用户可以将向导添加的图像素材或者视频素材，直接创建成视频文件、光盘或者载入编辑器中进行编辑。例如，单击“在 Corel 会声会影编辑中编辑”按钮，在弹出的提示框中单击“是”按钮即可编辑素材，如图 5-15 所示。

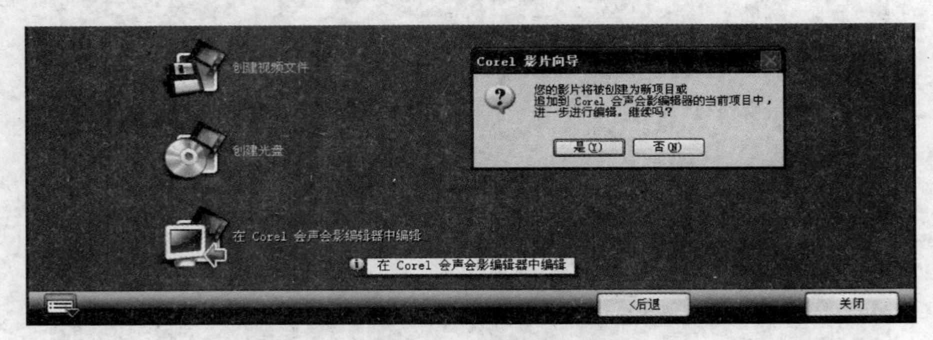

图　5-15

步骤 7　导入素材

此时，启动“会声会影编辑器”窗口，并将已经导入的素材直接导入“项目时间轴”中，如图 5-16 所示。

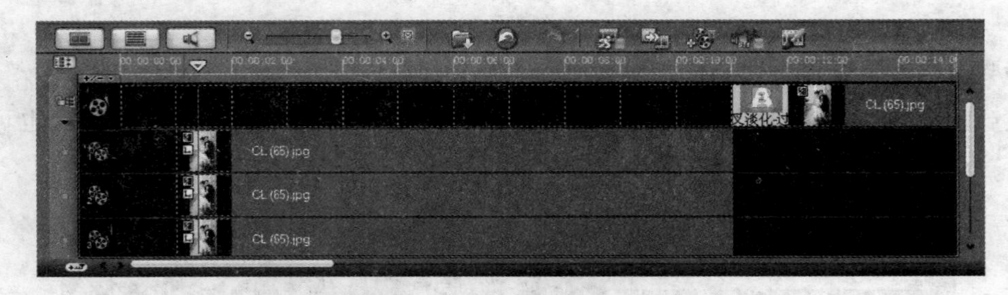

图　5-16

5.3　捕获光盘中的视频

步骤 1　将光盘放入光驱中

将光盘放入光驱中，当光驱开始读盘时，系统会弹出一个对话框，在该对话框中单击“取消”按钮，如图 5-17 所示。

步骤 2　启动“会声会影编辑器”

启动会声会影，在“启动画面”中，单击“会声会影编辑器”按钮，如图 5-18 所示。

步骤 3　执行导入命令

在“捕获”选项卡中，单击“导入数字媒体”按钮，如图 5-19 所示。

步骤 4　选择导入驱动器

在弹出的“选择一个标题”对话框中，如果有两个以上的光驱，则可以选择光盘所在的光盘驱动器，并单击“导入”按钮，如图 5-20 所示。

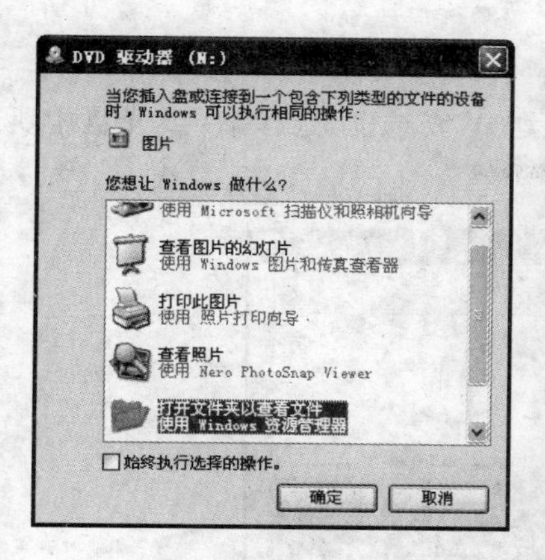

图　5-17

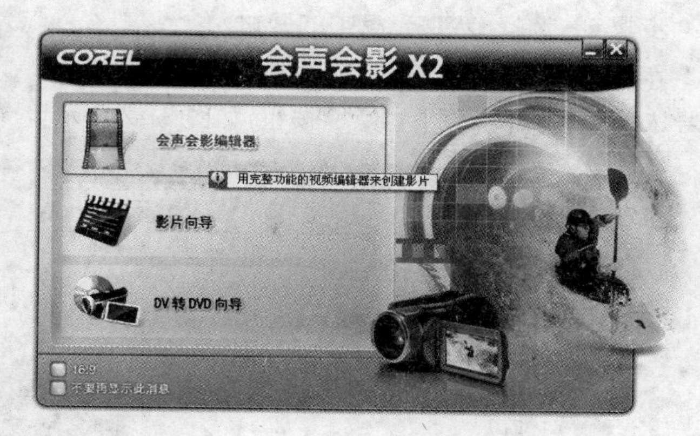

图　5-18

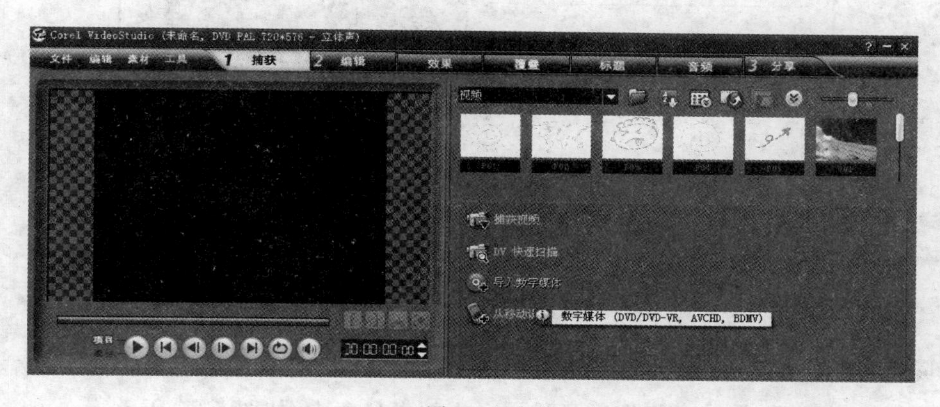

图　5-19

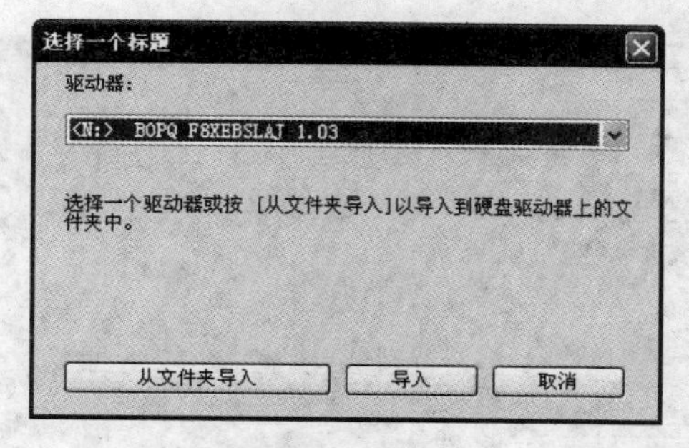

图　5-20

步骤 5　导入 DVD 素材

在弹出的“导入初始值”对话框中，将显示导入 DVD 光盘的内容进度，如图 5-21 所示。如果单击“取消”按钮，则停止导入 DVD 光盘的内容。

导入初始值
分析 DVD 内容...　10 %
取消

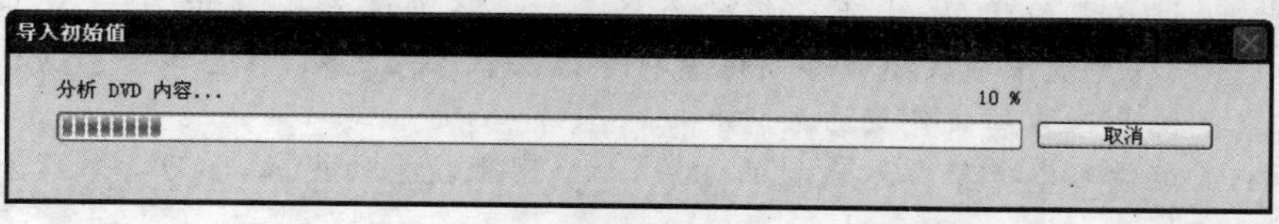

图　5-21

步骤 6　选择 DVD 光盘中的素材

在弹出的“导入”对话框中，勾选“卷标”列表框的“主题 0”复选框，选择 DVD 光盘中所要导入的视频片段，单击“导入”按钮，如图 5-22 所示。

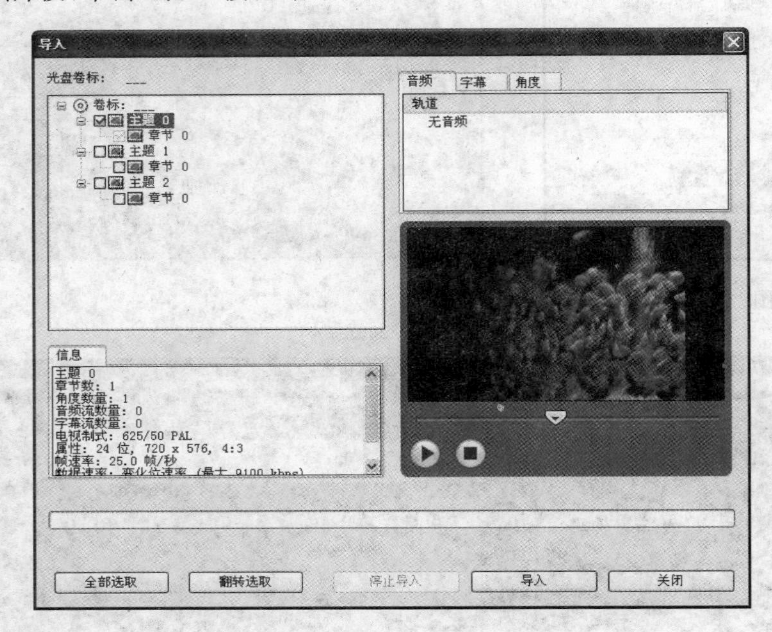

图　5-22

步骤 7　查看导入的视频素材

完成导入操作后，系统会将视频素材导入视频素材库中，如图 5-23 所示。

图　5-23

课堂练习

任务背景： 通过本课的学习，小王已经学会将素材导入会声会影库中、从 DV 中捕获视频、从光盘中捕获视频和图像素材等方法。除此之外，在会声会影 X2 中，还有其他导入素材文件的方法。

任务目标： 通过学习本章节导入素材的方法，结合网上搜索的内容，学习导入素材的其他方法。

任务要求：在网上查找“从移动设备导入”和“DV 快速扫描”导入素材的方法。

任务提示：在“从移动设备导入”和“DV 快速扫描”导入素材的方法非常简单，只要将设备与计算机连接正确，然后按照提示信息操作即可。

练习评价

项　目	标准描述	评定分值	得　分
基本要求 20 分	了解导入素材的不同方法的优缺点	10	
	将 DV 中的素材直接导入“会声会影编辑器”，比较与先导入计算机再导入“会声会影编辑器”有什么不同	10	
拓展要求 40 分	通过移动设备导入素材	40	
拓展要求 40 分	DV 快速扫描素材的方法	40	
主观评价		总　分	

课后思考

(1) 捕获 DV 中的视频素材，为什么要使用视频采集卡？

(2) 导入图像和导入视频素材的过程是否一样？

第3章

快速创建及编辑视频

第6课 创建“儿童照”影片

要编辑视频，首先要将视频、图像素材捕获或者导入“会声会影编辑器”，然后再将素材添加到“视频轨”，并进行必要的参数设置、调整素材、排列素材等操作。本课将通过创建“儿童照”影片进行具体介绍。

课堂讲解

任务背景： 小王在闲暇时，为自己的女儿拍摄了一些照片。于是，小王便想到了使用会声会影将照片制作成影片。

任务目标： 制作“儿童照”影片。

任务分析： 在会声会影中编辑素材的方法有多种，可以执行菜单命令，还可以通过单击系统提供的图标按钮，或者是通过右击使用弹出的快捷菜单来对素材进行操作。

6.1 将素材添加到“视频轨”

步骤 1 编辑静态网页内容

在已创建的“儿童照”项目文件中，执行“文件”→“将媒体文件插入素材库”→“插入图像”命令，如图 6-1 所示。

图 6-1

步骤 2 选择添加素材文件

在弹出的“打开图像文件”对话框中选择要添加的图像素材，并单击“打开”按钮，如图 6-2 所示。

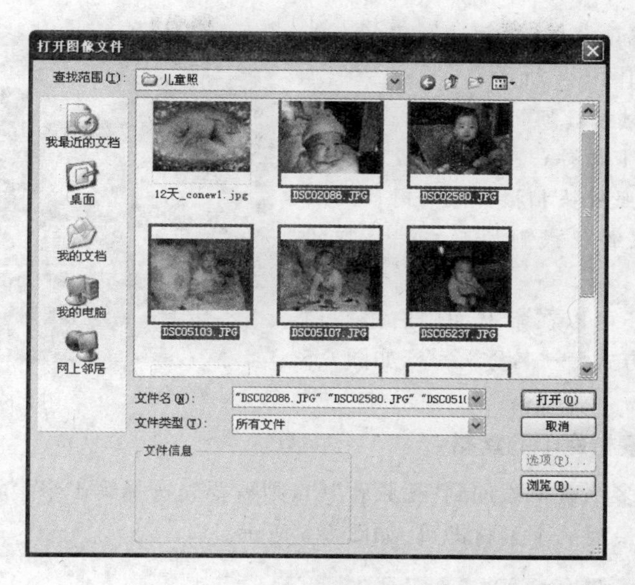

图　6-2

小知识：选择多个图片

在“打开图像文件”对话框中，可以选择连续的或者不连续的多张照片，按照以下操作步骤进行。

- 在“打开图像文件”对话框中，单击空白处并拖动鼠标，选择多张照片。
- 在“打开图像文件”对话框中，先选择多张照片的第 1 张照片并按 Shift 键，再单击最后 1 张照片，即可将第 1 张至最后 1 张照片之间的所有照片选中。
- 在“打开图像文件”对话框中，选择一张照片，按住 Ctrl 键，再单击其他照片，然后松开 Ctrl 键即可选中不连续的多张照片。

步骤 3　查看所添加的素材

此时，在“会声会影编辑器”窗口的右侧，可以看到已经添加的素材，如图 6-3 所示。

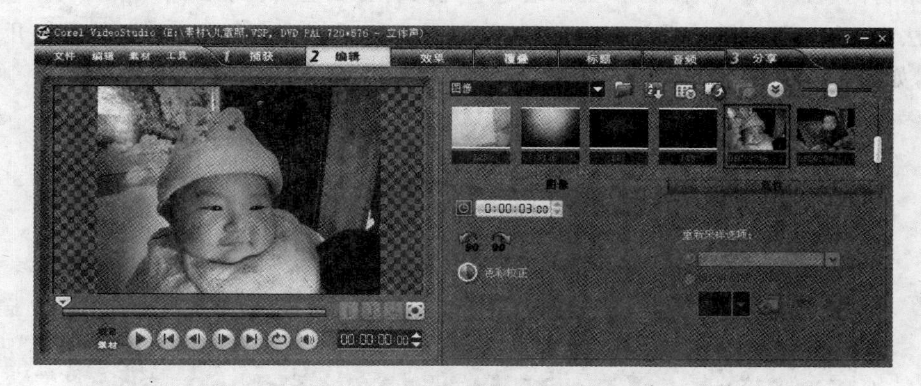

图　6-3

步骤 4　对相片进行排列

添加素材后，可以对素材库中的素材进行排序操作，其方法有两种。

方法 1：打开选项菜单，然后选择按名称排序或按日期排序，如图 6-4 所示。

提示：视频素材按日期排序的方式取决于文件格式。DV AVI 文件(即从 DV 摄像机捕获的 AVI 文件)按照镜头拍摄日期和时间的顺序排列，其他视频文件格式则按照文件日期的顺序排序。

方法 2：用户还可以在素材库中右击空白处，然后执行“排序方式”→“名称”命令，如图 6-5 所示。

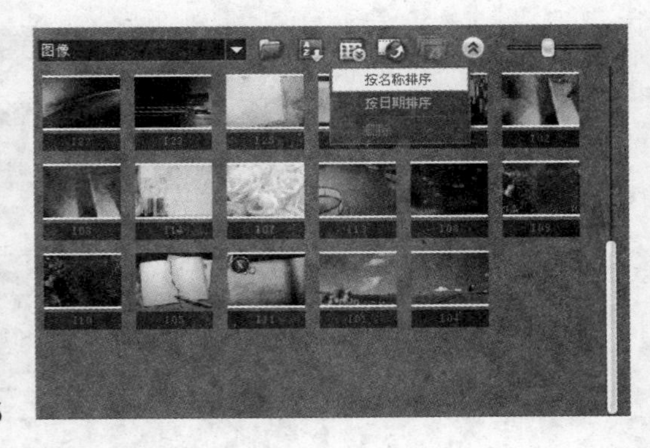

图 6-4

步骤 5 选择素材库中的素材

在素材库中将多个素材添加到“视频轨”中，则需要先选择第 1 个素材，再按 Shift 键，选择多个连续素材的最后一个素材即可，如图 6-6 所示。

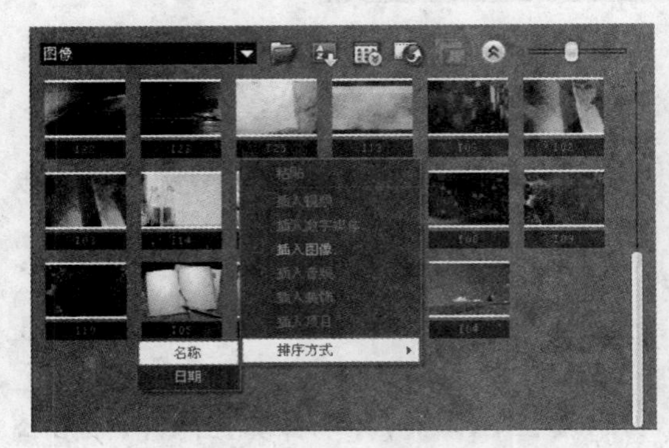

图 6-5

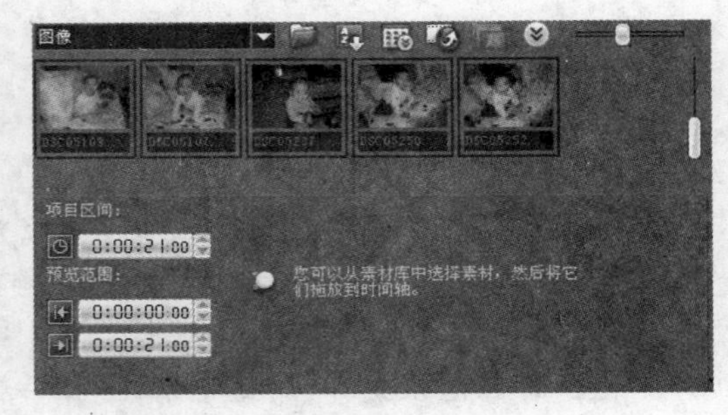

图 6-6

步骤 6 将素材添加到“视频轨”

将素材向“视频轨”中添加时，可以通过下列两种方法进行操作。

方法 1：拖动所选择的素材至“视频轨”，此时光标后将出现一个“+”，最后松开鼠标左键即可，如图 6-7 所示。

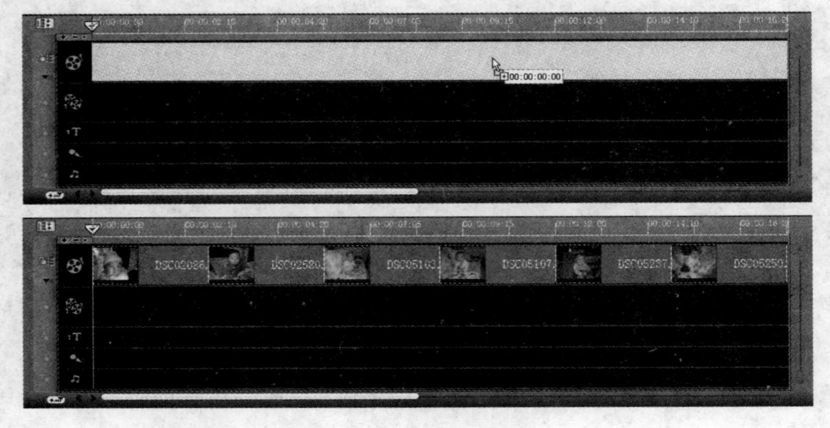

图 6-7

方法 2：在选择需要添加到“视频轨”的图片素材时，右击已经选中的素材图片，执行“插入到”→“视频轨”命令即可，如图 6-8 所示。

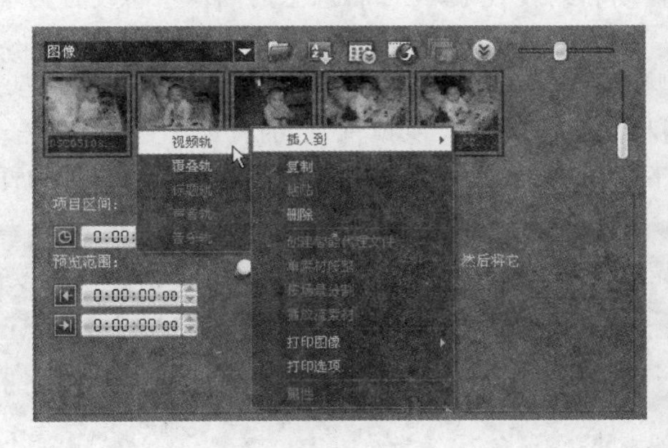

图　6-8

6.2　调整相片

当用户将相片插入到“视频轨”时，可以对相片进行一些简单的调整，如排序、设置颜色和属性。

步骤 1　排列相片序列

在“时间轴”的“视频轨”中选择 DSC 05103.jpg 相片，按住鼠标左键将其拖动到 DSC02580.jpg 相片上，当两张相片叠加时松开鼠标，DSC 05103.jpg 相片将调整到 DSC02580.jpg 前，如图 6-9 所示。

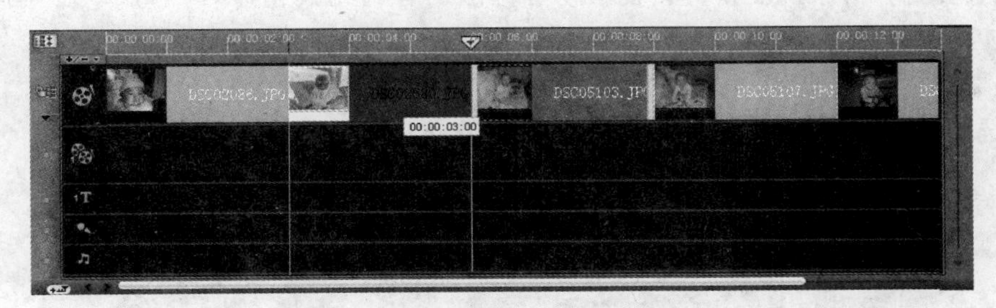

图　6-9

使用同样的方法，选择“视频轨”上的倒数第 2 张相片，将其与前一张相片的位置对换，如图 6-10 所示。

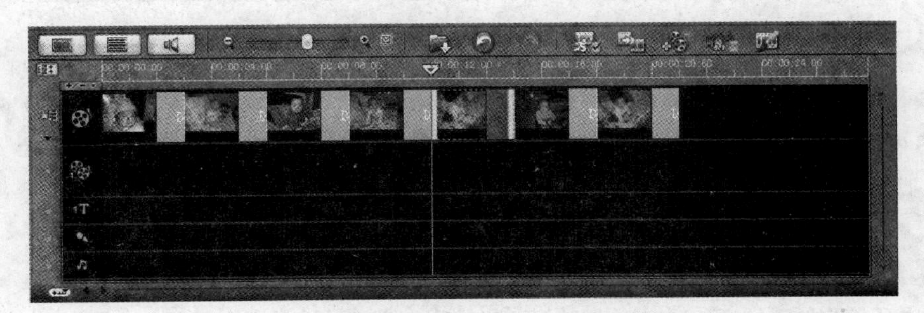

图　6-10

步骤 2　应用摇动和缩放效果

为图像素材应用摇动和缩放效果，可以将静态的图像素材设置为动态的，其设置方法主要有两种，操作如下。

方法 1：选择"视频轨"上的第 1 张相片，在"图像"面板中选中"摇动和缩放"单选按钮，如图 6-11 所示。使用相同的方法，为"视频轨"上的其他相片应用"摇动和缩放"效果，并单击"预设样式"右侧的下三角按钮，根据自己的喜好选择摇动和缩放的样式。

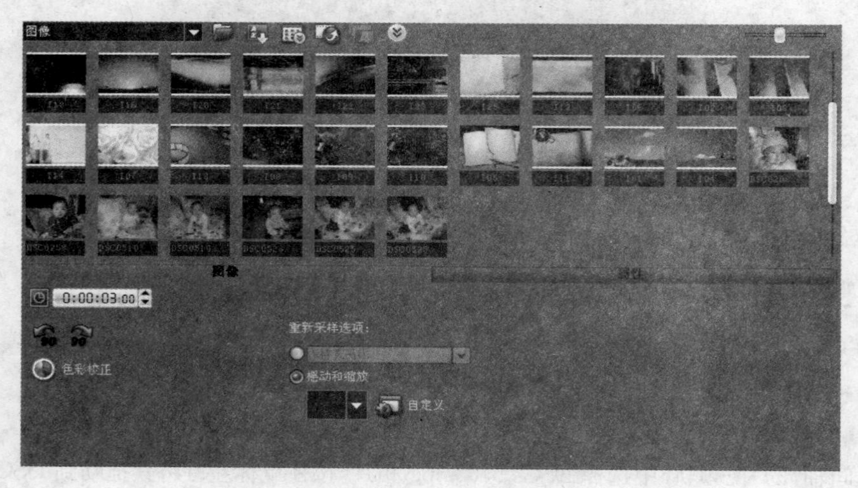

图　6-11

提示：当用户对系统提供的预设摇动和缩放的样式不满意时，则可以单击"自定义"按钮，在打开的对话框中，对摇动和缩放的效果进行设置。

方法 2：在"视频轨"中选择要应用摇动和缩放效果的图像素材后右击，选择"自动摇动和缩放"选项，也可以为素材应用摇动和缩放效果，如图 6-12 所示。

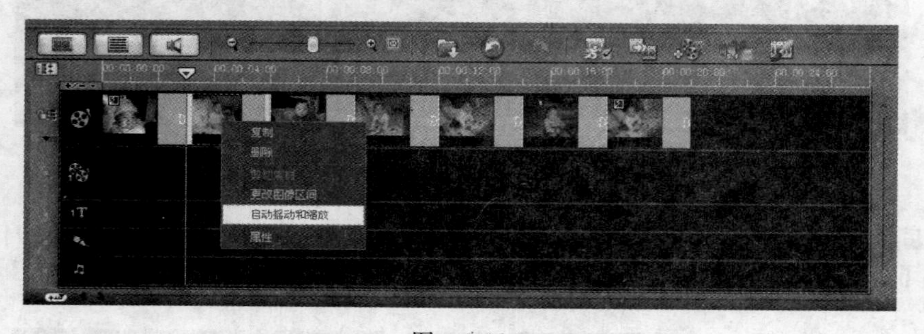

图　6-12

提示：项目中编辑影片画面的大小，是由影片的制式决定的，制式不同，其画面播放的大小也不同。其 NTSC 制式的画面宽高比为 16∶9，而 PAL 制式的画面宽高比为 4∶3。

6.3　修饰相片

步骤 1　添加边框

单击"画廊"右侧的下三角按钮，执行"装饰"→"边框"命令，切换到"边框"素材库中。将

F31. png 边框素材添加到“覆叠轨”中，并分别选择 F14. png、F16. png、F28. png、F34. png、F37. png 和 F40. png 边框素材添加到“覆叠轨”中，如图 6-13 所示。

图 6-13

步骤 2 添加转场效果

单击“效果”标签，并单击“画廊”右侧的下三角按钮，选择“遮罩”选项。在“遮罩”类转场库中选择“遮罩 B5”将其添加到“视频轨”的前两个相片和“覆叠轨”中的前两个边框素材间，然后选择“遮罩 C”～“遮罩 C4”转场效果，分别将其添加到“视频轨”和“覆叠轨”中的相片和边框素材上，如图 6-14 所示。

图 6-14

步骤 3 添加标题

单击“标题”标签，在“标题”素材库中选择 My Title 标题素材。将鼠标指针拖动到“标题轨”上，当光标变为“＋”时，松开鼠标将其添加到“标题轨”上，如图 6-15 所示。

图 6-15

步骤 4　输入标题文字

在“预览窗口”中双击，选择 My Title，将字母删除，输入“可爱宝贝”文字，输入完成后在空白处单击完成输入，如图 6-16 所示。

图　6-16

步骤 5　设置标题文字

在输入的文字上单击，选择文字，然后在“属性”面板中单击“字体”右侧的下三角按钮，选择“文鼎古印体繁”字体，单击“字体大小”右侧的下三角按钮，选择 106，如图 6-17 所示。

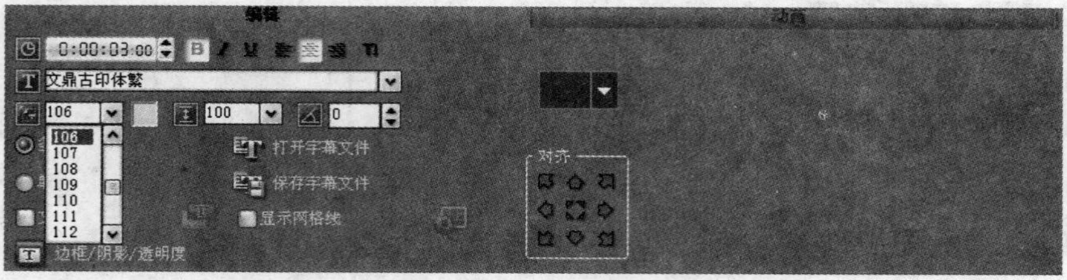

图　6-17

6.4　添加背景音乐

步骤 1　导入背景音乐

单击“音频”标签，在“音频”素材库的空白处右击，选择“插入音频”选项。在打开的对话框中，选择“虫儿飞.mp3”音频素材，将其导入项目中。如图 6-18 所示。

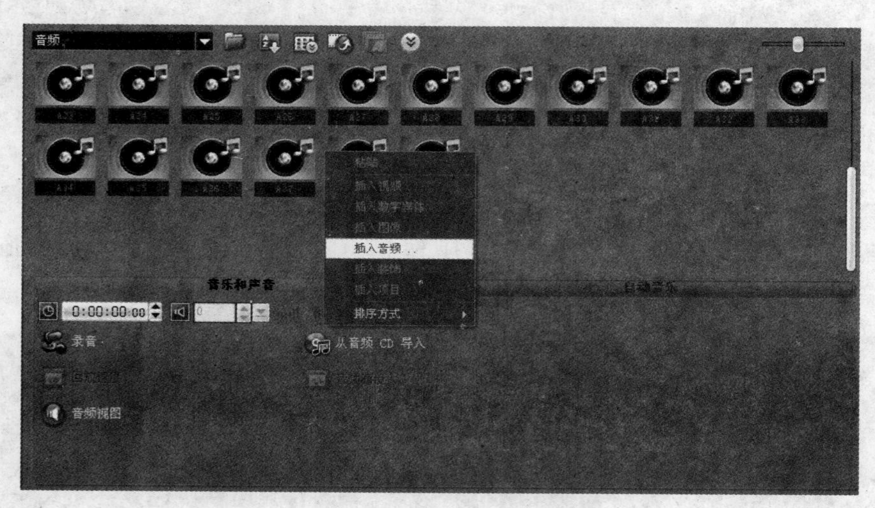

图　6-18

步骤 2　添加背景音乐到“声音轨”

在“音频”素材库中选择“虫儿飞.mp3”音频素材，并拖动该素材到“声音轨”，当光标变为“十”时，松开鼠标左键即可，如图 6-19 所示。

图　6-19

提示：在“时间轴”视图的“声音轨”中右击，选择“插入音频”选项，在打开的对话框中选择要导入的音频素材，则可以直接将音频素材添加到“声音轨”中，且不在“音频”素材库中添加缩略图。

步骤 3　剪切音频素材

在“声音轨”中选择“虫儿飞.mp3”音频素材，并将光标移动到音频素材的末尾，当光标变为“+”时，按住鼠标左键并向左拖动鼠标，当音频素材的播放长度与“视频轨”上的素材播放的总长度相同时，松开鼠标剪切音频素材，如图 6-20 所示。

图　6-20

小知识：查看“时间轴”中的素材

在“时间轴”视图中，若添加的素材超出观看范围时，用户可以通过改变“时间轴”视图的缩放比例或拖动右侧和底部的滑块两种方法来查看素材的，其具体介绍如下。

(1) 设置缩放比例。设置“时间轴”视图的缩放比例时，可以单击工具栏上的“缩小”按钮和“放大”按钮，缩小和放大“时间轴”视图的比例以便查看素材。

(2) 拖动滑块。当通过“轨道管理器”对话框添加多条轨道后，在“时间轴”视图中并不能将全部的轨道显示出来，用户可以拖动右侧的白色滑块来查看轨道中的素材。而当轨道中的素材过长不能显示到末端时，则可以通过拖动“时间轴”视图底部的滑块来查看素材。

课堂练习

任务背景：在前面几课的学习过程中，小王已经掌握了一些利用“会声会影”软件制作影片的基本操作。为了更加熟练掌握会声会影的应用，小王决定将自己的一些照片制作成“成长历程”影片。

任务目标： 制作“成长历程”影片。

任务要求： 对照片进行处理，调整其色彩，并制作成影片。

任务提示： 在处理照片时，通过图像区间可以设置图像播放的时间，通过色彩校正可以调整图像的光亮、颜色、白平衡等。

练习评价

项　　目	标准描述	评定分值	得　分
基本要求 60 分	将素材添加到“视频轨”	20	
	调整照片	20	
	修饰照片	20	
拓展要求 40 分	添加背景音乐	40	
主观评价		总　分	

课后思考

(1) 将素材导入“视频轨”有哪些方法？

(2) 在“时间轴”视图中，当素材超出显示范围时，如何对其进行查看？

第7课　海豚的表演剪辑与调整

一般情况下，从摄像机及其他介质中捕获的视频素材，保存在计算机中后是一段连续的片段，而在制作影片时，并不是摄像机拍摄的素材中的所有镜头都能使用。如何将不能使用的镜头或素材片段删除，也是影视后期制作中相当重要的操作。本课通过对海豚表演素材的编辑，学习如何在“会声会影”软件中对视频素材进行修整，以及如何启用智能代理功能来提高影片的编辑速度。

课堂讲解

任务背景： 小王在去动物园游玩时，使用数码摄像机将海豚的表演过程拍摄了下来，回到家后将拍摄的素材导入计算机中。通过播放小王发现，其中有许多拍摄镜头不太好，于是便通过会声会影来对素材进行剪辑调整。

任务目标： 了解利用会声会影剪辑素材的方法以及如何启用智能代理功能提高项目的编辑速度。

任务分析： 在对影片的编辑过程中，往往会遇到不想使用的素材片段，这就需要在编辑的过程中将素材进行剪辑。另外，在编辑比较大的影片项目时，用户还可以通过智能代理功能，提高项目的渲染速度等。

7.1　导入素材

步骤 1　从移动设备中捕获素材

启动“会声会影”软件，在“会声会影编辑”窗口中单击“捕获”标签，在其“捕获”面板中单击“从移动设备导入”图标，如图 7-1 所示。

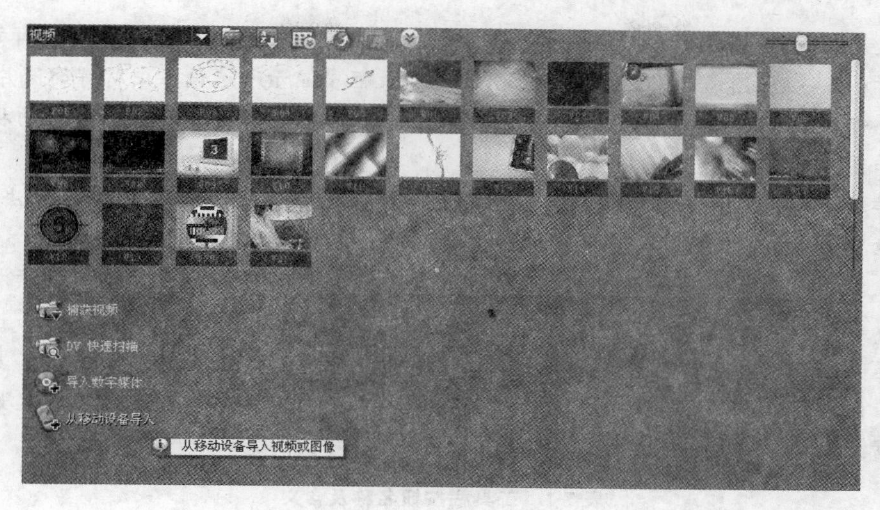

图　7-1

步骤 2　选择捕获素材

在打开的“从硬盘/外部设备导入媒体文件”对话框中选择“设备”列表框中的“H：\”移动盘，并在右侧的列表框中选择“海豚表演视频.mpg”视频素材，如图 7-2 所示。

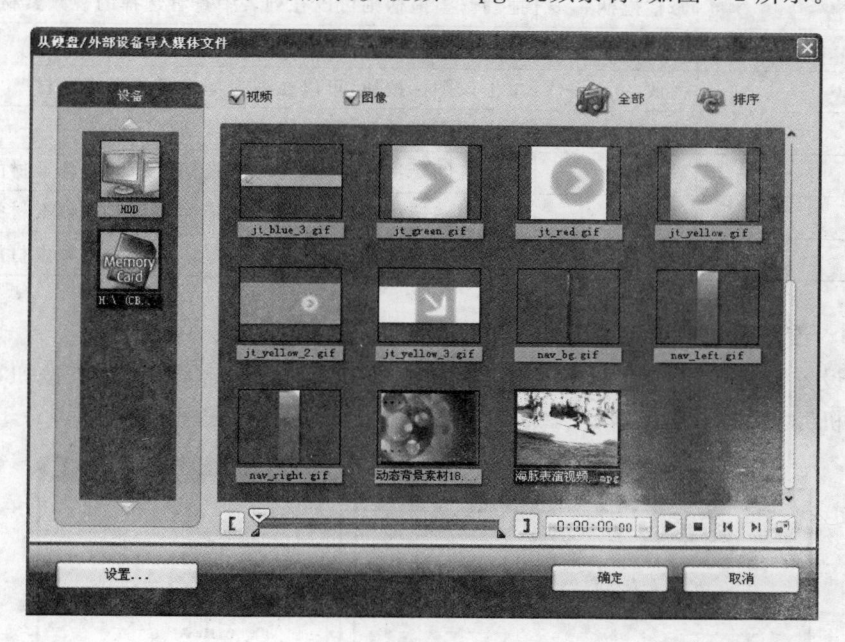

图　7-2

小知识：从硬盘/外部设备导入媒体文件

在“从硬盘/外部设备导入媒体文件”对话框中，其各部分介绍如下。

- 设备：在该列表框中，显示了连接到计算机的所有外部设备，用户可以在该列表框中选择要捕获视频素材的移动设置。

提示：当用户选择“设备”列表框中的 HDD 时，则可以将计算机硬盘的默认路径保存的视频素材捕获到项目中。该方法也可以默认为一种导入视频素材的方法。

- 复选框：当勾选“视频”复选框时，则在下面的列表框中显示所选设备中所有的视频素材；当勾选“图像”复选框时，则在下面的列表框中显示所选设备中所有的图片素材。
- 全部：单击“全部”图标按钮，则在下面的列表框中显示所选设备中所有的视频素材和图片素材。
- 排序：单击“排序”图标按钮，则可以在弹出的列表中选择素材排序的方法，为列表框中的素材进行排序，其中包括按名称、按大小、按日期 3 种方法。
- 设置：单击“设置”图标按钮，则可以在打开的“设置”对话框中为捕获的素材设置导入或者导出的路径。
- 工具栏：该工具栏只有在选择视频素材时，才显示为可用状态。单击该工具栏中相应的图标按钮，则可以播放选择的视频素材，并可以为选择的素材设置起始标记和结束标记来分割素材。该工具栏中按钮的名称及作用如表 7-1 所示。

表 7-1　工具栏按钮名称及含义

按　　钮	名　称	含　　义
[	开始标记	为选择的视频素材设置开始标记
]	结束标记	为选择的视频素材设置结束标记
	修整拖柄	拖动修整拖柄则可以在列表中查看选择的视频素材
0:00:00:00	时间码	显示选择的视频素材当前的播放位置
	播放	单击该图标按钮，可以在列表框中播放视频素材
	停止	单击该图标按钮，可以停止视频素材的播放
	起始	单击该图标按钮，可以将修整拖柄移动到视频素材的起始位置
	结束	单击该图标按钮，可以将修整拖柄移动到视频素材的结束位置
	扩大播放窗口	单击该图标按钮，可以将列表框中选择的视频素材放大观看

步骤 3　设置素材保存位置

单击“设置”按钮，在打开的“设置”对话框中单击“默认导入/导出路径”按钮，在打开的“浏览计算机”对话框中选择素材的保存路径，依次单击“确定”按钮即可，如图 7-3 所示。

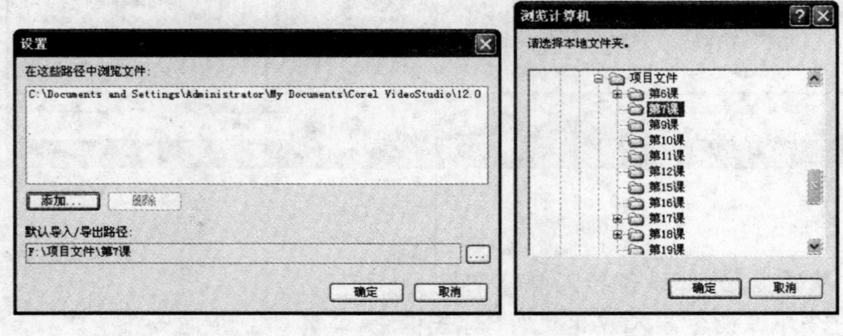

图　7-3

步骤 4　导入视频素材

返回到“从硬盘/外部设备导入媒体文件”对话框中，单击“确定”按钮，即可将选择的视频素材导入项目的“视频”素材库中，如图 7-4 所示。

图　7-4

提示：在导入视频素材之前，可以在“会声会影编辑器”中执行“文件”→“参数”命令，在打开的“参数选择”对话框中选择“智能代理”选项卡，勾选“启用智能代理”复选框，在项目中启用智能代理功能。

7.2　修整视频素材

步骤 1　将素材添加到“视频轨”

在“视频”素材库中选择“海豚表演视频.mpg”视频素材，并拖动该素材到“时间轴”的“视频轨”中，如图 7-5 所示。

图　7-5

小知识：“视频”面板

选择视频素材后，用户可以在“视频”面板中，对选择的视频素材进行一系列的设置及修整，其各部分介绍如下。

① 区间：在该数值框中显示所选素材总的播放长度，其各部分对应的是“时：分：秒：帧”。用户可以在对应的位置单击，闪烁时对其进行设置。

② 素材音量：在该数值框中显示视频素材声音的音量，用户可单击其后的按钮，对其进行设置。

③ 静音：单击该图标按钮，可以将视频素材中的声音屏蔽。

④ 淡入/淡出：单击该图标按钮，可以为选择的素材片段设置淡入/淡出动画。

⑤ 旋转：单击应用的图标按钮，可以将素材片段按顺时针或逆时针方向旋转90°。

⑥ 保存为静态图像：单击该图标按钮，可以将时间指针所在位置的帧图像保存为静态图像。

⑦ 色彩校正：单击该图标按钮，可以在弹出的面板中，为选择的素材设置其白平衡、对比度、饱和度等，改变素材的色彩。

⑧ 分割音频：单击该图标按钮，可以将素材中的声音从素材画面分离出来，分离出来的音频将显示在"声音轨"中。

⑨ 回放速度：单击该图标按钮，可以在打开的对话框中为素材设置播放速度。

⑩ 按场景分割：单击该图标按钮，可以在打开的对话框中，将视频素材以场景的变化来分割成多个片段。

⑪ 反转视频：勾选该复选框，可以将选择的视频素材进行倒放。

⑫ 多重修整视频：单击该图标按钮，可以在打开的对话框中，单击相应的图标按钮，将视频素材分割为多段。

步骤 2　剪辑素材

视频素材的剪辑是影视后期编辑的重要操作，其操作方法主要可以分为两种，详细介绍如下。

方法 1：在"时间轴"视图中，移动时间指针到 23:08 的位置，并选择"视频轨"中的素材，在"导栏"面板中单击"按照飞梭栏的位置剪辑素材"图标按钮，剪辑素材。使用同样的方法，在 49:17 的位置剪辑素材。如图 7-6 所示。

图　7-6

提示：用户可以在"导栏"面板的"时间码"文本框中查看时间指针所在的位置。

方法 2：选择"视频轨"中要剪辑的素材，在"视频"面板中单击"多重修整素材"图标按钮。在打开的"多重修整素材"对话框中单击"起始"图标按钮，拖动"飞梭轮"到 23:08 的位置单击"结束"图标按钮，再拖到 49:17 的位置单击"开始"图标按钮，到素材末尾时单击"结束"图标按钮，分割素材，如图 7-7 所示。

技巧：使用多重修整功能修整素材时，用户还可以通过按 F3 和 F4 键来选择要保留的视频素材片段。

图 7-7

小知识：多重修整素材

在“多重修整视频”对话框中，通过单击“播放”图标按钮，可以查看整个视频素材。可以通过拖动“飞梭轮”滑块 快速地浏览整个素材，并且能直接到达素材要修整的起始帧。也可以通过单击“上一帧”图标按钮和“下一帧”图标按钮来实现其操作。

剪辑素材时，用户可以拖动“飞梭轮”滑块到素材起始帧后单击“起始”图标按钮[，然后拖动“飞梭轮”滑块到素材结束的那一帧后单击“终止”图标按钮]，这样所截取的视频素材就插入到“修整的视频区间”列表中。

在该对话框中，其他图标按钮的名称及作用如表 7-2 所示。

表 7-2 多重修整素材对话框按钮的作用

按 钮	作 用
反转选取	单击该图标按钮，可以将原来选择要保留的素材片段删除，将原来要删除的素材片段保留并在“修整的视频区间”列表中显示
自动检测广告	单击该图标按钮，可以检测视频素材中的广告片段
检测敏感度	设置区分广告片段和素材片段的灵敏度
合并(CM)	合并所有提取的素材
删除所选素材	在“修正后的视频区间”里选中素材，单击此图标按钮可以将该素材删除
仅播放修整的视频	当在修整的视频区间列表中选择修整的素材后，可以单击该图标按钮进行播放查看
向前搜索/向后搜索	以固定间隔向前或向后移动。在系统默认情况下都是向前或向后移动25s，快捷键是 F5 和 F6
起始/结束	单击应用的图标按钮，可以直接移动到视频的起始帧和结束帧的位置
重复	单击该图标按钮，使其处于选择状态，可以重复播放素材片段

步骤 3　删除视频素材

删除视频素材的方法主要有两种，其具体操作如下。

方法 1：在“视频轨”中剪辑的第 2 段素材上右击，在打开的快捷菜单中选择“删除”选项，将选择的素材删除，如图 7-8 所示。

图　7-8

方法 2：选择要删除的素材，按 Delete 键即可。

7.3　设置素材播放长度

步骤 1　添加滤镜

单击“画廊”右侧的下三角按钮，执行“视频滤镜”→“调整”命令，在“调整”类视频滤镜库中选择“抵消摇动”视频滤镜，并拖动该滤镜到“视频轨”的第 1 段素材上，当光标变为形状时，松开鼠标添加滤镜，如图 7-9 所示。使用同样的方法，为另一段素材添加“抵消摇动”滤镜，使素材播放的画面消除晃动。

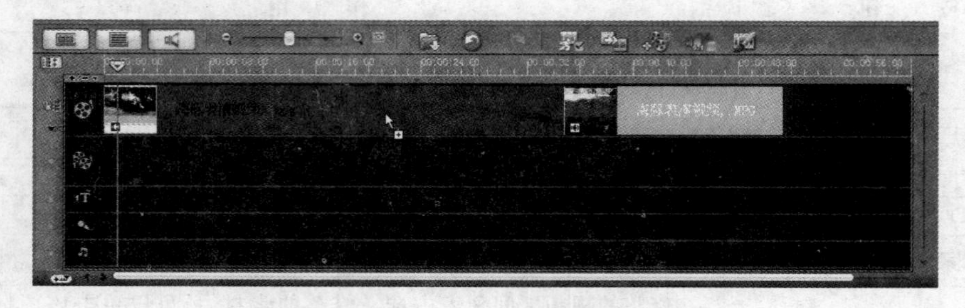

图　7-9

步骤 2　添加边框

单击“画廊”右侧的下三角按钮，执行“装饰”→“边框”命令，在“边框”类素材库中选择 F43 边框素材，将其添加到“覆叠轨”中，如图 7-10 所示。

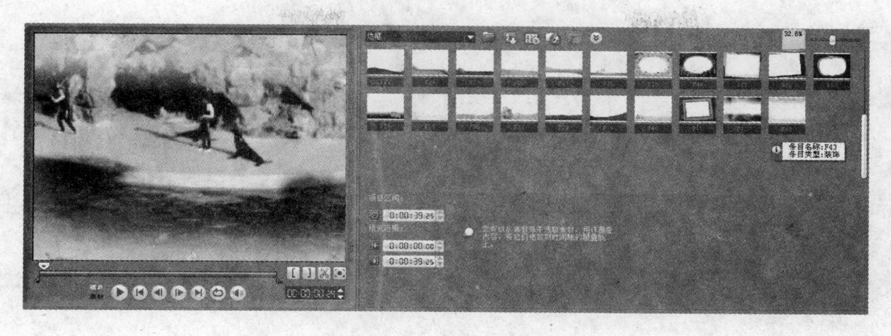

图　7-10

步骤 3　设置素材播放长度

设置素材的播放长度主要有以下两种方法。

方法 1：选择“覆叠轨”上的素材，将鼠标指针移动到素材的末尾，当光标变为⟺形状时，向右拖动鼠标到与“视频轨”上的素材长度相等时即可，如图 7-11 所示。

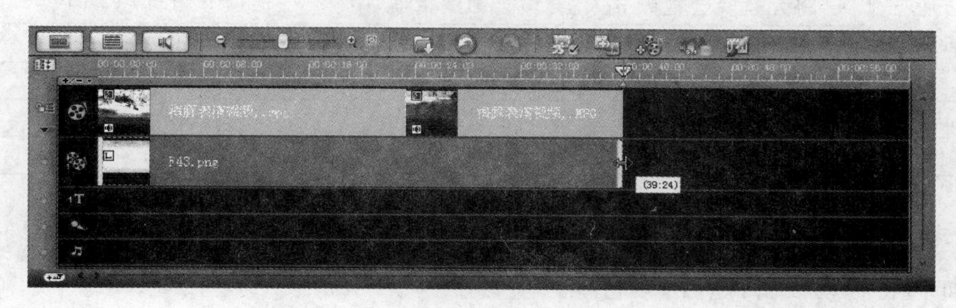

图　7-11

方法 2：在知道素材的播放长度时，用户则可以通过修改“区间”值的方法来设置素材的播放长度。在“时间轴”视图中，将时间指针移动到“视频轨”上视频素材的末尾并单击时间指针，此时在面板中会显示“项目区间”为 39:25，然后选择“覆叠轨”中的素材，在“编辑”面板中将“区间”的值设置为 39:25，如图 7-12 所示。

图　7-12

课堂练习

任务背景： 在本课的制作过程中，小王已经了解了对素材进行剪辑的方法以及如何设置素材的播放长度等操作。现在公司需要将元旦晚会所录制的视频，制作成光盘并保存下来。

任务目标： 通过本例对视频进行的编辑及调整操作，对元旦晚会视频进行编辑，并删除一些重复或者效果不好的片段。

任务要求： 掌握素材编辑的基本操作方法，并对这些方法进行比较，掌握其中最快捷的操作方法。

任务提示： 在对素材进行编辑的基本操作中，除了可以通过面板中的一些图标按钮来实现外，还可以通过快捷菜单命令来实现。

练习评价

项　　目	标 准 描 述	评定分值	得　分
基本要求 60 分	将元旦晚会视频导入"会声会影编辑器"中	20	
	并将视频添加到"视频轨"	20	
	对视频进行裁剪操作	20	
拓展要求 40 分	元旦晚会视频编辑后，播放时要流畅	40	
主观评价		总　分	

课后思考

(1) 如何将移动设备保存的素材导入项目中？

(2) 视频素材剪切的多种方法及区别是什么？

(3) 如何启用智能代理功能？描述智能代理的作用？

第8课　编辑"NBA篮球比赛"影片

在会声会影中，用户除了可以导入保存在计算机中的各种素材外，还可以使用系统自带的一些素材来编辑影片。另外，添加素材后，用户可以使用多种方法对视频进行剪辑。例如，除了使用多重修整功能和分割场景功能来剪辑素材外，还可以使用手动的方法对素材进行剪辑。在编辑影片的过程中，用户还可以使用反转视频功能将视频素材倒放，制作一种奇特的效果。

课堂讲解

任务背景： 一部好的作品，除了要对其进行剪切修整外，还要对其进行编辑修饰才可以达到。例如将视频素材进行倒放来制作特殊的效果等。于是，小王便从网上下载了一场自己喜欢的 NBA 篮球比赛进行练习。

任务目标： 制作 NBA 篮球比赛影片。

任务分析： 在对视频素材剪切时，用户除了可以使用手动剪切的方法，还可以根据拍摄的场景进行剪切。另外，使用反转视频功能，可以将素材倒放制作特殊效果。

8.1　添加素材

步骤 1　添加系统素材

启动“会声会影”软件，在会声会影编辑窗口的“视频”素材库中选择 V18 系统自带视频素材，将其添加到“视频轨”中，如图 8-1 所示。

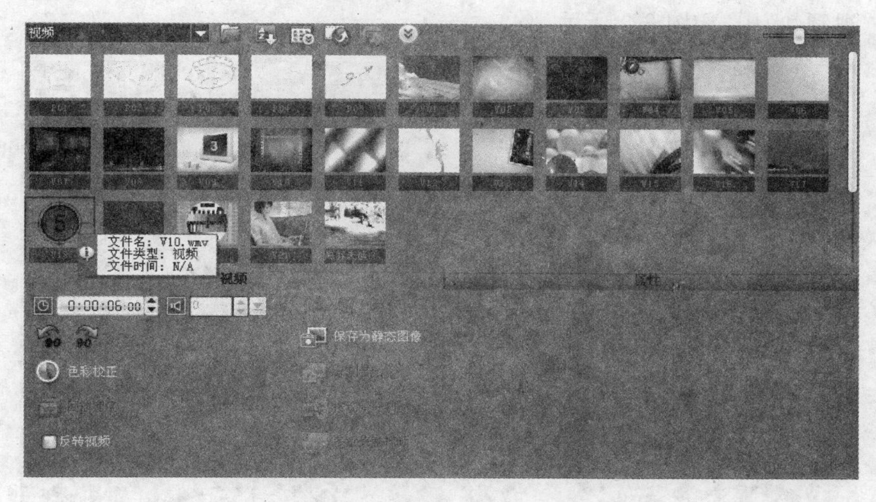

图　8-1

提示：在会声会影的“视频”、“图像”、“音频”、“标题”等素材库中，系统为用户提供了多种素材，供用户编辑影片时使用。

步骤 2　添加色彩素材

单击“画廊”右侧的下三角按钮，选择“色彩”选项，在“色彩”素材库中选择黑色(0,0,0)素材，将其添加到“视频轨”中，如图 8-2 所示。

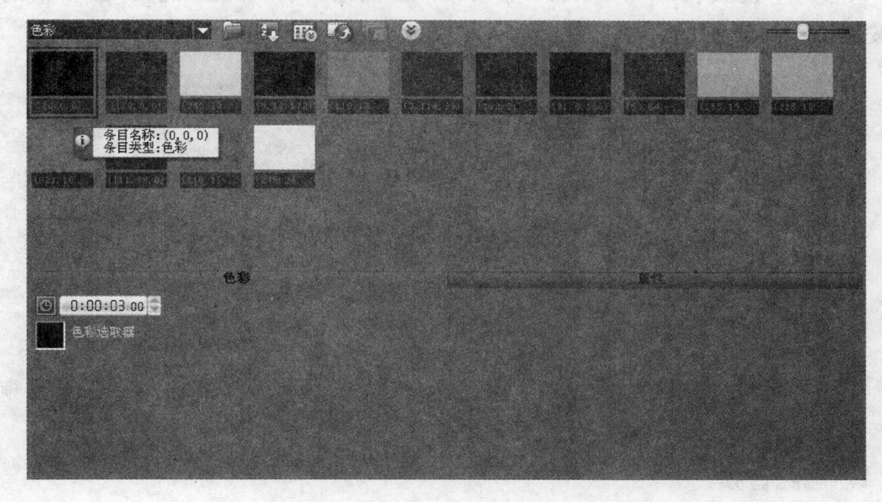

图　8-2

提示：若要为添加的色彩素材设置颜色时，可以在“色彩”面板中单击“色彩选取器”色块，在打开的调色板中设置。

步骤 3　导入硬盘保存素材

单击“画廊”右侧的下三角按钮，选择“视频”选项，并在“视频”素材库的空白处右击，选择“插入视频”选项，在打开的对话框中选择“NBA 视频.mpg”视频素材，将其导入项目中，并添加到“视频轨”中，如图 8-3 所示。

图　8-3

8.2　分割场景

步骤 1　分割视频素材音频

分割视频素材音频主要有两种方法，其具体操作如下。

方法 1：选择“视频轨”中的“NBA 视频.mpg”视频素材，单击“视频”面板中的“分割音频”图标按钮，将素材的音频与视频分离，如图 8-4 所示。

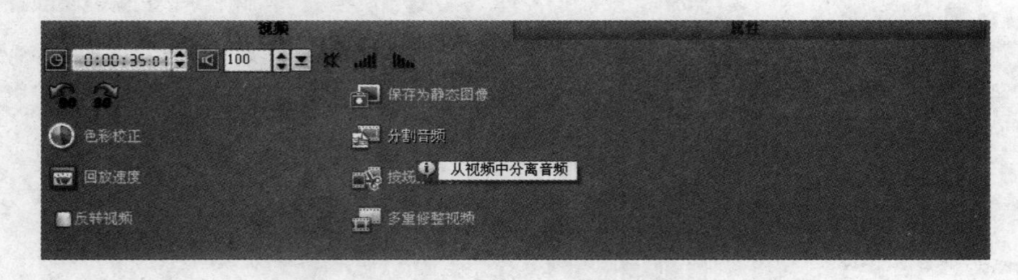

图　8-4

方法 2：在“视频轨”中选择“NBA 视频.mpg”视频素材，右击并选择“分割音频”选项即可，如图 8-5 所示。

步骤 2　删除音频

将音频与视频分割后，分割的音频将显示在“声音轨”中。右击分割的音频，选择“删除”选项，将分割的音频删除，如图 8-6 所示。

图　8-5

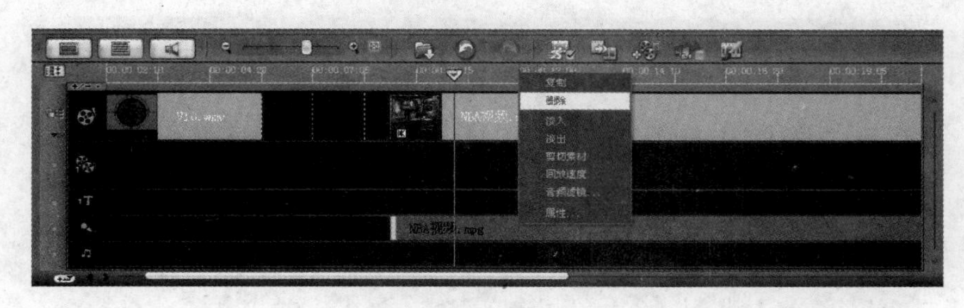

图　8-6

提示：若要使添加的视频素材没有声音，除了将其分割删除外，还可以通过单击“视频”面板中的“静音”图标按钮实现。

步骤 3　按场景分割素材

选择“NBA 视频. mpg”视频素材，单击“视频”面板中的“按场景分割”图标按钮，在打开的“场景”对话框中单击“扫描”按钮。扫描完成后，单击“确定”按钮，选择的素材即可被分割为多个。如图 8-7 所示。

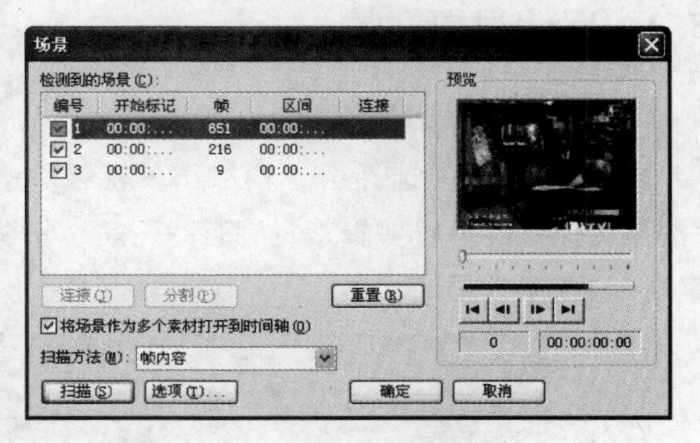

图　8-7

小知识：“场景”对话框介绍

在“场景”对话框中，用户除了可以查看分割的多段素材外，还可以为场景分割进行设置。其各部分介绍如下。

① 检测到的场景：当单击“扫描”按钮后，可以将扫描到的多个场景内容显示在该列表框中。

② 连接：在“检测到的场景”列表框中，选择除了第一个场景外的其他场景后，“连接”按钮将显示为可用状态。用户可单击该按钮，将选择的场景与上一个场景连接在一起。

③ 分割：当选择的场景与上一个场景连接后，“分割”按钮将显示为可用状态，用户可单击该按钮，将连接的场景再次分割。

④ 重置：单击该按钮，则扫描后的场景将全部重新连接到一起。

⑤ 将场景作为多个素材打开到时间轴：勾选该复选框，则扫描后的多个场景将以剪辑的形式在所在的轨道中显示。

⑥ 扫描方法：单击该框右侧的下三角按钮，可以选择扫描的方法。

⑦ 预览：在该设置栏中，用户可以单击按钮，对场景进行播放预览。

⑧ 扫描：单击该按钮，开始对素材进行场景的扫描。

⑨ 选项：单击该按钮，可以在打开的“场景扫描敏感度”对话框中，对帧扫描的敏感度进行设置，如图 8-8 所示。

图 8-8

步骤 4 删除视频素材

在“视频轨”中右击分割的第 1 段“NBA 视频.mpg”场景，选择“删除”选项，将选择的场景素材删除，如图 8-9 所示。

图 8-9

8.3 反转视频回放

步骤 1 手动分割素材

在“视频轨”中选择第 1 段“NBA 视频.mpg”素材，拖动时间指针到 13:06 位置，单击“按照飞梭栏的位置剪辑素材”图标按钮分割素材。使用同样的方法，在 14:15 位置分割素材，如图 8-10 所示。

图 8-10

步骤 2　复制素材

选择分割的第 2 段“NBA 视频. mpg”素材，右击，选择“复制”选项。在“视频”素材库中右击，选择“粘贴”选项，复制分割的素材，并将其添加到“视频轨”的第 2 段“NBA 视频. mpg”素材之后。如图 8-11 所示。

图　8-11

步骤 3　反转视频

在“视频轨”中选择复制的素材，在“视频”面板中勾选“反转视频”复选框，将视频素材倒着播放，如图 8-12 所示。

步骤 4　添加标题

将时间指针移动到添加的色彩素材的开始位置，单击“标题”标签，并在“预览窗口”中输入“NBA 比赛　梦七 VS 巴西”文字，在“编辑”面板中设置“字体”为隶书，“字体大小”为 80，如图 8-13 所示。

图　8-12

图　8-13

8.4　添加提示和章节

将影片编辑好以后，用户可以为影片添加提示和章节，帮助用户将项目刻录到光盘之后在项目中进行导览。

步骤 1　选择"提示点"选项

要为项目添加提示点时，可以在"时间轴"视图中打开标尺左上角的"提示/章节"菜单，选择"提示点"选项，如图 8-14 所示。

图　8-14

步骤 2　添加提示点

在需要添加提示点的位置上方的标尺上单击，此时会在标尺上显示一个蓝色的三角，如图 8-15 所示。若要添加多个提示点时，在要添加提示点位置的标尺上单击即可。

图　8-15

技巧：要删除提示点时，选择要删除的提示点，将其拖出标尺外即可。单击菜单前面的"十"/"一"图标按钮，也可以删除提示点。

步骤 3　选择"章节点"选项

若要添加章节点，可以打开"提示/章节"菜单，选择"章节点"选项，如图 8-16 所示。

图　8-16

步骤 4　添加章节点

在需要添加章节点位置的标尺上单击，即可添加章节点，此时，在标尺上会显示一个黄色的三角，如图 8-17 所示。

提示：(1) 删除章节点与删除提示点的方法相同，只需将要删除的章节点拖出标尺外即可。

(2) 若要为添加的章节点或者提示点重命名，可以在标尺上双击章节点或者提示点，在打开的"重命名"对话框中进行命名。

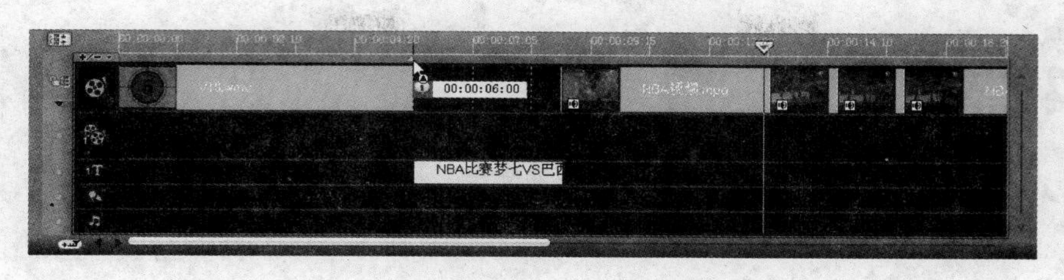

图　8-17

课堂练习

任务背景：公司举办了一次技能比赛，并录制了比赛的全过程，领导要求小王将录制的比赛过程进行编辑，以达到更好的视觉效果。

任务目标：制作"技能比赛"影片。

任务要求：要求将技能比赛过程进行分节，并编辑出精彩画面。

任务提示：在制作过程中，可以调整视频的色彩，并使用画中画、特殊镜头放大等效果突出展现技能比赛的精彩片段。

练习评价

项　　目	标 准 描 述	评定分值	得　分
基本要求 60 分	将计算机中的素材添加到"视频轨"	20	
	剪辑需要保留的视频段	20	
	给视频添加片头效果	20	
拓展要求 40 分	添加技能比赛的精彩片段	40	
主观评价		总　分	

课后思考

（1）使用场景分割的方法主要有哪些？

（2）如何添加提示点和章节点？如何对提示点和章节点重命名？

第4章

修饰影片及添加效果

第9课 制作“摇动和缩放”效果

通常情况下，在一部完美的影视作品中，会为视频素材添加一些特殊的效果，使影片达到某种艺术效果，给观众带来很强的视觉冲击，使人耳目一新。这些特殊效果是摄像机拍摄无法实现的，这时就需要在影片的后期制作中，通过软件的滤镜来达到。本课通过制作“花样轮滑”影片，介绍“摇动和缩放”滤镜，该滤镜可以模拟摄像机的推拉镜头，将静态的素材制作成动态。

课堂讲解

任务背景： 小王通过前面的学习，基本上已经能够制作一个简单的影片。但是在看到一些影视作品中的效果时，很想试一试，通过上网小王了解到这是由于在视频素材中添加了滤镜的效果。

任务目标： 根据影片制作需要，为素材添加“摇动和缩放”滤镜，并改变影片的播放速度。

任务分析： 在为视频素材添加滤镜之前，首先要了解什么是视频滤镜，认识滤镜面板以及如何设置滤镜参数。

9.1 使用视频滤镜

步骤1 新建一个项目

启动“会声会影”软件，在弹出的启动画面中单击“会声会影编辑器”图标按钮。在打开的项目窗口中，单击“画廊”右侧的下三角按钮，选择“图像”选项，然后单击“加载图像”图标按钮，将“片头图片.jpg”图像素材添加到“图像”素材库中，如图9-1所示。

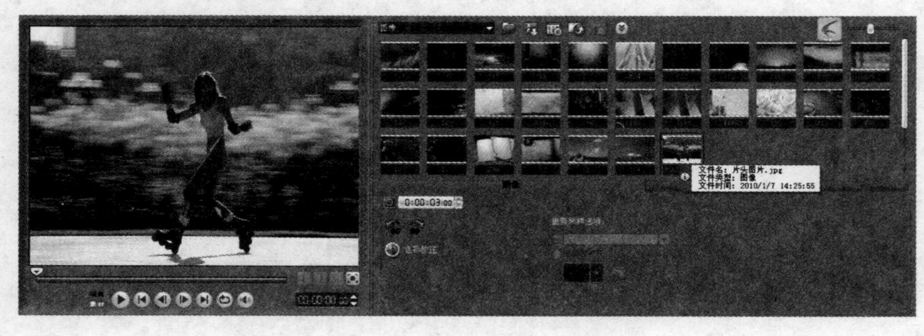

图 9-1

提示：通常情况下，在一个项目中不仅包含视频素材，还包含音频，并且视频素材可以添加到多个轨道中。因此为了方便编辑，通常将视图切换到轨道视图中，再对影片进行编辑。

步骤 2　添加素材到“视频轨”

在“图片”素材库中选择“片头图片.jpg”素材，拖动该素材到“视频轨”中，当光标变为“十”时松开鼠标，将其添加到“视频轨”中，如图 9-2 所示。

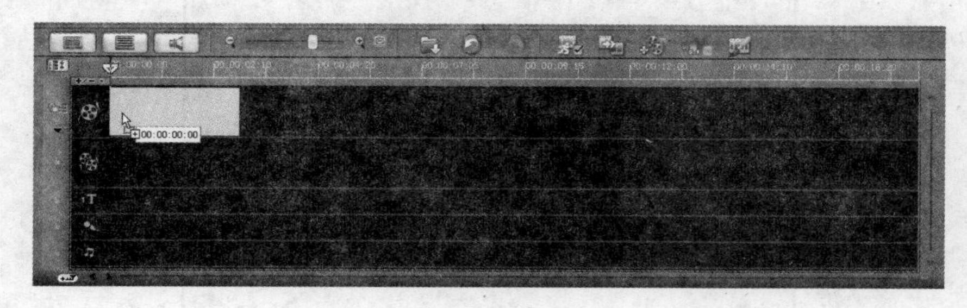

图　9-2

步骤 3　添加滤镜

单击“画廊”右侧的下三角按钮，执行“视频滤镜”→“调整”命令，选择“视频摇动和缩放”滤镜，将其拖放到“故事板”视图中的“片头图片.jpg”图像素材上，完成滤镜的添加，如图 9-3 所示。

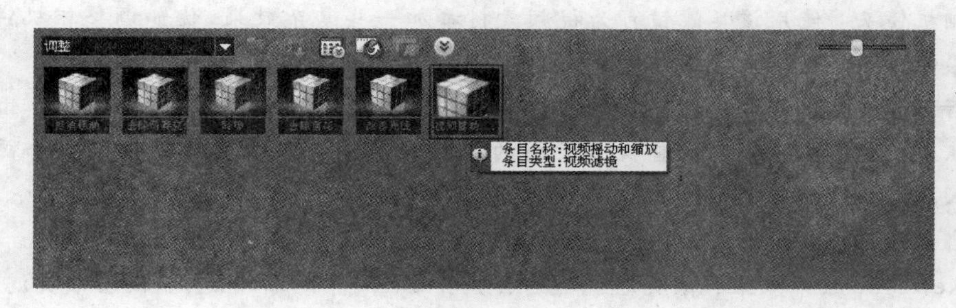

图　9-3

步骤 4　保存文件

保存项目文件主要有两种方法，其具体操作如下。

方法 1：执行“文件”→“保存”命令，在打开的“另存为”对话框的“保存在”下拉菜单中选择文件保存的位置，并在打开的“另存为”对话框中输入文件名，单击“保存”按钮保存文件，如图 9-4 所示。

方法 2：编辑好项目后，若要保存项目文件，可以在按住 Ctrl 键的同时，按 S 键，打开“另存为”对话框，对项目进行保存。

小知识：会声会影 X2 滤镜分类

在会声会影以前的版本中，其滤镜均集中在一起，并没有分类。而在会声会影 X2 中，不仅将滤镜分为了 9 类，还增加了一些滤镜。

- 二维映射：顾名思义，该类滤镜只对视频素材作平面上的二维改变。
- 三维纹理映射：该类滤镜可以将视频素材作三维立体改变，包含“鱼眼”、“向内挤压”和“向外扩张”3 个滤镜。

图 9-4

- 调整：该类滤镜可对拍摄的视频素材进行一些画面、画质上的处理。如可使用“抵消摇动”滤镜，消除摄像机拍摄时由于手抖动而引起的画面晃动现象。
- 相机镜头：使用该类滤镜可为视频素材添加一些复杂效果，犹如调整相机镜头而拍摄的效果。
- 暗房：该类滤镜可以调整视频素材画面的色彩。
- 焦距：该类滤镜可以调整视频素材的模糊程度。利用该类滤镜可以制作画面的淡入/淡出效果。
- 自然绘图：顾名思义，该类滤镜可以将视频素材制作为绘画效果。
- NewBlue胶片效果：该类滤镜均为会声会影X2中的新增滤镜，使用该类滤镜，可以将视频素材画面制作为类似胶片拍摄的效果。
- 特殊：使用该类滤镜可以为视频素材画面添加一些自然现象，如下雨、闪电、云彩等。

9.2 设置滤镜

步骤1 打开项目

打开项目文件主要有两种方法，其具体操作如下。

方法1：启动“会声会影”软件，在项目窗口中执行“文件”→“打开项目”命令，在打开的“打开”对话框中单击“查找范围”右侧的下三角按钮，选择项目保存的位置，并选择保存的“花样轮滑”项目文件，如图9-5所示。

方法2：用户还可以在“我的电脑”中直接找到项目文件的保存位置，双击打开项目，如图9-6所示。

提示：通常情况下，最近保存或使用过的项目的名称会保留在“文件”菜单的下方。因此，若要打开最近使用的项目，可以打开“文件”菜单，在菜单列表中选择项目的名称即可。

图　9-5

图　9-6

步骤 2　自定义滤镜

选择“视频轨”中的“片头图片.jpg”图像素材，然后打开“属性”面板，在该面板中单击“自定义滤镜”按钮，即可在打开的“视频摇动和缩放”对话框中自定义滤镜效果，如图 9-7 所示。

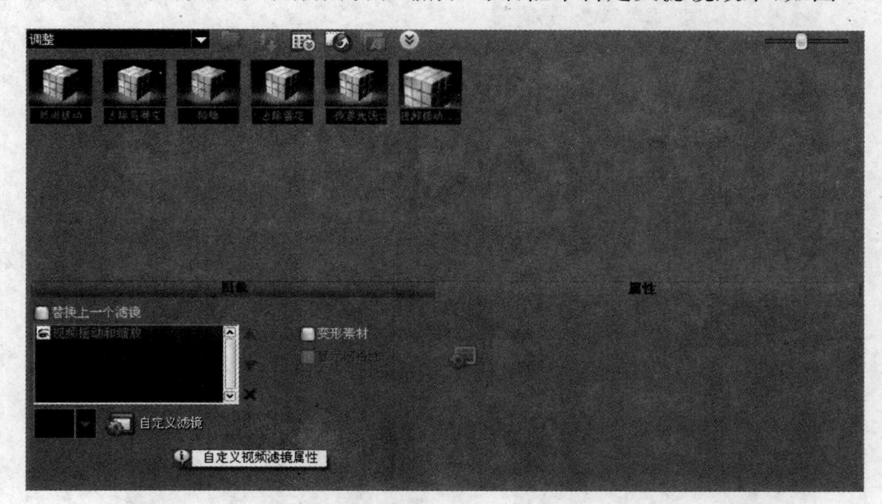

图　9-7

提示：通常情况下，为“视频轨”中的素材添加某个视频滤镜后，系统会自动打开“属性”面板。

小知识：“属性”面板

在会声会影中，视频素材和图像素材的“属性”面板相同，在该“属性”面板中用户可以查看素材应用的滤镜，也可以为素材设置大小。当添加滤镜后，用户可以对滤镜进行如下设置。

(1) 添加多个滤镜。当勾选"替换上一个滤镜"复选框时,用户再为视频素材添加的滤镜将替换前一个滤镜,系统只允许用户为视频素材添加一个滤镜。当取消该复选框时,则可以为视频素材添加多个滤镜,并且系统最多允许用户添加 5 个滤镜。

为视频素材添加的滤镜,均显示在滤镜列表框中。当要删除某个滤镜时,可单击列表框右下角的"删除滤镜"图标按钮。

(2) 变形素材。当勾选该复选框时,在"预览窗口"中会出现 8 个黄色的方块,将鼠标指针移动到方块上,拖动鼠标,就可以对选择的素材进行变形。

勾选"变形素材"复选框后,"显示网格线"复选框变为可用状态。勾选该复选框,在"预览窗口"中会出现网格线,用户可参照网格线对素材进行变形。单击"网格线选项"图标按钮,可以在打开的对话框中对网格的大小、线条类型以及线条色彩进行设置。

步骤 3　设置缩放范围

在"属性"面板中打开"自定义滤镜"面板,在弹出的"视频摇动和缩放"对话框中,将光标移动到"原图"中右下角的黄色块上,拖动鼠标将虚线框缩小,然后将光标移动到"十"字图标 上,拖动鼠标改变其平移位置,如图 9-8 所示。

图　9-8

在时间标尺上,拖动指针至最后一帧,使用同样的方法,改变图片的平移位置和显示范围,将"原图"中的图片设置为全屏显示,如图 9-9 所示。设置完成后,单击"确定"按钮即可。

图　9-9

提示：在“原图”中改变图片显示范围时，可将鼠标指针移动到红色十字上，当指针变为形状时，拖动鼠标改变方框的位置。将鼠标指针移动到4个角上的黄色方块上时，拖动鼠标可改变方框的大小。

小知识：“视频摇动和缩放”对话框

在“视频摇动和缩放”对话框中，可以对应用的摇动和缩放滤镜进行自定义设置，其中各部分介绍如下。

(1) 设置应用摇动的范围。在“原图”设置栏中，可以看到十字，十字代表像素中的点或关键帧，调节这些点，可以设置摇动的位置，以产生平移效果。同时还能看到一个虚线框，拖动虚线框边角的黄色块，可以设置摇动的范围，产生缩放或放大效果。例如先缩小一个主题，然后平移并放大，最后显示出整个图像。

对素材进行的所有设置，用户可以在“预览”设置栏中进行查看。

(2) 时间轴关键帧的设置。在时间轴设置栏中，用户可以对关键帧进行设置，以产生摇动和缩放的效果。其中各按钮作用如表9-1所示。

表9-1 按钮名称及作用

按钮及名称	作 用
转到上一关键帧	单击该按钮，可以选择到当前关键帧的上一个关键帧
添加关键帧	单击该按钮，可以在时间轴中添加一个关键帧
删除关键帧	单击该按钮，可以将选择的关键帧删除
翻转关键帧	单击该按钮，可以翻转选择的关键帧
将关键帧移到左边	单击该按钮，可以将选择的关键帧移动到左边
将关键帧移到右边	单击该按钮，可以将选择的关键帧移动到右边
转到下一关键帧	单击该按钮，可以选择到当前关键帧的下一个关键帧
右移一帧	单击该按钮，可以将选择的关键帧向右移动一帧
转到终止帧	单击该按钮，可以将选择的关键帧移动到最后一帧
播放	单击该按钮，可以在“预览”设置栏中播放效果
播放速度	单击该按钮，可以在弹出的菜单中选择播放的速度
启用设备	单击该按钮，可以启用播放的设备
更换设备	单击该按钮，可以在打开的对话框中，选择设备
缩放控件	拖动该按钮中的滑块，可以对时间轴时行缩放

(3) 网格线。在该设置栏中，勾选“网格线”复选框，可以在“原图”设置栏中显示网格线，用户可以根据网格线进行平移和缩放设置，并且可以在“网格线大小”数值框中设置网格线的大小。当勾选“靠近网格线”复选框后，可以在“原图”中设置时紧靠网格线。

(4) 选项。在该设置栏中，共有9个控制虚线框停靠位置的快捷按钮。另外，通过设置该栏内的“缩放率”和“透明度”，可以分别控制虚线框的大小和图像素材的透明效果。

(5) 其他。勾选“无摇动”复选框，可以为图像素材设置缩放效果，不能设置平移效果。单击“背景色”色块，可以在打开的对话框中设置背景颜色。

9.3 改变素材的播放速度

步骤 1 添加素材

单击“画廊”右侧的下三角按钮，选择“视频”选项，并在“视频”素材库中右击选择“插入视频”选项，在打开的“打开视频文件”对话框中选择“花样轮滑. avi”视频素材，将其导入项目，并添加到“视频轨”中，如图 9-10 所示。

图 9-10

步骤 2 添加标题

单击“标题”标签，切换到“标题”选项卡中。选择 My Title 标题，并将其拖放到“标题轨”中，如图 9-11 所示。

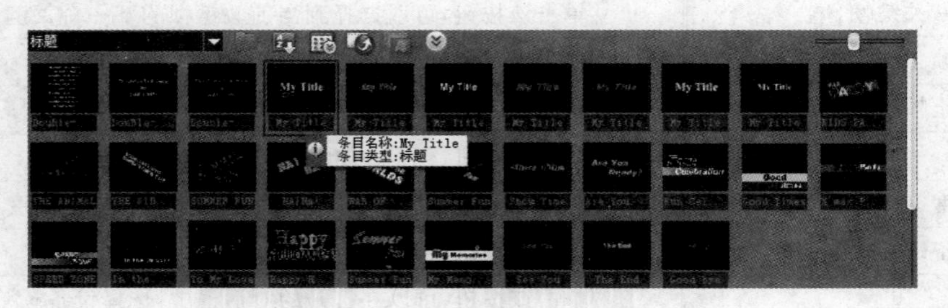

图 9-11

步骤 3 输入标题文字

在“预览窗口”中单击，在出现的文本框中双击，选择 My Title 文字，将其删除，然后输入“花样轮滑”文字，如图 9-12 所示。

图 9-12

步骤 4 分割视频素材

在“时间轨”视图中，将时间指针移至 05:24 位置，然后单击“导栏”面板中的“按照飞梭栏的位置剪辑素材”图标按钮分割素材，如图 9-13 所示。

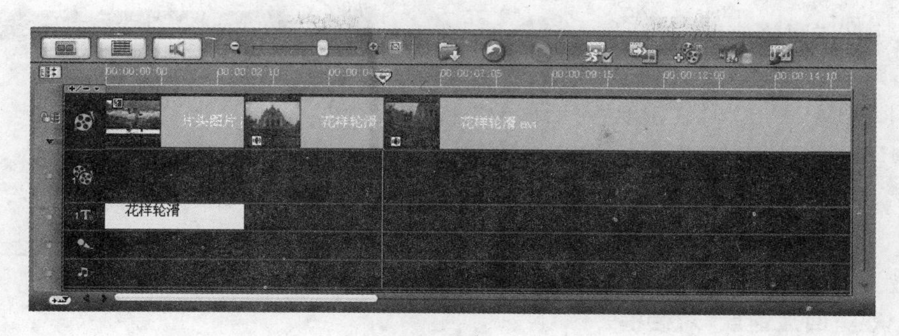

图　9-13

使用同样的方法，分别将时间指针移到 15:04 位置和 21:06 位置，单击“按照飞梭栏的位置剪辑素材”图标按钮，将素材分割为 4 段，如图 9-14 所示。

图　9-14

提示：在移动时间指针的过程中，可以通过观看“导栏”面板中的“时间码”来查看素材的播放时间。在分割素材的过程中，还可以通过按“+”键和“−”键来缩放轨道。

步骤 5　改变视频素材的播放速度

在“视频轨”中选择第 2 段素材，并在“视频”选项卡中单击“改变素材的回放速度”按钮，如图 9-15 所示。

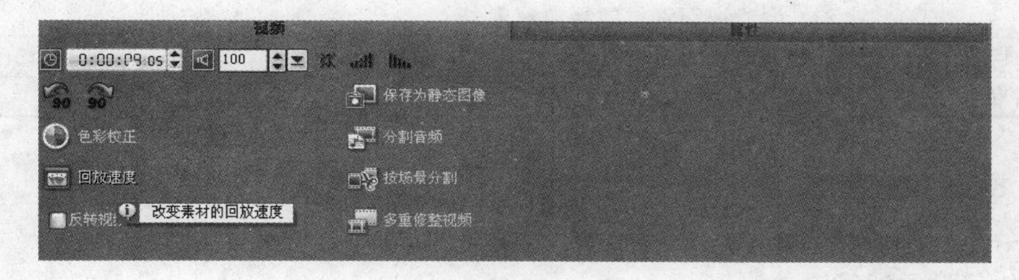

图　9-15

此时，弹出“回放速度”对话框，在“速度”文本框中输入 300，如图 9-16 所示。使用同样的方法，在“视频轨”中选择第 3 段素材，并在“回放速度”对话框的“速度”文本框中输入 70，改变视频素材的速度。

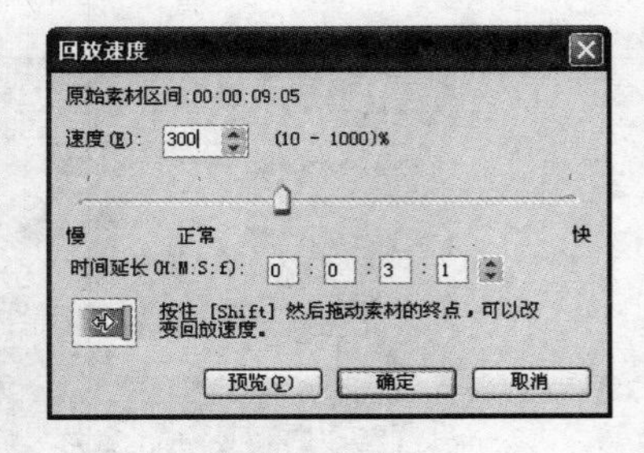

图 9-16

提示：在“时间轴”视图中，用户还可以右击轨道中的视频素材，选择“回放速度”选项。或者执行“素材”→“回放速度”命令，打开其对话框，设置视频素材的播放速度。

小知识：“回放速度”对话框

- 速度：在该设置项中，用户可以在文本框中输入数值来改变素材的播放速度，也可以通过单击后面的微调按钮来改变素材的播放速度。当文本框中的数值大于 100 时，则加快素材的播放速度；当文本框中的数值小于 100 时，则放慢素材的播放速度。
- 滑块：可以使用鼠标拖动滑块来改变素材的播放速度。当滑块指向“正常”时，则素材的播放速度不变；滑块向“慢”滑动时，放慢素材的播放速度；滑块向“快”滑动则加快素材的播放速度。
- 时间延长：用户可以在该设置项中，通过设置素材的区间来改变素材的播放速度。

课堂练习

任务背景：小王在网上看到了一场非常精彩的滑冰表演，觉得里面有很多精彩的动作，于是将这场表演下载了下来，使用本课中所学到的知识，将精彩动作的片段制作成一个影片保留下来。

任务目标：制作滑冰精彩动作集锦。

任务要求：为素材添加视频“摇动和缩放”滤镜，并改变素材的播放速度，制作快慢镜头。

任务提示：一些视频素材在拍摄时是有声音的，将视频素材剪切并改变其播放速度后，其声音也会随着改变，听起来不太顺畅。所以，在剪辑视频素材前，可以在“视频”面板中，单击“静音”图标按钮，将视频素材的声音调整到最小。

练习评价

项　目	标 准 描 述	评定分值	得　分
基本要求 60 分	添加“摇动和缩放”滤镜	20	
	自定义“摇动和缩放”效果	20	
	设置视频素材的播放速度	20	
拓展要求 40 分	分割视频素材音频	40	
主观评价		总　分	

课后思考

(1) 会声会影提供的滤镜有什么作用？

(2) 如何设置滤镜参数？

(3) 介绍改变影片播放方式的方法？

第10课　制作“老电影”效果

“老电影”效果可以将视频素材制作成为一种早期电影，带有泛旧、划痕的胶片效果。该滤镜主要用于影片中表现人物回忆的一组镜头。在制作过程中，可以通过设置“老电影”滤镜的参数来达到效果的真实性，并且可以结合向视频素材添加文字，为影片增加表现力。

课堂讲解

任务背景： 小王在和朋友聚会时，谈起了小时候看过的动画片，并且越聊越起劲，还谈到了过去看过的老电影。于是小王就想，如果在制作影片时，能将回忆的片段，制作成像老摄像机使用胶片拍摄出来效果，影片看起来就会别有一番风味。

任务目标： 将使用DV拍摄的素材，制作成为使用胶片摄像机拍摄的效果。

任务分析： 在为素材制作“老电影”效果之前，首先要将DV拍摄的素材捕获到计算机中，再为其添加“老电影”滤镜，并设置该滤镜参数以达到真实效果。

10.1　捕获视频

步骤1　选择捕获方式

启动“会声会影”软件，在启动画面中单击“会声会影编辑器”图标按钮，然后在项目窗口的“步骤”面板中单击“捕获”标签，并在“捕获视频选项”面板中单击“视频捕获”图标按钮，如图10-1所示。

图　10-1

步骤2　设置捕获参数

在弹出的“捕获参数选项”面板中，单击“格式”右侧的下三角按钮，在其下拉列表中选择AVI项，将捕获到的素材保存为.avi视频文件，如图10-2所示。

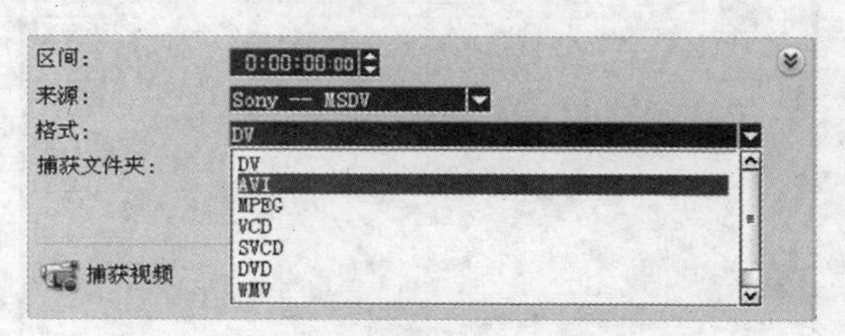

图　10-2

小知识：捕获参数

- 区间：此设置项用来设置捕获区间的长度，指定捕获的时间。其中的几组数字分别对应着小时、分钟、秒和帧，用户可以在需要调整的数字上面单击，当光标处于闪烁状态时输入新的数字，或者单击右侧的微调按钮增加或减少设定的时间。
- 来源：显示系统检测到的捕获设备，并在下拉列表中列出安装在计算机中的捕获设备。
- 格式：该项用于保存视频捕获文件的格式。
- 捕获文件夹：指定用于保存捕获视频素材文件的位置。
- 按场景分割：勾选该复选框后，则系统在捕获视频时，会自动根据录制的日期和时间，将视频文件捕获为不同的素材。
- 选项：单击该图标按钮，则打开一个菜单，可以自定义更多捕获设置。
- 捕获视频：单击该图标按钮，开始捕获DV摄像机中的视频素材。
- 捕获图像：单击该图标按钮，则将DV摄像机中显示的当前帧作为静态图像捕获到会声会影中，并保存为静态图像格式。

单击“捕获文件夹”图标按钮，在弹出的“浏览文件夹”对话框中选择“素材文件”文件夹，将捕获到的素材保存到该文件夹中，如图10-3所示。设置完成后，单击“捕获视频”图标按钮即可开始捕获视频。

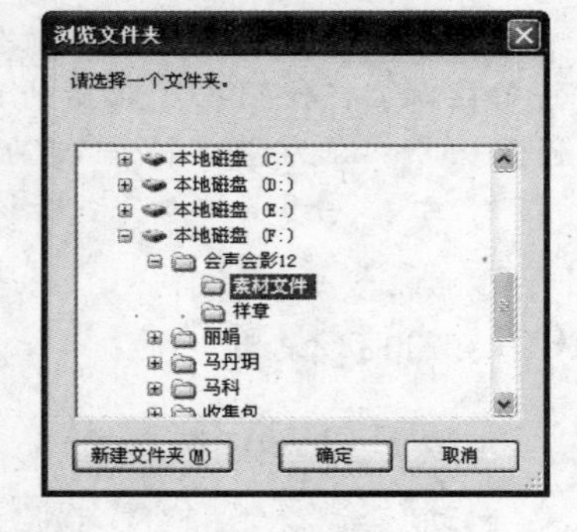

图 10-3

10.2 设置滤镜效果

步骤1 导入素材

在会声会影项目窗口的“视频轨”中右击，选择“插入视频”选项，然后在弹出的“打开视频文件”对话框中选择“第10课素材.avi”文件，将其导入“视频轨”中，如图10-4所示。

图 10-4

提示：导入素材时，用户还可以执行“文件”→“将媒体文件插入到时间轴”→“插入视频”命令，也可以将选择的素材导入“视频轨”中。使用该方法插入视频，在素材库面板中不会创建素材缩略图。

步骤 2　添加滤镜

单击“画廊”右侧的下三角按钮，执行“视频滤镜”→“相机镜头”命令，切换到“相机镜头”类滤镜库中，然后选择“老电影”滤镜，将其拖放到“视频轨”的素材上，如图 10-5 所示。

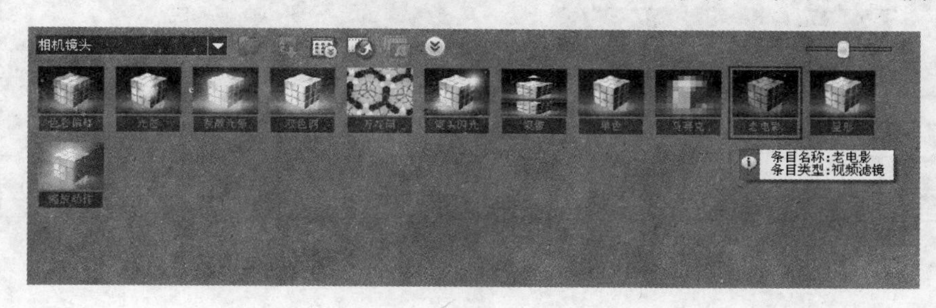

图　10-5

步骤 3　设置滤镜效果

在“属性”面板中单击“预设滤镜”右侧的下三角按钮，在弹出的下拉列表中，系统提供了 4 个预设滤镜，此时双击选择第 2 个预设滤镜，如图 10-6 所示。

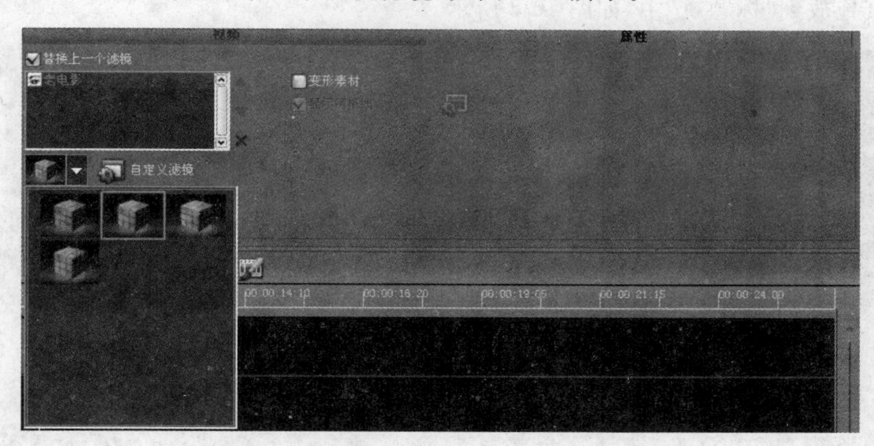

图　10-6

步骤 4　自定义滤镜

在“属性”面板中，单击“自定义滤镜”图标按钮，在弹出的“老电影”对话框中设置“刮痕”为 90，“震动”为 25，如图 10-7 所示。

小知识：“老电影”滤镜参数

- 斑点：用于设置“老电影”滤镜效果中黑色斑点的数量。
- 刮痕：用于设置“老电影”滤镜效果中白条形状的刮痕的数量。
- 震动：用于设置“老电影”滤镜效果中图像上下震动的幅度。
- 光线变化：用于设置滤镜效果中图像光线变化的程度。
- 替换色彩：该参数用于设置滤镜效果中画面所使用的颜色。

图 10-7

10.3 添加文字

步骤1 选择标题文字

在“步骤”面板中单击“标题”标签，然后在标题库中选择 Double-click here to add a title 标题，将其拖放到“标题轨”中，如图 10-8 所示。

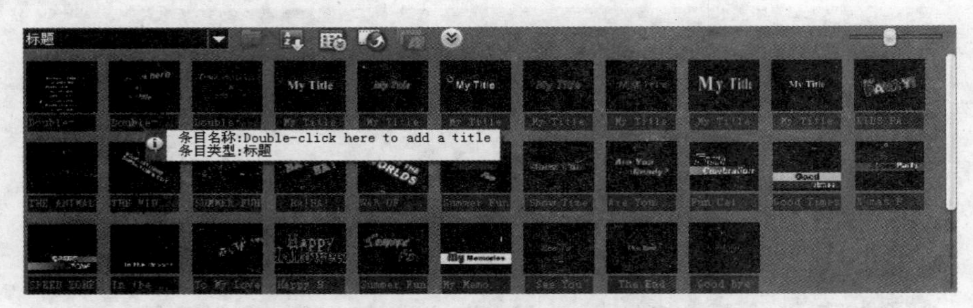

图 10-8

步骤2 输入标题文字

在“预览窗口”中双击，选择字母将其删除，并输入“我印象中的老城”文字，如图 10-9 所示。然后在“预览窗口”的其他位置单击，完成标题文字的输入。

图 10-9

步骤3 设置标题属性

在“编辑”面板中单击“字体”右侧的下三角按钮，选择“华文琥珀”字体，单击“字体大小”右侧的下三角按钮，选择 60 字号，并在“对齐”设置栏中单击“居中”图标按钮，将文字居中显示，如图 10-10 所示。

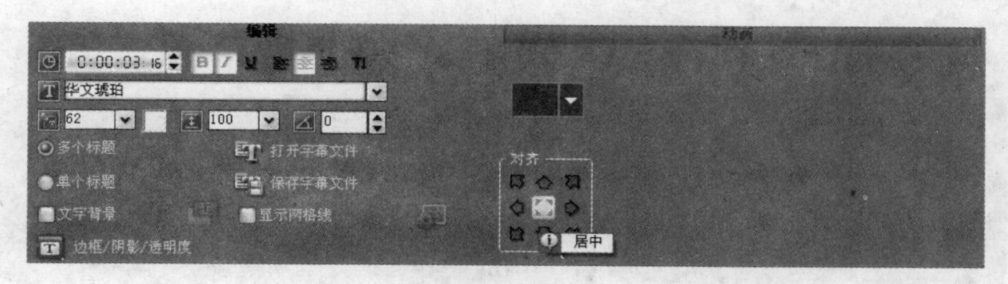

图　10-10

步骤 4　改变标题文字播放长度

改变标题文字的播放长度，主要有以下两种方法。

方法 1：将鼠标指针移动到“标题轨”上标题素材的右边，当指针变为⟺形状时，按住鼠标左键向左拖动，将标题文字的播放长度缩短，如图 10-11 所示。

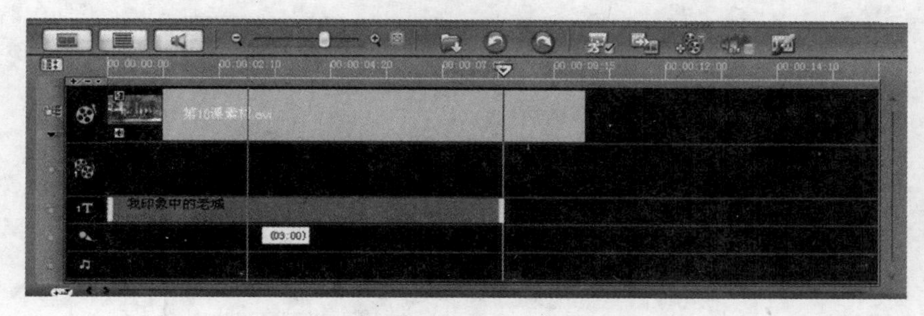

图　10-11

方法 2：在“编辑”面板中单击“区间”文本框中的时间码，当其变为闪烁时，即可通过键盘输入数值，改变标题文字的播放长度。“区间”文本框中的时间码从左到右分别对应的是小时、分钟、秒和帧。

10.4　播放效果

步骤 1　标记播放区间

在“预览窗口”中单击“项目”文字，并将飞梭栏滑块拖动到开始位置，单击“开始标记”图标按钮 [，然后将飞梭栏滑块拖动到 03:00 位置，单击“结束标记”图标按钮] 来标记要播放项目效果的区间，此时时间轴上会出现一条红线，如图 10-12 所示。

提示：标记项目播放效果区间时，还可以通过按 F3 键和 F4 键来标记区间的起始位置和结束位置。

步骤 2　播放影片效果

播放影片的效果，主要可以通过以下两种方法实现。

方法 1：在“步骤”面板中单击“分享”标

图　10-12

签，并在“分享”面板中单击“项目回放”图标按钮，如图 10-13 所示。

图 10-13

在弹出的“项目回放—选项”对话框中，选中“预览范围”单选按钮，单击“完成”按钮，即可全屏播放影片，如图 10-14 所示。

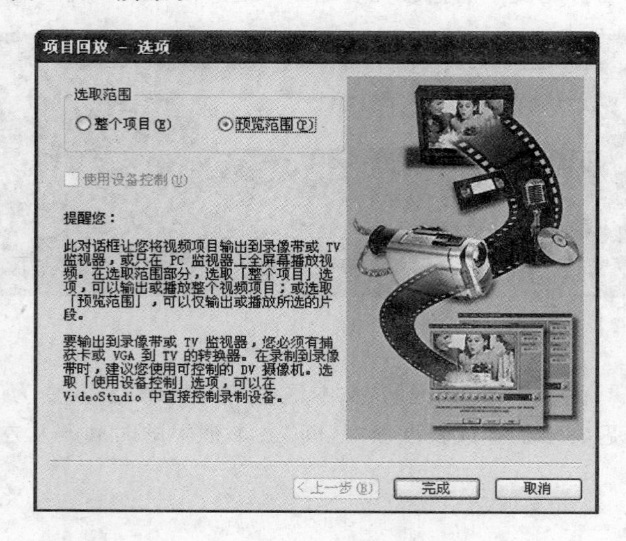

图 10-14

方法 2：在“预览窗口”中，单击“导栏”面板的“播放修整后的素材”图标按钮▶或者按 Space 键，也可以播放影片。

课堂练习

任务背景： 小王在电视上看一些访谈节目时，注意到在出现一些不想让观众看见面貌的人时，画面上会打一些马赛克，于是小王便想使用会声会影中的滤镜实现这一效果。

任务目标： 制作“马赛克”效果。

任务要求： 为视频素材添加“马赛克”滤镜，并进行参数设置，自定义“马赛克”滤镜的效果。

任务提示： 在自定义“马赛克”滤镜效果时，可以通过“马赛克”对话框中的“高度”和“宽度”参数来定义马赛克的大小及形状。

练习评价

项　　目	标准描述	评定分值	得　分
基本要求60分	添加素材	20	
	编辑素材	20	
	添加“马赛克”视频滤镜	20	
拓展要求40分	自定义视频滤镜	40	
主观评价		总　分	

课后思考

(1) 摄像机与计算机通过什么连接？使用会声会影采集素材时DV摄像机处于什么状态？

(2) 如何标记项目回放区间？

(3) 如何播放整个项目？

第11课　制作“闪电”效果

“闪电”滤镜可以模拟暴风雨前夕闪电的效果，例如在一些广告作品中，常使用“闪电”效果突出主题，使整个作品看起来更加生动、完美，富有情趣。

课堂讲解

任务背景： 通过对滤镜的学习，小王掌握了一些常用的滤镜效果，并对滤镜参数的设置有了一定的了解。于是，小王便通过使用“闪电”滤镜，并对其进行参数设置，来模拟自然现象中的闪电效果。

任务目标： 制作“闪电”效果。

任务分析： 在制作“闪电”效果的过程中，可以快速了解“闪电”效果的特点，并掌握其参数的设置。另外，用户还可以掌握音频素材的添加，以及如何将音频素材与视频素材进行合理的结合。

11.1　改变素材色彩

步骤1　导入素材

启动“会声会影编辑器”，创建项目并单击右上角的“最小化”图标按钮，最小化编辑窗口。在“我的电脑”中找到sdxg.jpg图片素材，将其拖到状态栏的“会声会影”软件上，当最大化显示窗口后，将素材拖放到“视频轨”上，如图11-1所示。

步骤2　调整素材大小

在“图像”面板中单击“重新采样选项”右侧的下三角按钮，选择“调整到项目大小”选项。然后选中“摇动和缩放”单选按钮，并单击“预览效果”右侧的下三角按钮，选择第2行的第1个预览效果，如图11-2所示。

图 11-1

图 11-2

步骤 3 改变素材色彩

在“图像”面板中单击“色彩校正”图标按钮，在弹出的参数设置面板中拖动“饱和度”滑动条，将其设置为－5。使用同样的方法设置“亮度”为－31，“对比度”为－27，如图 11-3 所示。

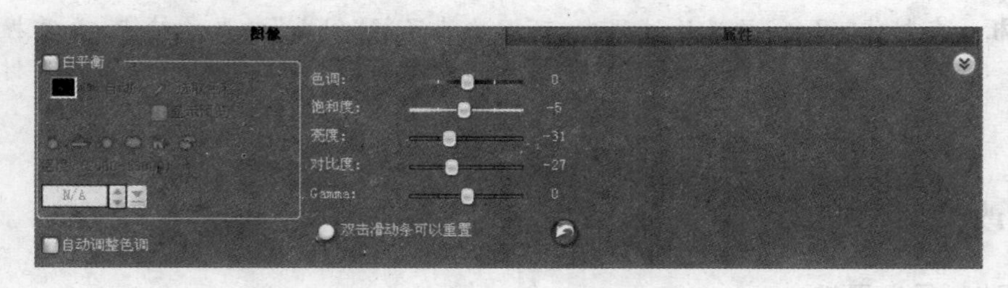

图 11-3

提示：当拖动相应的滑动条，对设置的图像色彩不满意时，则可以双击滑动条，其值会恢复到系统默认值。

小知识：色彩调整参数

(1) 调整白平衡：所谓白平衡，就是在不同的光线条件下，调整好红、绿、蓝三原色的比例，将其混合后成为白色，从而使摄影系统在不同的光照条件下得到准确的色彩还原。当在“图像”面板中勾选“白平衡”复选框后，会声会影编辑系统会通过消除由冲突的光源和不正确的相机设置导致的错误色偏，来恢复图像的自然色温。

- 自动：自动计算合适的白点，该点与图像的总体色彩非常一致。
- 选取色彩：可以在图像中手动选择白点。使用“色彩选取工具”可以选择应为白色或中性灰的参考区域。
- 白平衡预设：通过匹配特定光条件或情景，自动选择白点。
- 温度：用于指定光源的温度，以开氏温标(K)为单位。较低的值表示钨光、荧光和日光情景，而云彩、阴影和阴暗的温度较高。

(2) 色调：由物体反射的光线中以哪种波长占优势来决定，不同波长产生不同颜色的感觉，色调决定了颜色本质的根本特征。拖动其滑块，可以对画面图像的色调进行设置。

(3) 饱和度：指色彩的鲜艳程度，也称色彩的纯度。饱和度取决于该色中含色成分和消色成分(灰色)的比例。含色成分越大，饱和度越大；消色成分越大，饱和度越小。

(4) 亮度：是颜色的一种性质，或与颜色多明亮有关系的色彩空间的一个维度。在Lab色彩空间中，亮度被定义来反映人类的主观明亮感觉。

(5) 对比度：指的是一幅图像中明暗区域最亮的白和最暗的黑之间不同亮度层级的测量，差异范围越大代表对比越大，差异范围越小代表对比越小。对比率为120∶1就可显示生动、丰富的色彩，当对比率高达300∶1时，便可支持各阶的颜色。但对比率遇到和亮度相同的困境，现今尚无一套有效又公正的标准来衡量对比率，所以最好的辨识方式还是依靠使用者的眼睛。

(6) Gamma：用于调整显示颜色与实际输出的颜色差别。

11.2 添加滤镜效果

步骤1 添加滤镜

单击“画廊”右侧的下三角按钮，执行“视频滤镜”→“特殊”命令，切换到“特殊”类滤镜库中，然后选择“闪电”滤镜将其拖放到“视频轨”的素材上，如图11-4所示。

图 11-4

步骤2 选择预设滤镜

在“属性”面板中单击“预设滤镜”右侧的下三角按钮，选择第1行的第3个预设滤镜，如图11-5所示。

步骤 3　自定义滤镜

单击“自定义滤镜”图标按钮，在弹出的“闪电”对话框中，将鼠标指针移动到“原图”设置栏中的蓝色方框上，当指针变为形状时，向绿色方框拖动鼠标，如图 11-6 所示。

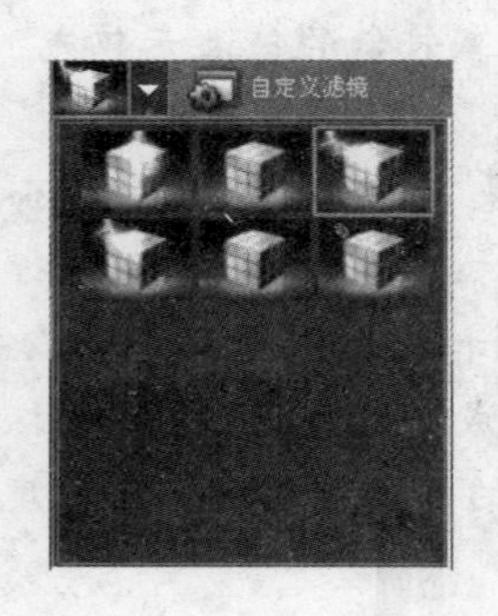

图　11-5

图　11-6

在时间标尺上拖动时间指针到 01:19 位置，单击工具栏上的“添加关键帧”图标按钮，添加一个关键帧，然后拖动时间指针到 01:20 位置，再单击“添加关键帧”图标按钮，添加一个关键帧，并在“原图”设置栏中，再次将蓝色方块向绿色方块拖动，如图 11-7 所示。

图　11-7

提示：用户还可以在“闪电”对话框的“基本”选项卡中，设置闪电的光晕、频率、外部光线等。在“高级”选项卡中还可以设置闪电的颜色、闪电闪动的幅度、亮度以及阻光度和长度。

步骤 4　复制关键帧

右击该关键帧，选择“复制”选项，然后单击“转到下一关键帧”按钮，右击选择“粘贴”选项，如图 11-8 所示。最后单击“确定”按钮，完成闪电的设置。

图　11-8

11.3　添加音效

步骤 1　添加音频文件

在“步骤”面板中单击“音频”标签，切换到音频库。单击“加载音频”图标按钮，在弹出的对话框中选择“打雷声.mp3”文件，将其添加到音频库中，并将其添加到“声音轨”中，如图 11-9 所示。

图　11-9

步骤 2　剪切音频

在“时间轴”视图中选择添加的音频文件，将时间指针分别移动到 15:03 和 18:00 位置，单击“按照飞梭栏的位置剪辑素材”图标按钮，将音频文件分为 3 部分，如图 11-10 所示。

图　11-10

步骤 3　删除音频

删除音频素材主要有以下两种方法。

方法 1：分别选择剪切的第 1 段和第 3 段音频素材，右击选择“删除”选项，将选择的音频素材删除，然后选择第 2 段素材，将其拖放到开始位置，如图 11-11 所示。

图 11-11

方法 2：选择要删除的素材后，执行“编辑”→“删除”命令也可以删除音频素材，如图 11-12 所示。或者选择要删除的素材后，右击选择“删除”选项即可。

图 11-12

课堂练习

任务背景：通过对本课的学习，小王掌握了“闪电”效果的制作方法，并且还了解到了通过“图像校正”功能可以为素材的颜色进行设置。通过会声会影中的滤镜是否也能改变素材的色彩呢？于是小王便进行了一番研究。

任务目标：制作“彩色笔”效果。

任务要求：为素材添加“彩色笔”滤镜，并自定义彩笔效果。

任务提示：“彩色笔”滤镜属于“自然绘图”类滤镜，该类滤镜，均可以改变素材原有的画面色彩，使画面产生一种特殊的效果。

练习评价

项　　目	标准描述	评定分值	得　分
基本要求 60 分	编辑素材	20	
	添加“彩色笔”滤镜	20	
	保存项目	20	
拓展要求 40 分	自定义“彩色笔”滤镜，并添加关键帧	40	
主观评价		总　分	

课后思考

（1）如何调整素材的色彩？

（2）“闪电”效果主要有哪些参数设置？

（3）音频素材的删除方法有哪些？

第12课　制作“下雨”效果

通过使用“雨点”滤镜，可以模拟自然界中的下雨效果，使用该滤镜可以减少拍摄时天气不配合的麻烦。另外，在本课中还可以通过对“绘图创建器”的了解，绘制动态图像为影片增彩。

课堂讲解

任务背景：由于种种原因，在拍摄时往往无法根据需要拍摄想要的画面，例如根据故事情节，需要拍摄下雨的效果，但由于天气不配合的缘故无法实现。于是，小王便想到了使用“雨点”滤镜来模拟自然界中下雨的现象。

任务目标：制作“下雨”效果。

任务分析：虽然，会声会影中提供的滤镜效果不相同，但其参数设置有一些共同之处，如关键帧的设置。通过对“雨点”滤镜的使用，可以更深入地了解滤镜参数的设置。

12.1　参数设置

步骤 1　打开“参数选择”对话框

新建项目文件，在项目窗口中执行“文件”→“参数选择”命令，即可打开“参数选择”对话框，如图 12-1 所示。

提示：按 F6 键也可以打开“参数选择”对话框。

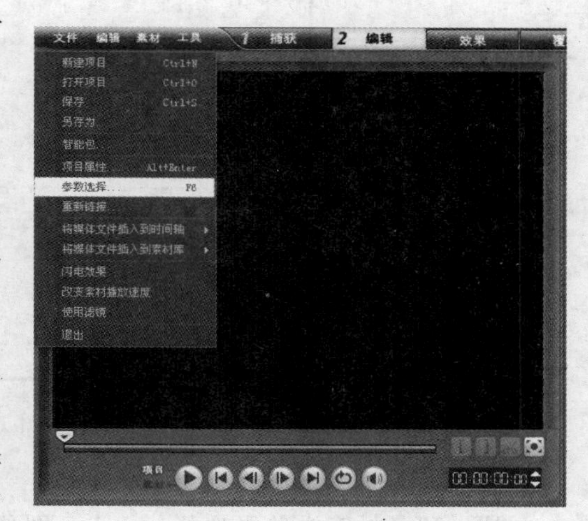

图　12-1

步骤 2　设置图像素材默认区间

在“参数选择”对话框中单击“编辑”标签，在“插入图像/色彩素材的默认区间”文本框中输入 2，将图像或者色彩素材的长度设置为 2s，如图 12-2 所示。

步骤 3　设置图像重新采样

在“编辑”选项卡中，单击“图像”设置栏中“图像重新采样选项”右侧的下三角按钮，选择“调到项目大小”选项，将图像的大小设置为与项目的大小一致，如图 12-3 所示。

图 12-2

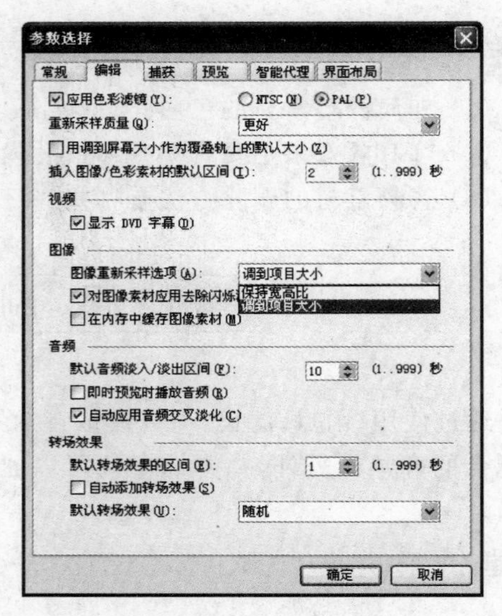

图 12-3

12.2 添加滤镜

步骤 1 导入素材

在项目编辑窗口中单击“加载图像”图标按钮，在打开的“打开图像文件”对话框中拖动鼠标，使用鼠标框选方法，选择 ys1.jpg～ys2.jpg 图像文件，如图 12-4 所示。

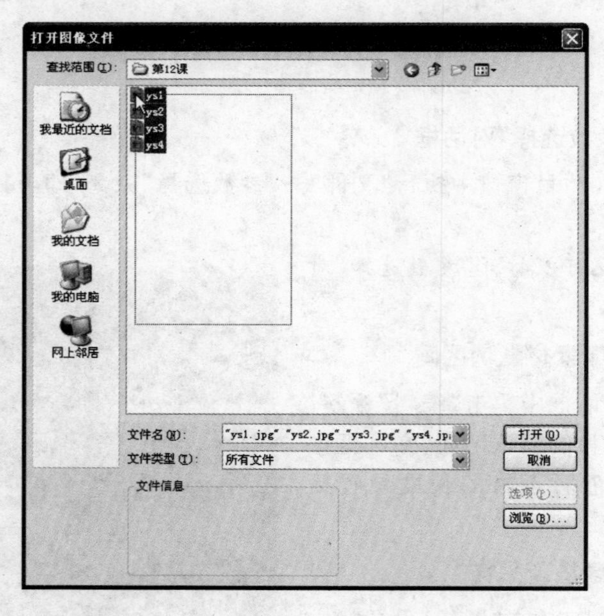

图 12-4

步骤 2 导入“视频轨”

在“图像”素材库中单击选择 ys1.jpg 图像素材，然后在按住 Shift 键的同时，单击选择 ys4.jpg 图像素材，并将其选择的 4 个图像素材，拖动到“视频轨”中，如图 12-5 所示。

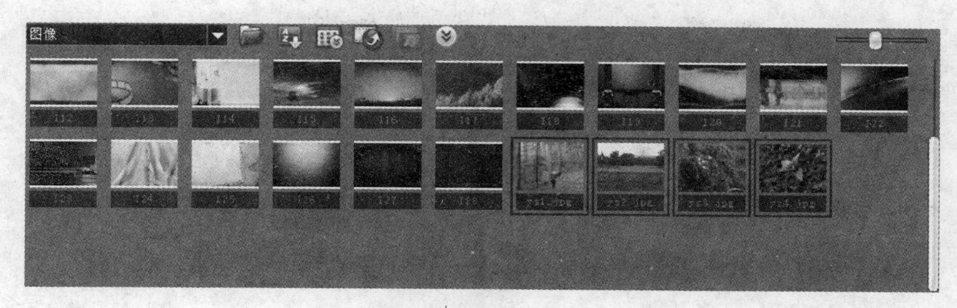

图　12-5

步骤 3　添加滤镜

单击“画廊”右侧的下三角按钮，执行“视频滤镜”→“特殊”命令，切换到“特殊”滤镜库中，选择“雨点”滤镜，将其拖入到“视频轨”的 ys1.jpg 图像素材上，如图 12-6 所示。

图　12-6

步骤 4　设置滤镜参数

在“属性”面板中单击“自定义滤镜”图标按钮，在打开的“雨点”对话框中设置“密度”为 392，“宽度”为 29，“背景模糊”为 25，如图 12-7 所示。

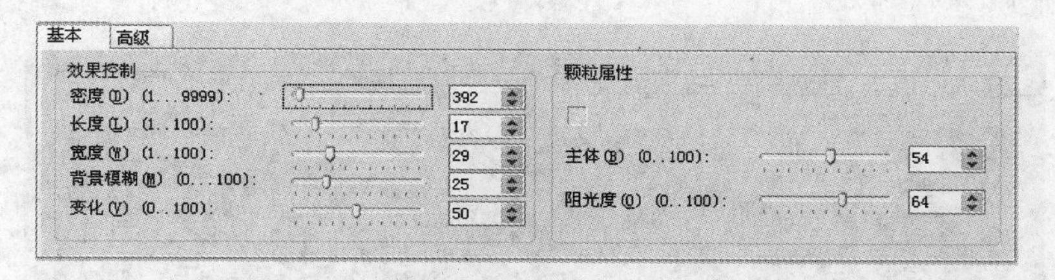

图　12-7

切换到“高级”选项卡，设置“风向”为 303，“振动”为 37，如图 12-8 所示。选择最后的关键帧，设置其参数与第 1 个关键帧相同。

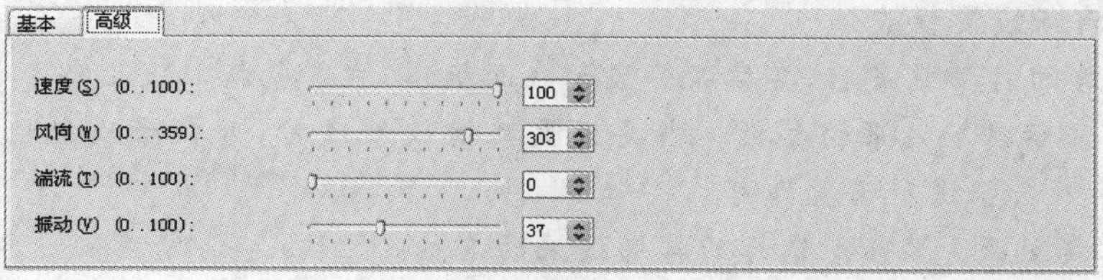

图　12-8

在“视频轨”中选择 ys2 图像素材，为其添加“雨点”滤镜，并设置其第 1 个关键帧的参数与 ys1 图像素材相同，最后的关键帧参数设置如图 12-9 所示。

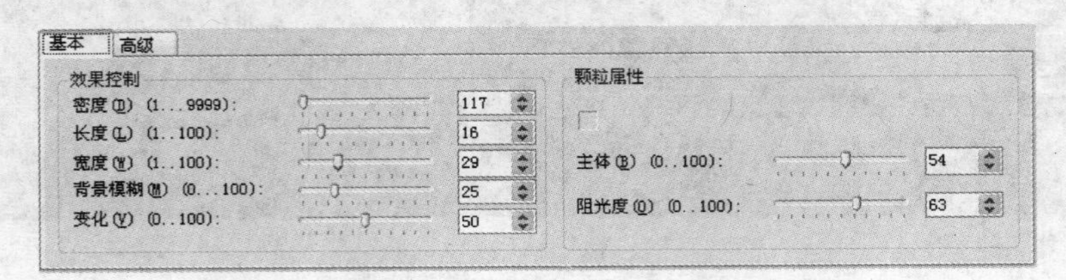

图 12-9

12.3 添加转场效果

步骤 1 添加转场效果

在“步骤”面板中，单击“效果”标签，切换到“转场”效果库中，然后单击“画廊”右侧的下三角按钮，选择“过滤”选项，如图 12-10 所示。在“过滤”转场效果库中，选择“交叉淡化”转场效果，将其拖放到 ys1 和 ys2 图像素材之间。

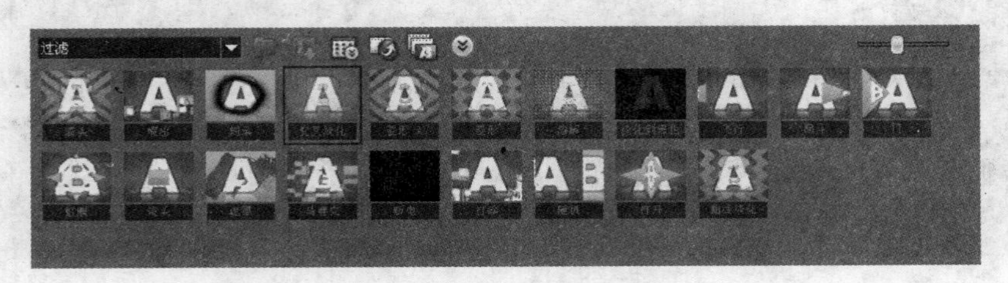

图 12-10

单击“画廊”右侧的下三角按钮，选择“擦拭”选项，切换到“擦拭”转场效果库中，分别选择“百叶窗”转场效果和“彩带”转场效果，将其添加到 ys2 与 ys3、ys3 与 ys4 图像素材之间，如图 12-11 所示。

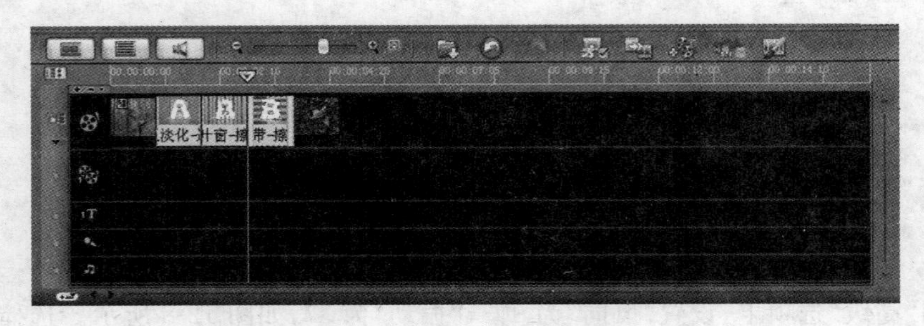

图 12-11

小知识：转场效果参数

选择所添加的转场效果后，其参数会显示在面板中，主要包括以下几个参数。

① 区间：显示转场效果的参数。当要设置其播放长度时，可在修改的位置单击，当其变为闪烁时，输入数值进行设置即可。

② 当前转场效果：显示所选择的转场效果的名称。

③ 边框：可以在文本框中，设置边框的大小。

④ 色彩：单击色块，可以设置转场效果的颜色。

⑤ 柔化边缘：可选择转场效果中，带有形状的边缘的柔化程度。其中包括无柔化边缘、弱柔化边缘、中等柔化边缘和强柔化边缘 4 种。

⑥ 方向：可设置转场效果的方向。

步骤 2　改变转场效果播放长度

在“时间轴”视图中，单击添加的“交叉淡化”转场效果，将鼠标指针移动到转场效果的右边，向左拖动鼠标，将转场效果的播放长度设置 10 帧。使用同样的方法，将“百叶窗”和“彩带”转场效果的播放长度也设置为 10 帧。如图 12-12 所示。

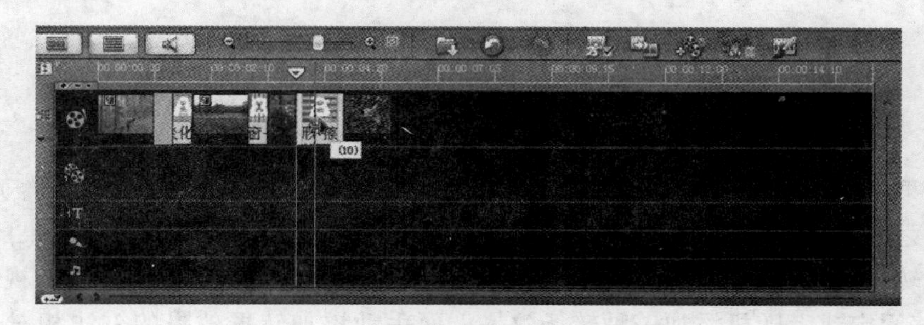

图　12-12

课堂练习

任务背景：在本课中，小王了解了“雨点”效果的制作方法。在学习过程中，小王还了解到使用“云彩”滤镜，不仅可以模拟自然界中的云雾，还可以使画面达到一种烟雾缭绕的效果。

任务目标：制作“云彩”效果。

任务要求：在对素材进行编辑前，首先进行参数设置，以节省时间提高编辑效率。然后为素材添加“云彩”滤镜，并对其参数进行设置。

任务提示：在对“云彩”滤镜参数进行设置时，用户可以通过“云彩”对话框中的“基本”选项卡来设置云彩的密度、大小、颗粒等一些基本属性，在“高级”选项卡中，则可以为云彩设置其速度、流动方向等一些高级属性。

练习评价

项　目	标准描述	评定分值	得　分
基本要求 60 分	添加素材	20	
	添加转场效果	20	
	添加“云彩”滤镜	20	
拓展要求 40 分	自定义“云彩”滤镜效果	40	
主观评价		总　分	

课后思考

（1）如何改变图片的默认播放长度？

（2）在自定义滤镜效果时，如何对滤镜添加关键帧？

（3）“绘图创建器”窗口包括几个部分？“创建图创建器”共分几种模式？

第 5 章

添加影片转场效果

第 13 课　制作“动物世界”转场效果

转场效果是指两个场景(即两段素材)之间,采用一定的技巧如划像、叠变、卷页等,实现场景或情节之间的平滑过渡,产生丰富画面来吸引观众。本课还将介绍转场效果的添加,包括自动添加转场效果和手动添加转场效果。自动添加转场效果是指在添加新的视频素材之后,系统能够固定或者随机添加一种转场效果。而手动添加转场效果的方法相对来说更加灵活,用户可以根据不同的视频或图片素材选择合适的转场效果。

课堂讲解

任务背景: 小王陪儿子去动物园和海洋馆玩,拍摄了一些漂亮的图片,为了使这些图片具有动感效果且便于统一管理,小王决定把它制作成具有一系列转场效果的动画。

任务目标: 了解转场效果的添加和常用转场效果的用法。

任务分析: 在学习常用转场效果之前,需要先了解如何添加转场效果,并上网搜索相关的转场效果的详细描述信息。

13.1　自动添加转场效果

步骤 1　打开“参数选择”对话框

执行“文件”→“参数选择”命令,在弹出的“参数选择”对话框中单击“编辑”标签。勾选“转场效果”栏中的“自动添加转场效果”复选框,并单击“默认转场效果”右侧的下三角按钮,选择需要使用的默认转场效果,这里选择“三维—旋转门”转场效果,如图 13-1 所示。

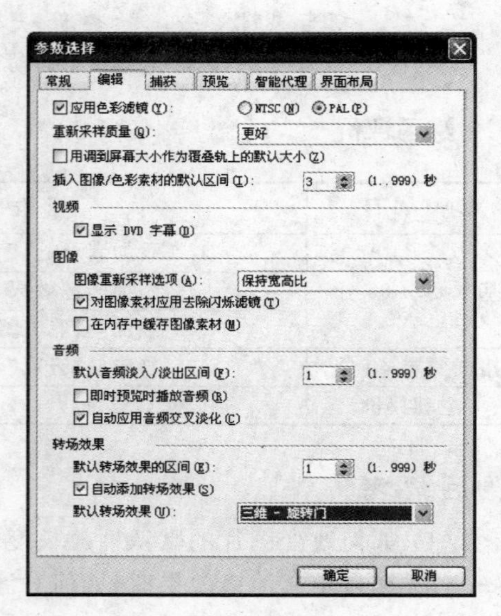

图　13-1

提示: 若要在素材之间自动添加转场效果,也可以按 F6 功能键,打开“参数选择”对话框进行设置。

小知识:转场效果的参数设置

在“参数选择”对话框中,共包括 3 项转场效果的设置,介绍如下。

- 默认转场效果的区间：在该项中，可以设置转场效果的持续时间。
- 自动添加转场效果：勾选该复选框，当添加图片后，将自动添加转场效果。
- 默认转场效果：在该下拉列表中，可以设置转场的默认效果。

步骤 2　查看默认转场效果

将图像素材导入项目，并添加到“故事板”视图中，此时图片素材之间便会自动添加“旋转门”转场效果，如图 13-2 所示。

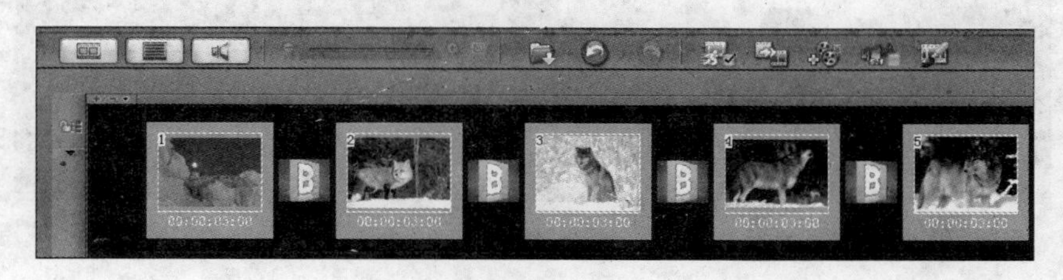

图　13-2

13.2　手动添加转场效果

步骤 1　选择转场类型

在“参数选择”对话框中将“自动添加转场效果”复选框取消勾选，然后单击“画廊”右侧的下三角按钮，选择“时钟”类转场效果，如图 13-3 所示。

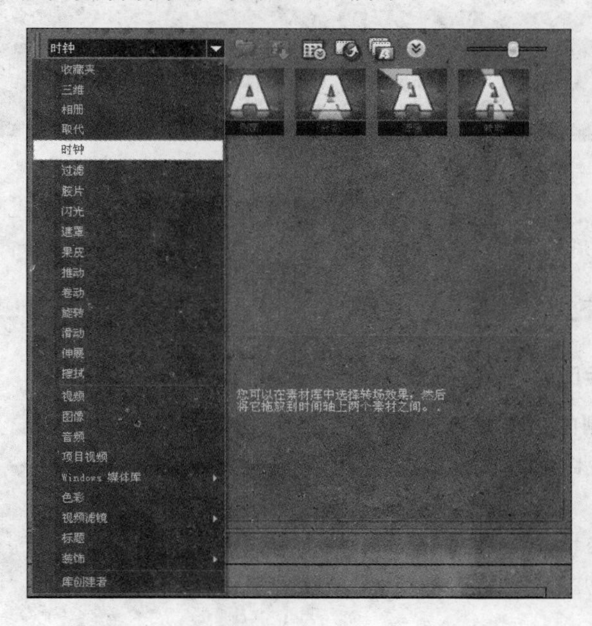

图　13-3

提示：在“编辑”选项卡中单击“画廊”右侧的下三角按钮，在“转场”级联菜单中也可以选择需要使用的转场类型。

步骤 2　选择转场过渡效果

当选择一种转场类型后，该转场类型下所包含的各个转场效果都会以缩略图的方式显示在素材库中。选择“扭曲”转场效果，即可在“预览窗口”中查看该转场的过渡效果，如图 13-4 所示。

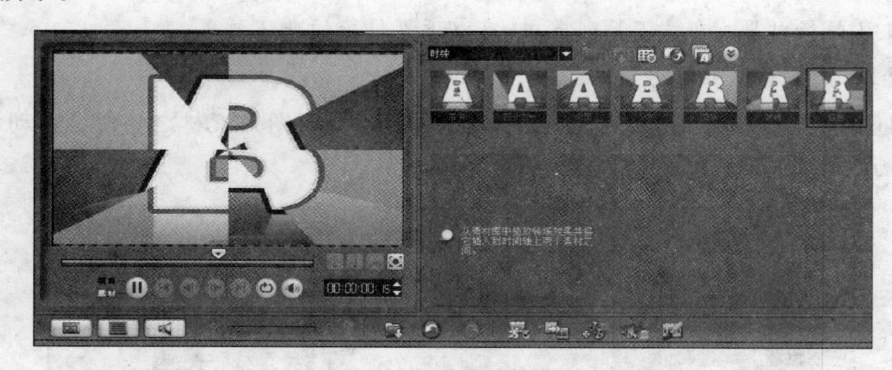

图 13-4

步骤 3 添加转场效果

选择“扭曲”转场效果，按住鼠标左键不放，将其拖动到“故事板”视图两段素材之间的灰色方框上，然后松开鼠标即可在两段素材之间添加过渡效果，如图 13-5 所示。最后使用同样的方法，分别根据需要选择转场效果添加到其他素材之间。

图 13-5

提示：双击要使用的转场效果，即可将该转场效果插入没有转场的素材之间。

13.3 制作转场效果

步骤 1 添加“手风琴”转场效果

单击“画廊”右侧的下三角按钮，选择“三维”类转场效果。在素材库中选择“手风琴”转场效果，拖动至第 3 张和第 4 张素材之间，效果如图 13-6 所示。

图 13-6

提示：“手风琴”转场效果是模仿拉动手风琴时的动作，即压缩第 1 个场景，从而显示出第 2 个场景。

步骤 2 添加“飞行木板”转场效果

在“三维”类转场素材库中选择“飞行木板”转场效果，添加至第 4 张和第 5 张素材之间，效果如图 13-7 所示。

提示：“飞行木板”转场效果的变化比

较丰富，该效果在屏幕上生成一个翻滚的长方体，通过不断地翻转而放大，最后切换到第2个场景中。

步骤3　添加“飞行折叠”转场效果

在“三维”类转场素材库中选择“飞行折叠”转场效果，添加至第5张和第6张素材之间，效果如图13-8所示。

图　13-7

图　13-8

提示：“飞行折叠”转场效果在飞行过程中是将第1个场景折叠成飞机的形状，最后切换至第2个场景中。

步骤4　添加“滑动”转场效果

在“三维”类转场素材库中选择“滑动”转场效果，添加至第6张和第7张素材之间，效果如图13-9所示。

提示：“滑动”转场效果是一种具有三维效果的滑动，可以将第1个画面以三维滑动的方式消除掉，并显示出第2个场景。

“滑动”转场效果提供了上、下、左、右4种滑动方向，用户可以在“效果”选项卡中单击“方向”栏中的相应按钮对其进行设置。

步骤5　添加“百叶窗”转场效果

在“三维”类转场素材库中，选择“百叶窗”转场效果，添加至第7张和第8张素材之间，效果如图13-10所示。

图　13-9

图　13-10

提示：“百叶窗”转场效果模拟窗户打开的方式将第 1 个场景“翻”出去，再将第 2 个场景“翻”出来，它是“三维”类转场效果中使用频率最高的一种。

13.4 设置转场效果的属性

步骤 1 设置转场区间

选择“故事板”视图轨道中的“星形”转场效果，在转场效果的面板中，设置转场效果区间的时间为 0:00:02:00，如图 13-11 所示。

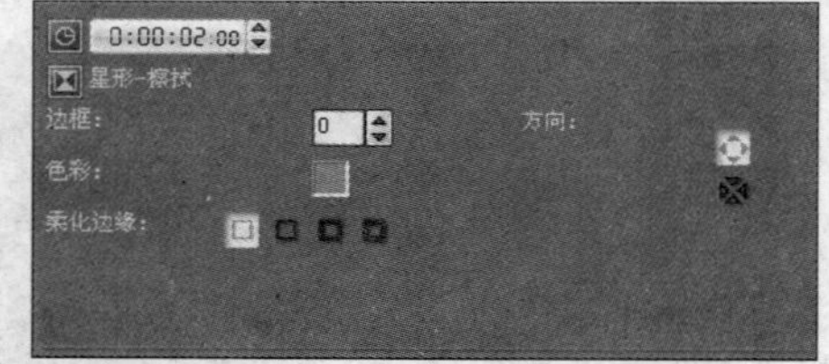

图 13-11

小知识：转场属性

在转场效果的面板中，还包括以下六种属性。

- 区间：该选项以“时：分：秒：帧”的形式显示视频素材中所用转场效果持续的时间长度，用户可以通过修改时间码的值，来调整该转场持续的时间。
- 当前转场效果：显示当前选择的转场的类型及名称，前面为名称后面为该转场所属类型。
- 边框：在该数值框中，可为转场的边框设置宽度。
- 色彩：单击“色彩”颜色块，可在打开的对话框中设置边框的颜色。
- 柔化边缘：在“柔化边缘”栏中，单击相应的按钮即可指定转场效果与素材的融合程度。较强的柔化边缘效果使素材之间的转场效果不太明显，从而创建平滑的过渡效果。
- 方向：该选项并不是应用于所有转场效果中，只能用于某些转场效果，其作用在于指定转场效果的方向，不同的转场效果具有不同的方向。

步骤 2 设置边框

在面板的“边框”微调框中输入数字 1，为星形设置边框的宽度，如图 13-12 所示。

提示：用户只需在微调框中输入具体的数值即可。若输入数字为 0，则将删除边框效果。

步骤 3 调整色彩

单击“色彩”栏右侧的“色彩边框”色块，在打开的对话框中选择“粉色”色块，即可将转场的边框颜色更改为粉色，如图 13-13 所示。

图 13-12

图 13-13

课堂练习

任务背景：通过“动物世界”转场效果的制作，小王已经弄清楚了如何在会声会影中添加转场效果，并能够对其进行手动添加。为了巩固所学知识，需要小王再制作一个“宝宝成长相册”的转场效果。

任务目标：制作“宝宝成长相册”的转场效果。

任务要求：通过制作“宝宝成长相册”的转场效果，复习巩固转场效果的相关知识。

任务提示：制作“宝宝成长相册”的转场效果，重点在于对制作转场效果的掌握。

练习评价

项　目	标准描述	评定分值	得　分
基本要求 60 分	自动添加转场效果	20	
	手动添加转场效果	20	
	制作转场效果	20	
拓展要求 40 分	设置转场效果的属性	40	
主观评价		总　分	

课后思考

（1）添加转场效果的方法有几种？分别是哪几种？

（2）描述“手风琴”转场效果。

第 14 课　制作“动物世界”遮罩转场

当频繁使用某些转场效果时，用户可以将其添加到“收藏夹”中，以便日后使用。本课将介绍如何为“收藏夹”添加遮罩转场效果以及如何使用“收藏夹”中的转场效果。另外，本课还将主要介绍遮罩类转场效果的效果以及参数设置方法。

课堂讲解

任务背景：小王发现一些影片中的转场效果非常漂亮，在网上查阅之后才知道是使用了遮罩转场。但是，小王对这种转场效果的设置不太了解，为了更好地为影片添加转场效果，小王决定学习遮罩转场的制作。

任务目标：制作“动物世界”遮罩转场，并掌握遮罩效果的设置。

任务分析：在学习常用的转场效果之后，可以更好地掌握遮罩转场效果的制作。

14.1　添加遮罩转场效果

步骤 1　显示遮罩类型

单击“画廊”右侧的下三角按钮，选择“遮罩”类转场效果，在“遮罩”类转场库中将显示出所有遮罩的类型，如图 14-1 所示。

提示：在“转场效果”面板中，共包括了遮罩 A，遮罩 A1～A6；遮罩 B，遮罩 B1～B6；遮

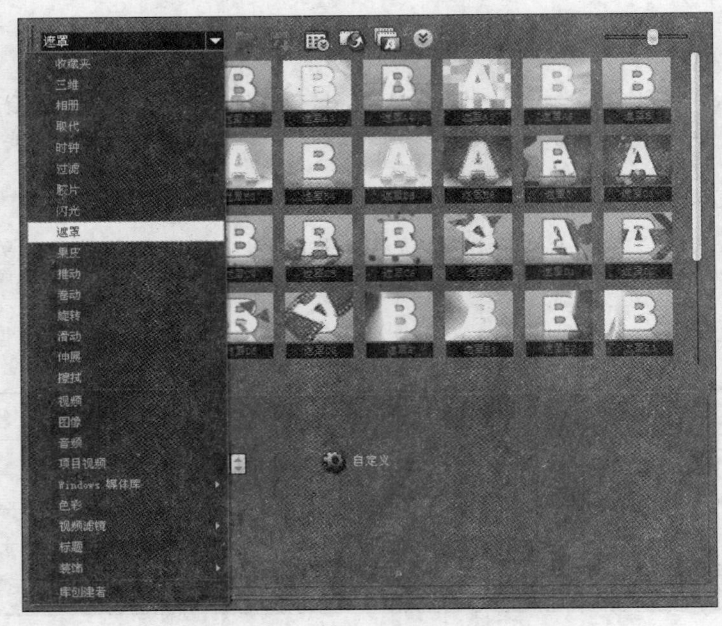

图 14-1

罩 C、C1～C6 42 种遮罩效果。

步骤 2　添加遮罩

在“遮罩”类转场素材库中选择“遮罩 C2”转场效果，拖动至第 44 张和第 45 张素材之间，如图 14-2 所示。

步骤 3　预览遮罩效果

在“预览窗口”中拖动“飞梭轮”即可查看遮罩的转场播放效果，如图 14-3 所示。

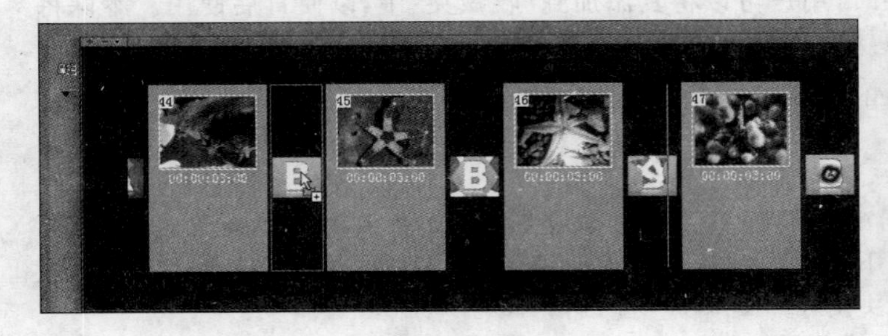

图 14-2

图 14-3

14.2 自定义遮罩效果

步骤 1　自定义遮罩效果

选择图片之间的“遮罩 C3”转场效果，打开“转场效果”面板，单击“自定义”图标按钮，如图 14-4 所示。

步骤 2　选择遮罩图案

在弹出的“遮罩—遮罩 C”对话框的“遮罩”栏中，选择如图 14-5 所示的遮罩图案。

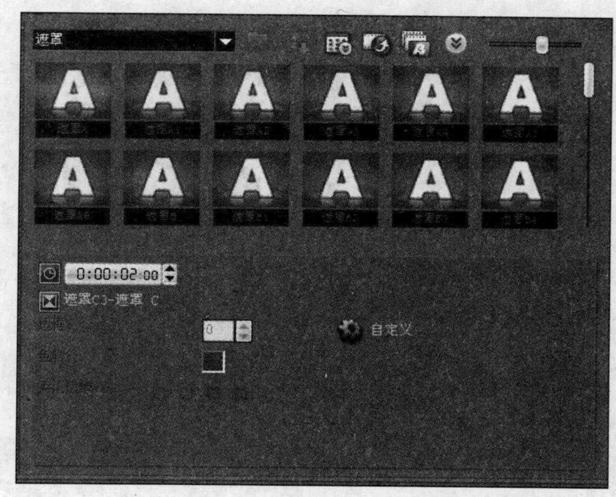

图　14-4

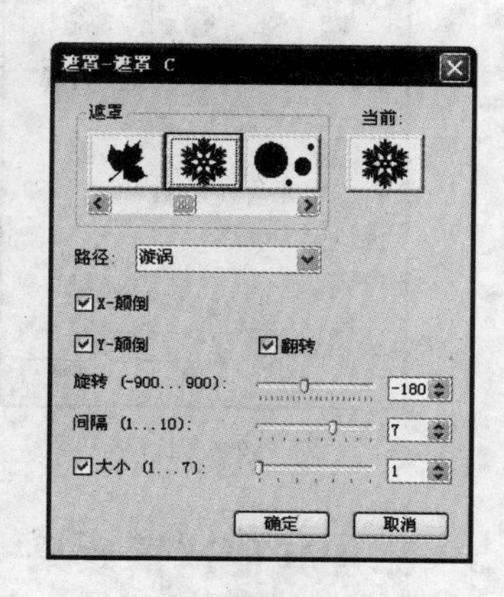

图　14-5

小知识：自定义遮罩参数

- 遮罩：在遮罩列表中，可以为遮罩选择系统提供的图片。
- 当前：单击该图标按钮，可以在打开的对话框中选择硬盘保存的图片作为遮罩图片。
- 路径：单击右侧的下三角按钮，可以在下拉列表中选择遮罩图片运动的路径。
- 复选框：勾选“X-颠倒”复选框，可以将遮罩图片沿 X 轴颠倒；勾选“Y-颠倒”复选框，则沿 Y 轴颠倒；勾选“翻转”复选框，则将遮罩图片进行翻转。
- 旋转：可以通过拖动滑块或单击微调按钮来设置遮罩图片的旋转角度。
- 间隔：可以通过对该项的设置来控制遮罩图片之间的间隔。
- 大小：勾选该复选框后，可以通过对该值的设置来控制遮罩图片的大小。

步骤 3　设置遮罩“路径”和“旋转角度”

单击“路径”右侧的下三角按钮，在下拉列表中选择“对角”选项，然后在“旋转”栏的右侧拖动滑块，设置旋转的角度为 245，如图 14-6 所示。

提示：用户选择路径后，还可以在“路径”栏下方设置 X-颠倒、Y-颠倒或者翻转效果，只需勾选或取消相应的复选框即可。

技巧：单击“旋转”栏右侧的微调按钮，也可调整“旋转”角度。

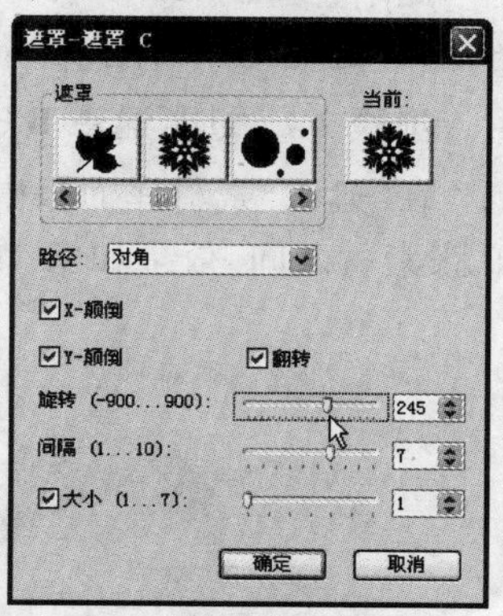

图　14-6

步骤 4　设置“间隔”和“大小”

在“间隔”栏中，拖动滑块，设置遮罩图片之间的间隔为 8，然后勾选“大小”复选框，并拖动其后的滑块，调整遮罩的大小为 4，如图 14-7 所示。

步骤 5　预览效果

在“预览窗口”中单击“播放”图标按钮，即可查看遮罩的转场效果，如图 14-8 所示。

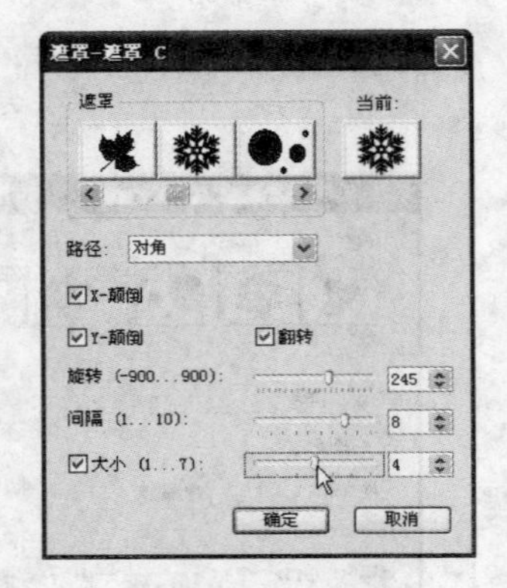

图 14-7

图 14-8

14.3 添加其他遮罩效果

步骤 1 添加“遮罩 A”

单击“画廊”右侧的下三角按钮，选择“遮罩”选项，在“遮罩”素材库面板中选择“遮罩 A”转场效果，将其拖动到“故事板”视图中的第 49 张和第 50 张素材之间，如图 14-9 所示。

图 14-9

在“预览窗口”中拖动“飞梭轮”即可查看“遮罩 A”转场效果，如图 14-10 所示。

提示：“遮罩 A”转场效果是运用光线来进行遮罩。它在第 1 个场景中形成一些随机的光线，并通过光线的逐渐增多来显示第 2 个场景。

步骤 2 添加“遮罩 B”

在“遮罩”素材库面板中选择“遮罩 B”转场效果，添加至“故事板”视图中的第 48 张和第 49 张素材之间，效果如图 14-11 所示。

图 14-10

图 14-11

提示："遮罩 B"转场是将第 1 个场景中的一些固定像素加亮，并将第 2 个场景中的某些像素也加亮，通过瞬间闪光最终切换到第 2 个场景中。

步骤 3 添加"遮罩 C"

在"遮罩"素材库面板中选择"遮罩 C"转场效果，添加至"故事板"视图中的第 47 张和第 48 张素材之间，效果如图 14-12 所示。

提示："遮罩 C"转场效果是以多个形状(如"星形"形状)作为遮罩图案，使其由大到小进行翻转直到消失，而后切换到第 2 个场景中。

小知识：遮罩效果介绍

下面具体介绍常用的遮罩效果。

- 遮罩 D："遮罩 D"转场效果和"遮罩 C"转场效果相似，也是以多个形状(如"星形"形状)作为遮罩图案，不同之处在于"遮罩 D"转场效果是将第 2 个场景形成"星形"形状，然后通过旋转逐渐变大，最终覆盖第 1 个场景，效果如图 14-13 所示。

图 14-12

图 14-13

- 遮罩 E："遮罩 E"转场效果是以白光的形式形成射线，在第 1 个场景中进行逆时针旋转，并自然过渡到第 2 个场景当中，效果如图 14-14 所示。
- 遮罩 F："遮罩 F"转场效果是从第 1 个场景中心，以多层形状，如"星形"形状的方式逐渐向外扩散，然后显示出第 2 个场景，效果如图 14-15 所示。

图 14-14

图 14-15

课堂练习

任务背景：为了进一步巩固本课所讲的知识，小王决定为“宝宝成长相册”添加遮罩转场效果。

任务目标：制作“宝宝成长相册”的遮罩转场效果。

任务要求：为“宝宝成长相册”添加遮罩转场效果，美化相册。

任务提示：通过制作“宝宝成长相册”的遮罩转场效果，了解不同的遮罩效果。

练习评价

项　目	标准描述	评定分值	得　分
基本要求 60 分	添加遮罩转场效果	20	
	自定义遮罩效果	20	
	添加其他遮罩效果	20	
拓展要求 40 分	比较不同的遮罩效果	40	
主观评价		总　分	

课后思考

（1）如何添加“遮罩”转场效果？

（2）如何自定义遮罩效果？

第 6 章

影片的叠加效果

第 15 课　制作“桂林风景”影片

“画中画”效果和“多重子母”效果都是影片中常用的镜头，它可以使影片在同一时间内向观众传送出更多、更炫目、更全面的视觉信息。例如，在为聋哑人播放新闻时，经常会在电视屏幕中嵌套一个小屏幕，其中是主持人使用手语播报新闻的画面，以便聋哑观众理解新闻的内容。

课堂讲解

任务背景：小王公司组织去桂林旅游，小王非常喜欢桂林的山水风景，于是便拍摄了一些桂林的山水风景照片，回来后小王便将拍摄的数码照片，通过会声会影制作成了影片。

任务目标：制作“桂林风景”影片。

任务分析：在制作效果的过程中，可以快速了解该效果的相关内容，又可以掌握“多重子母”效果的应用。

15.1　添加覆叠轨

步骤 1　添加素材

启用“会声会影”软件，新建项目，并单击“画廊”右侧的下三角按钮，选择“图像”选项。然后单击“加载图像”图标按钮，在打开的“打开图像文件”对话框中选择 glfg1～glfg5 图像素材，将其添加到“图像”素材库中，如图 15-1 所示。

步骤 2　添加覆叠轨

添加覆叠轨是在“轨道管理器”窗口中进行设置的，打开“轨道管理器”窗口的方法主要有 3 种。

方法 1：单击工具栏上的“轨道管理器”图标按钮，即可打开“轨道管理器”，然后勾选“覆叠轨 ＃2”、“覆叠轨 ＃3”和“覆叠轨 ＃4”复选框，添加 3 个轨道，如图 15-2 所示。

方法 2：在项目编辑窗口中执行“工具”→“轨道管理器”命令，也可以打开“轨道管理器”窗口，如图 15-3 所示。

图 15-1

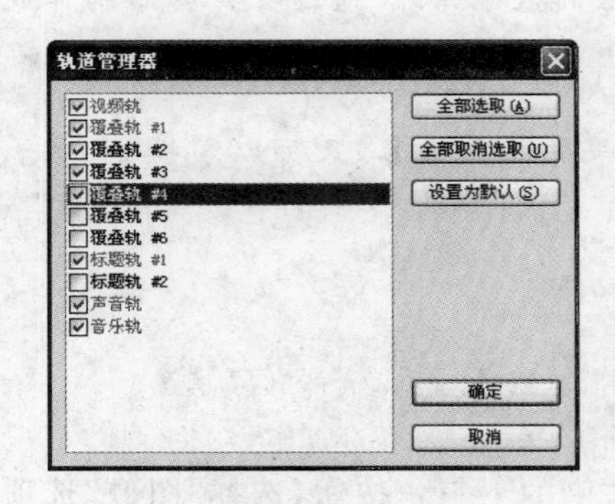

图 15-2

图 15-3

方法 3：在“时间轴”视图的轨道中，右击空白处，在弹出的快捷菜单中选择“轨道管理器”选项，则可以打开对话框，添加或删除轨道，如图 15-4 所示。

图 15-4

小知识：覆叠轨

在会声会影中，共提供了5个覆叠轨供用户添加使用，添加时只要勾选相应的复选框即可。

- 覆叠轨的查看：在“轨道管理器”窗口中勾选所要添加的覆叠轨复选框后，新添加的覆叠轨便会出现在“时间轴”中。由于受到屏幕的限制，不会看见添加的所有轨道，拖动右侧的滑块即可查看编辑。
- 删除覆叠轨：要删除暂时不使用的覆叠轨时，只要在打开的“覆叠轨管理器”中取消相应的“覆叠轨”复选框的勾选即可。

步骤3　向轨道添加素材

在“图像”素材库中分别选择glfg1～glfg5图像素材，将其添加到“视频轨”和“覆叠轨”中，如图15-5所示。

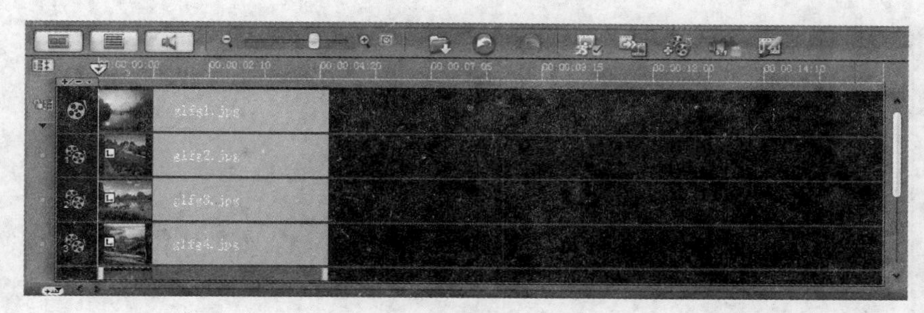

图　15-5

15.2　编辑覆叠素材

步骤1　改变素材播放长度

选择“视频轨”上的glfg1图像素材，在“图像”面板中单击“区间”文本框的“秒”对应的位置，当其闪烁时输入25，如图15-6所示。然后分别选择覆叠轨上的图像素材，将其播放长度设置为20s、15s、10s和5s。

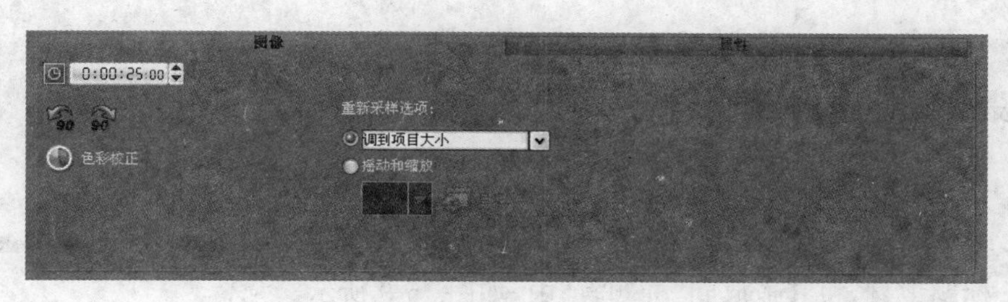

图　15-6

步骤2　改变覆叠素材的播放位置

选择“覆叠轨 ＃1”上的图像素材，拖动该素材至5s位置。使用同样的方法，分别拖动其他覆叠轨上的素材至10s、15s和20s，如图15-7所示。

步骤3　应用摇动和缩放效果

选择“覆叠轨 ＃1”上的图像素材，在“编辑”面板中勾选“应用摇动和缩放”复选框，并单击预设样式右侧的下三角按钮，在下拉列表中，选择第1行的第2个预设效果。单击“自定义”图标按钮，在打开的“摇动和缩放”对话框的“原图”设置栏中，拖动四周的黄色方框，改变图像的显示范围。如图 15-8 所示。使用同样的方法，为其他覆叠轨上的素材应用“摇动和缩放”效果。

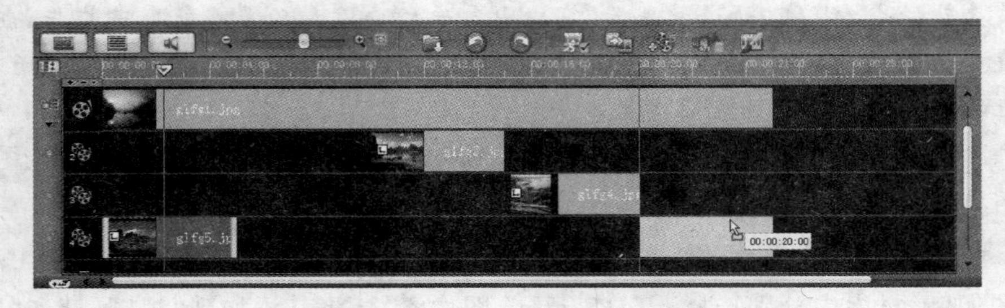

图 15-7

图 15-8

提示：覆叠轨上素材的“编辑”面板与视频轨上素材的“编辑”面板内容相同，其设置方法也相同。

15.3 设置覆叠素材属性

步骤 1 选择标题素材

在“步骤”面板中单击“标题”标签，切换到“标题”素材库中，选择 Double-click here to add a title 标题素材，将其拖放到“标题轨”中，如图 15-9 所示。

图 15-9

步骤 2　输入标题文字

在“预览窗口”中单击，选择原有的字母文字将其删除，然后输入“桂林山水”文字，并在其他位置单击完成输入，如图 15-10 所示。

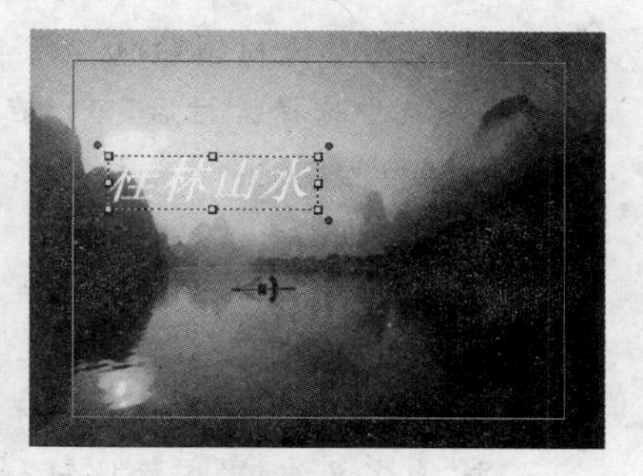

图　15-10

步骤 3　设置标题属性

在“编辑”面板中单击“选择取标题样式预设值”右侧的下三角按钮，在弹出的下拉列表中选择如图 15-11 所示的预设标题样式。

图　15-11

在“区间”西文框中，设置其播放长度为 5s，单击“字体”右侧的下三角按钮，选择“华文行楷”字体，设置“字体大小”为 90，在“对齐”栏中单击“居中”图标按钮，将文字居中显示，如图 15-12 所示。

图　15-12

步骤 4　设置图像位置

选择“覆叠轨 #1”上的图像素材，在“属性”面板中单击“对齐选项”图标按钮，执行“停靠在顶部”→“居左”命令，将图像素材停放在左上角，如图 15-13 所示。

提示：在“预览窗口”中选择图像素材，右击，在弹出的快捷菜单中选择停靠在“顶部”→“居左”选项，也可以将图像素材停放在左上角。

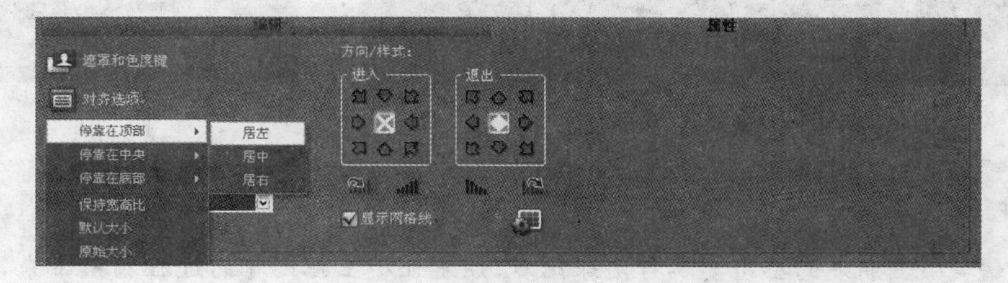

图　15-13

小知识：覆叠素材属性

在覆叠轨中选择素材后，可以在“属性”面板中对其位置及方向/样式等属性进行设置。

- 遮罩和色度键：单击该图标按钮，可以在弹出的面板中为覆叠素材添加遮罩或使用色度键功能为素材抠像。
- 对齐选项：单击该图标按钮，可以在弹出的菜单中选择相应的命令，设置覆叠素材的位置及大小。
- 滤镜列表框：当为覆叠素材添加滤镜后，则添加的滤镜将显示在列表框中，并可单击“自定义滤镜”图标按钮，自定义滤镜效果。
- 方向/样式：在“进入”和“退出”设置栏中单击相应的图标按钮，可以为覆叠素材设置进入画面和退出画面的动画效果。
- 暂停区间前旋转/暂停区间后旋转：单击相应的图标按钮，可以为覆叠轨上的素材设置进入旋转效果和退出旋转效果。
- 淡入/淡出：为覆叠轨上的素材设置淡入和淡出动画效果。选择其他覆叠轨上的图像素材，分别将其停靠在屏幕的右上角、左下角和右下角，将时间指针拖动到最后，其效果如图 15-14 所示。

图 15-14

步骤 5 设置覆叠素材进入方式

选择“覆叠轨 ＃1”上的图像素材，在“属性”面板的“方式/样式”的“进入”设置栏中单击“从左上方进入”图标按钮，则图像素材会从左上角慢慢进入，如图 15-15 所示。

选择其他覆叠轨上的图像素材，将其“进入”方式分别设置为“从右上方进入”、“从左上方进入”和“从左下方进入”，其效果如图 15-16 所示。

图 15-15

图 15-16

课堂练习

任务背景：小王朋友的公司要举行足球比赛，朋友让小王把比赛的过程拍摄下来，制作成DVD光盘。小王在制作足球比赛过程中，使用了“画中画”效果。

任务目标：使用“画中画”效果制作足球比赛。

任务要求：将足球比赛中进球的片段剪切，复制下来添加到覆叠轨中，并将其播放速度设置成慢镜头，制作成"画中画"效果。

任务提示：将进球的片段剪切下来后，右击选择"复制"选项，在视频素材库的空白处右击，选择"粘贴"选项，即可复制视频素材。

练习评价

项　　目	标 准 描 述	评定分值	得　分
基本要求 60 分	从拍摄相机中捕获素材	20	
	剪切视频素材	20	
	复制视频素材	20	
拓展要求 40 分	制作、美化大中小画中画效果	20	
	调整覆叠素材播放速度	20	
主观评价		总　分	

课后思考

（1）如何添加覆叠轨？在会声会影中，共提供了多少个覆叠轨供用户使用？

（2）简述几种常见的"画中画"效果。

第16课　制作"汽车展示"影片

抠像是影视节目中的一种常用技巧，它主要是针对单色背景进行操作。在会声会影中，可以使用色度键来实现这一效果。在会声会影中，可以利用"色度键"功能，选取素材中的某一特定颜色，使其透明，以便显示位于其下方的素材、对象或者图层，使两个轨道中的素材融为一体。

课堂讲解

任务背景：小王有一个朋友是做汽车生意的，最近，小王的这个朋友新进了两款新车，想让小王将这两款新车的图片制作成"汽车展示"影片。

任务目标：制作"汽车展示"影片。

任务分析：在制作影片的过程中，用户会使用色度键来制作抠像效果。而在制作抠像效果的过程中，用户则可以快速了解色度键的使用技巧，并通过对其参数的设置，来达到某种真实效果。另外，还可以掌握会声会影中覆叠素材的编辑以及应用技巧。

16.1　色度键

步骤 1　添加素材

新建项目，在项目编辑窗口中切换到"图像"素材库，将"公路.jpg"和"汽车.jpg"图像素材添加到"图像"素材库中，并将其分别添加到"视频轨"和"覆叠轨"上，如图 16-1 所示。

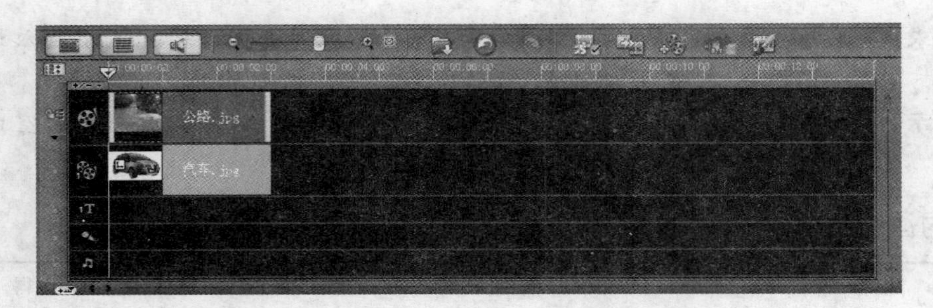

图 16-1

提示：在“时间轴”视图中，使用直接在其轨道中右击执行命令的方法添加的素材，在其素材库中不会添加缩略图。

步骤 2　添加滤镜

单击“画廊”右侧的下三角按钮，执行“视频滤镜”→“相机镜头”命令，切换到“相机镜头”滤镜库中，然后选择“缩放动作”视频滤镜，将其播放到“视频轨”的图像素材上，如图 16-2 所示。

图 16-2

步骤 3　选择预设滤镜效果

打开“属性”面板，单击预设滤镜效果右侧的下三角按钮，在弹出的下拉列表中选择第 2 行的第 2 个预设滤镜，如图 16-3 所示。

图 16-3

步骤 4　使用色度键抠像

选择“覆叠轨”上的图像素材，并单击“属性”面板中的“遮罩帧和色度键”图标按钮，如图 16-4 所示。

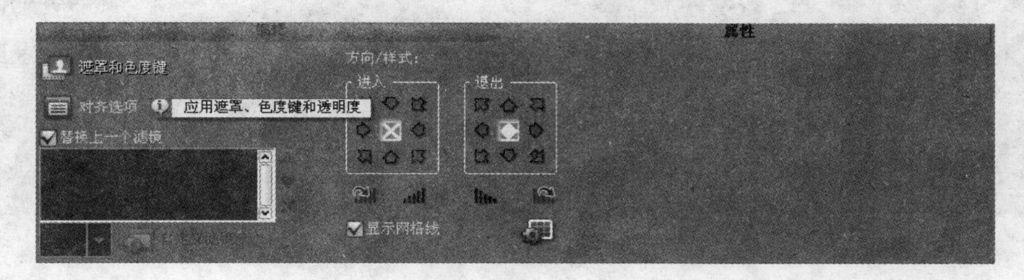

图　16-4

在弹出的面板中勾选“应用覆叠选项”复选框，并在“相似度”文本框中输入 23，完成抠像效果，如图 16-5 所示。

图　16-5

小知识：色度键

- 覆叠遮罩的色彩：单击色块后的“滴管”图标按钮，可在图像素材中选择要抠去的色彩。因此作为抠像素材其背景一定是单色图像，且一般情况为蓝色。
- 相似度：可在文本框中输入数值，设置要抠去色彩的相似程度，或者单击后面的按钮，通过拖动弹出的滑块来设置色彩相似度。
- 宽度：可以设置图像素材的宽度。
- 高度：可以设置图像素材的高度。

16.2　设置覆叠素材的大小和位置

步骤 1　改变覆叠素材的大小

在“预览窗口”中将鼠标指针移动到图像素材右下角的黄色方块上，当光标变成形状时，向下拖动鼠标将覆叠素材放大，如图 16-6 所示。

步骤 2　改变覆叠素材的位置

将鼠标指针移动到覆叠素材的虚线框内，当光标变成形状时，拖动鼠标改变覆叠素材的位置，如图 16-7 所示。

提示：在“预览窗口”中，将鼠标指针移动到图像 4 个角的绿色方块上，当光标变成形状时，拖动鼠标则可以改变覆叠素材的形状。

图 16-6

图 16-7

步骤 3 设置覆叠素材进入方式

在“属性”面板中单击“淡入动画效果”图标按钮，将图像素材的进入动画效果设置为逐渐淡入，如图 16-8 所示。

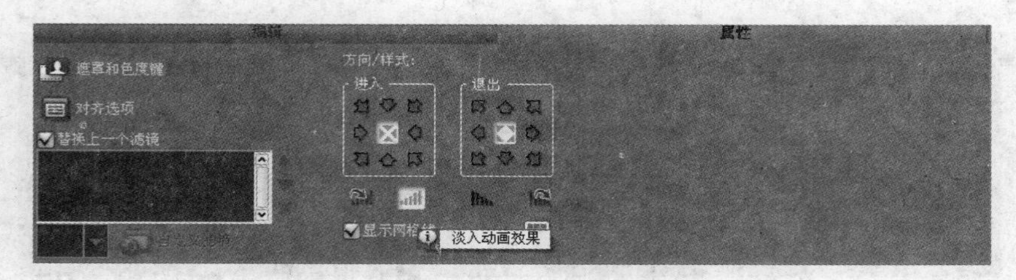

图 16-8

16.3 设置透明度

步骤 1 添加色彩素材

单击“画廊”右侧的下三角按钮，选择“色彩”选项，切换到“色彩”素材库中，然后选择黄色色彩素材，将其添加到“视频轨”中的 3s 位置，如图 16-9 所示。

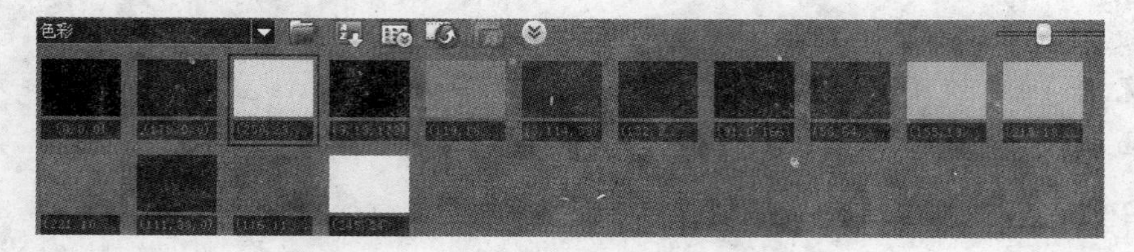

图 16-9

步骤 2 添加覆叠轨

在工具栏上单击“轨道管理器”图标按钮，在打开的“轨道管理器”对话框中勾选“覆叠轨 ＃2”复选框，添加覆叠轨，如图 16-10 所示。

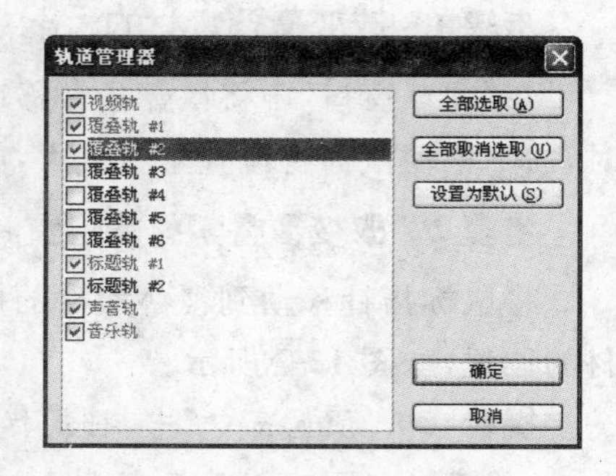

图 16-10

步骤 3 导入素材

切换到“图像”素材库，将“汽车 2. jpg”图像素材导入“图像”素材库中，然后拖动图像素材，将其分别添加到两个覆叠轨中的 3s 位置，与上面添加的图像素材的播放长度相同，如图 16-11 所示。

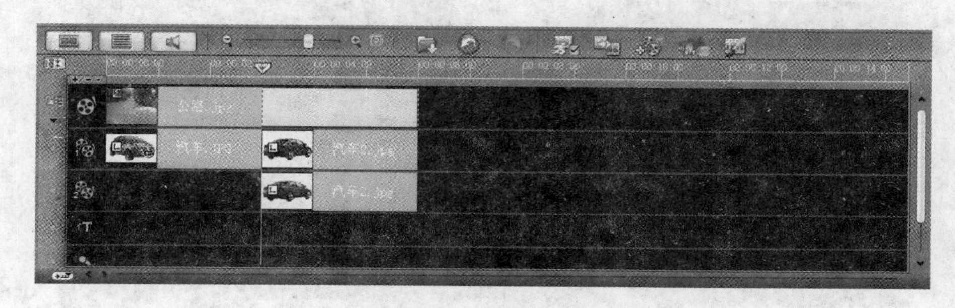

图　16-11

步骤 4　使用“色度键”

选择第 1 个覆叠轨上的图像素材，在“属性”面板中单击“遮罩和色度键”图标按钮，在弹出的面板中勾选“应用覆叠选项”复选框，并设置“相似度”为 23，如图 16-12 所示。使用同样的方法，为第 2 个覆叠轨上的图像素材进行抠像。

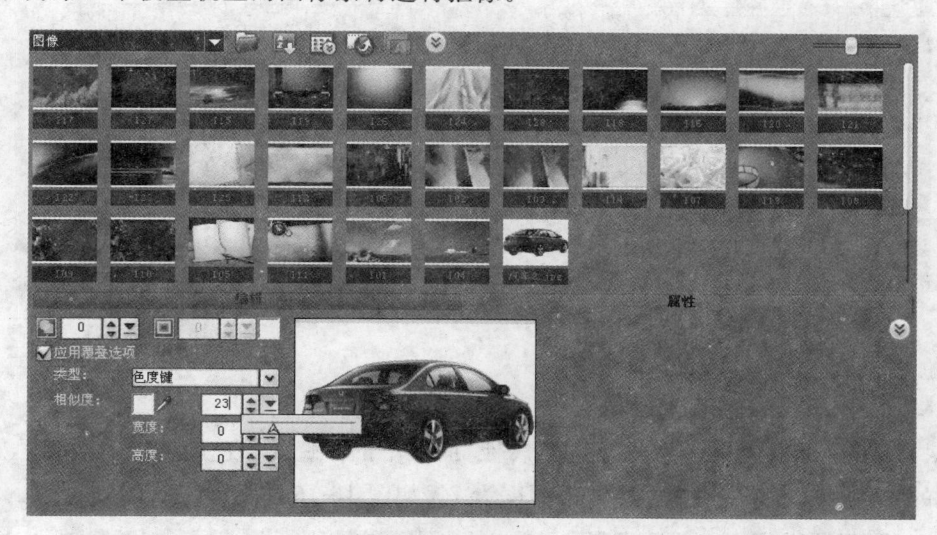

图　16-12

步骤 5　旋转覆叠素材

选择第 2 个覆叠轨上的图像素材，打开“编辑”面板，单击面板中的“将图像逆时针旋转 90 度”图标按钮两次，将图像素材垂直旋转，如图 16-13 所示。

提示：*在“编辑”面板中单击“将图像顺时针旋转 90 度”图标按钮，也可以将图像素材垂直旋转。*

步骤 6　改变素材大小和位置

选择第 1 个覆叠轨上的图像素材，拖动右下角的黄色块，改变图像的大小，然后将鼠标指针移动到虚线框内，改变其位置，如图 16-14 所示。

选择第 2 个覆叠轨上的图像素材，拖动中间的黄色块，将图像变长，并改变该素材在屏幕中的位置，如图 16-15 所示。

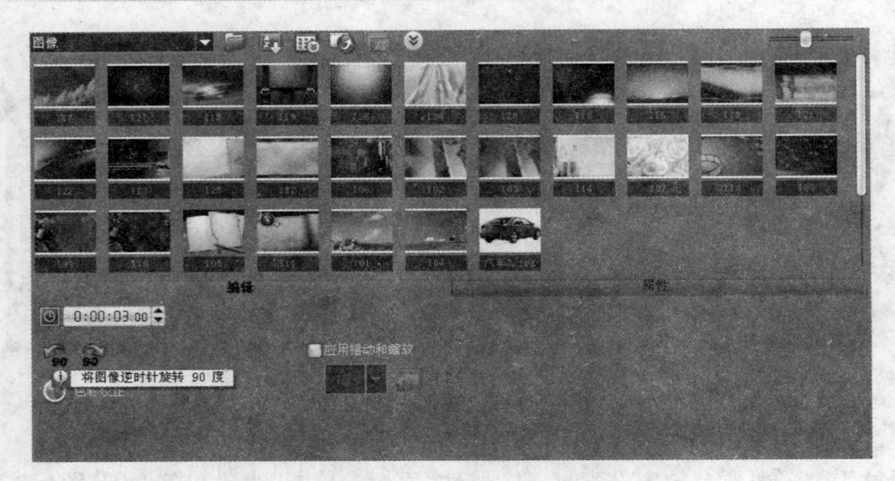

图 16-13

图 16-14

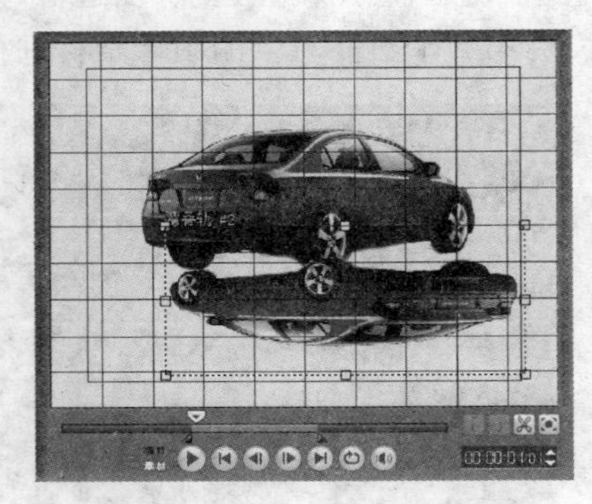

图 16-15

步骤 7　设置覆叠素材“透明度”

选择第 2 个覆叠轨上的素材，单击“属性”面板中的“遮罩和色度键”图标按钮，在弹出的面板的“透明度”文本框中，设置其透明度为 70，如图 16-16 所示。

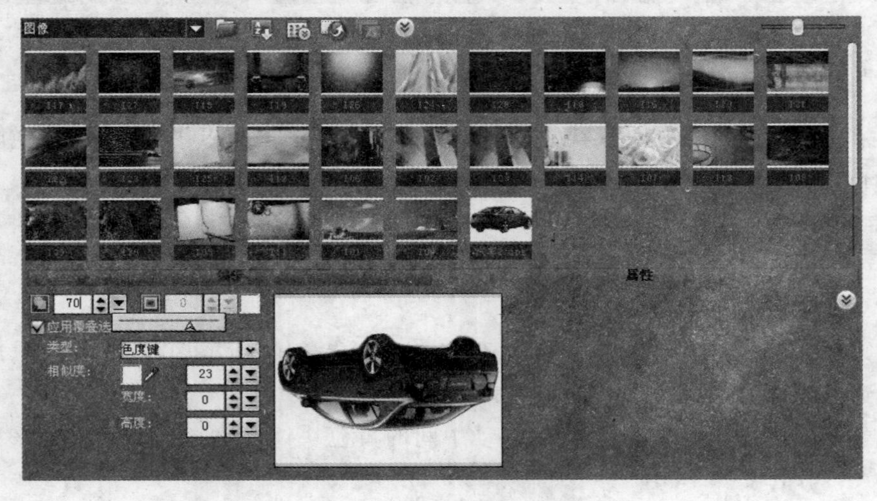

图 16-16

步骤 8　添加进入动画效果

分别选择“覆叠轨”上的“汽车 2.jpg”图像素材，打开“属性”面板，并单击“进入”设置栏中的“从左边进入”图标按钮，汽车将从左边进入屏幕，如图 14-17 所示。

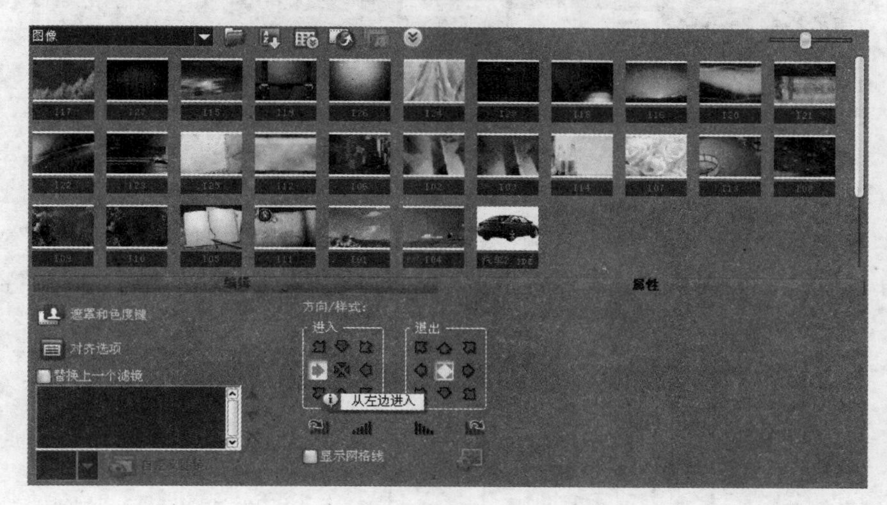

图　16-17

16.4　添加转场及音效

步骤 1　添加转场效果

单击“画廊”右侧的下三角按钮，执行“转场”→“伸展”命令，切换到“伸展”转场效果库中，然后选择“交叉缩放”转场效果，将其分别添加到“视频轨”和“覆叠轨”的两个素材之间，如图 16-18 所示。

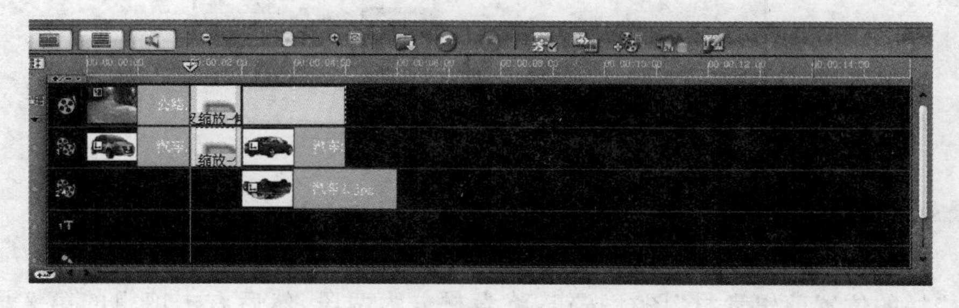

图　16-18

提示：为“覆叠轨”中的素材添加转场效果时，只有拖动转场效果到两个素材中前面一个素材末尾时，系统才允许添加，此时松开鼠标即可将转场效果添加到“覆叠轨”中的素材上。

步骤 2　设置素材播放长度

由于为“视频轨”和“覆叠轨 ＃1”中的素材添加了转场效果，因此缩短了素材的播放长度。分别选择“视频轨”上的“色彩”素材和“覆叠轨 ＃1”中的“汽车 2.jpg”图像素材，使用拖动鼠标的方法，将素材的播放长度设置为与“覆叠轨 ＃2”中的“汽车 2.jpg”图像素材相同，如图 16-19 所示。

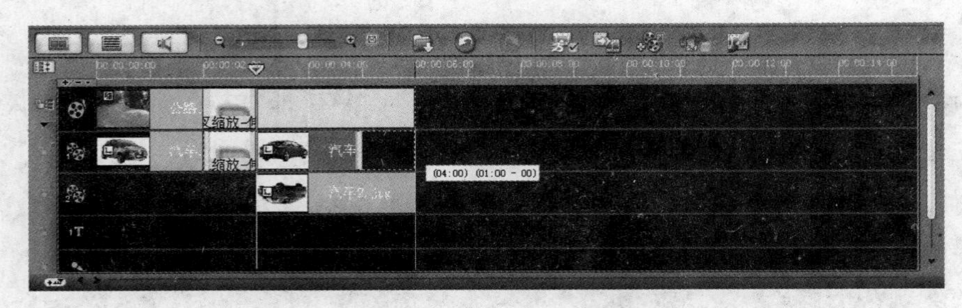

图 16-19

步骤 3　添加音频效果

单击“音频”标签，并单击“加载音频”图标按钮，在打开的“打开音频文件”对话框中选择“刹车.mp3”音频素材，将其添加到“音频”素材库中，如图 16-20 所示。然后，将时间指针移动到 3s 位置，并将音频素材添加到“声音轨”中的该位置上。

图 16-20

步骤 4　剪切音频素材

选择“声音轨”中的音频素材，并将鼠标指针移动到 05:24s 位置，单击“导栏”面板中的“按照飞梭栏的位置剪辑素材”图标按钮，将素材分为两段，然后右击剪辑的第 2 段音频素材，执行“删除”命令将其删除，如图 16-21 所示。

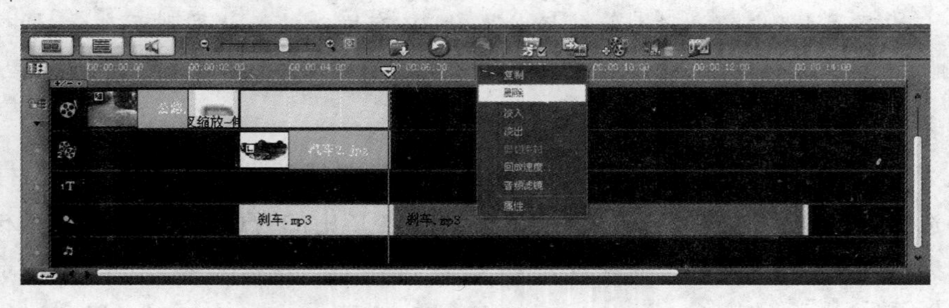

图 16-21

课堂练习

任务背景： 通过本课的学习，小王已经掌握了“色度键”和“遮罩帧”的使用方法及参数设置。同时，了解了通过为覆叠素材设置透明度，可以为影片画面制作一些特殊的效果。小王为了练习“色度键”抠像功能，便使用DV拍摄了一些素材，来制作抠像效果。

任务目标： 制作蓝屏抠像效果。

任务要求： 通过上网下载一些带有蓝色背景或者纯色背景的图像素材、视频素材，使用“色度键”功能为素材抠像。

任务提示： 在拍摄用于抠像素材的画面时，用户可以将背景设置为蓝色布景或者一些具有单种色彩的布景，这样在制作时便很容易实现抠像。在制作抠像效果时，通过调整素材“色度键”的“相似度”值的大小来控制抠像的效果。

练习评价

项　目	标准描述	评定分值	得　分
基本要求 60 分	上网收集蓝色背景素材或纯色背景素材	20	
	将收集的素材添加到项目中	20	
	素材播放长度及进入动画的设置	20	
拓展要求 40 分	制作抠像效果	20	
	美化、完善制作的影片效果	20	
主观评价		总　分	

课后思考

（1）如何为覆叠素材设置透明度？

（2）如何为覆叠素材添加边框？

（3）覆叠素材的进场动画和退场动画包括多少种？

第17课　制作“可爱北极熊”影片

会声会影中的装饰是指为覆叠轨中的素材添加用于美化影片效果的装饰对象或者边框效果，包括对象、边框以及Flash动画3种装饰。其中，“对象”和“边框”素材库为用户提供了一些带有Alpha通道的图片，在将这些图片添加到覆叠轨中时，其背景将自动被隐藏。而“Flash动画”则是一些具有动态效果的Alpha通道图片，添加了该装饰后，其背景也将自动消除。

课堂讲解

任务背景： 通过前两课的学习，小王掌握了许多覆叠素材的应用及设置效果。但小王在添加素材时发现，在会声会影中提供了一些特殊的视频素材，通过使用这些素材可以很轻松地制作一些“画中画”效果，并且可以为画面增加美感。于是，小王便从网上下载了一些可爱的北极熊图片，制作一个影片来学习“装饰”素材的使用方法。

任务目标：制作“可爱北极熊”影片。

任务分析：其实，在编辑影片时添加装饰素材，与其他的视频和图像素材的使用方法大致相同。

17.1 添加对象

步骤 1 导入素材

新建项目，在项目编辑窗口中切换到“图像”素材库。单击“加载图像”图标按钮，在打开的“打开图像文件”对话框中，选择所有的北极熊图像素材，将其导入“图像”素材库中。如图 17-1 所示。

图 17-1

步骤 2 添加对象素材

单击“画廊”右侧的下三角按钮，执行“装饰”→“对象”命令，切换到“对象”素材库中，选择 D09 对象素材，将其添加到“视频轨”上，如图 17-2 所示。

图 17-2

步骤 3 添加覆叠素材

再切换到“图像”素材库中，选择“片头图像.jpg”图像素材，将其添加到“覆叠轨”上，并设置其播放长度与“视频轨”上的对象素材相同，如图 17-3 所示。

图　17-3

步骤 4　改变覆叠素材形状

在“预览窗口”中将鼠标指针移动到覆叠素材四周的绿色方块上，拖动鼠标改变其形状，使该图像素材与对象素材中的液晶屏幕相同，其效果如图 17-4 所示。然后，在“属性”面板中，单击“淡入动画效果”图标按钮和“淡出动画效果”图标按钮。

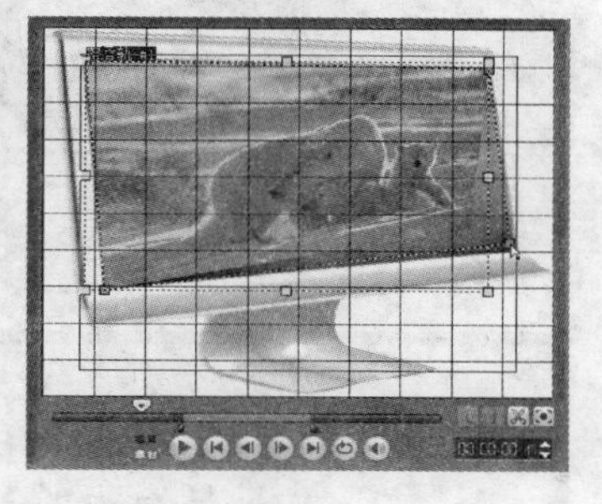

图　17-4

步骤 5　添加标题

单击“步骤”面板中的“标题”标签，选择第 5 个标题，将其添加到“标题轨”中。然后，在“预览窗口”中输入“可爱的北极熊”文字，并在“编辑”面板中设置其“字体”为“华文琥珀”，“字号”为 64。如图 17-5 所示。

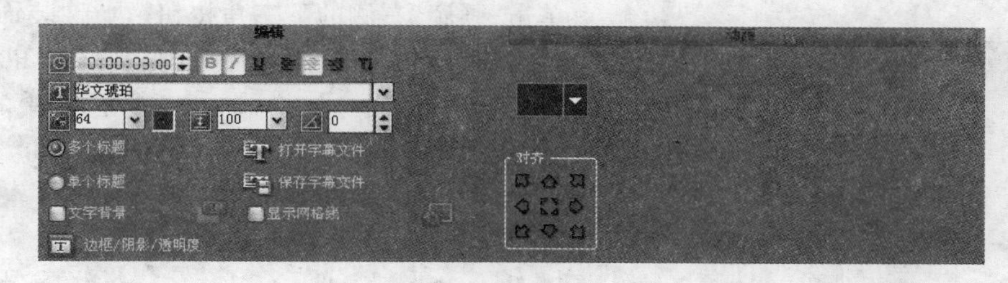

图　17-5

17.2　添加边框

步骤 1　添加素材

单击“画廊”右侧的下三角按钮，选择“图像”选项，切换到“图像”素材库中，选择“北极熊 1.jpg”～“北极熊 6.jpg”图像素材，将其添加到“视频轨”中，如图 17-6 所示。

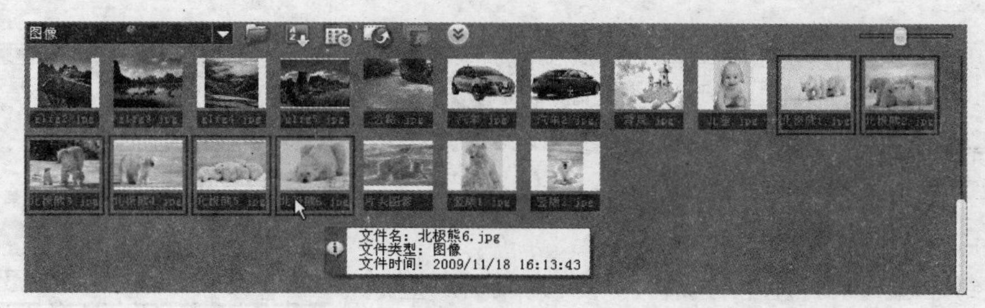

图　17-6

步骤 2　添加转场

在“步骤”面板中单击“效果”标签，然后在转场效果库中，选择“旋转门”转场效果，将其添加到“视频轨”中 D09 和“北极熊 1.jpg”图像素材中间。最后，选择“交叉淡化”转场效果，将其添加到“视频轨”的其他图像素材中，其效果如图 17-7 所示。

图　17-7

图　17-8

步骤 3　改变转场播放长度

在“时间轴”视图中，选择“旋转门”转场效果，其效果如图 17-8 所示。将鼠标指针移动到转场效果的右侧，当光标变成⇔形状时，向左拖动鼠标，将其播放长度设置为 6 帧。

步骤 4　添加边框

单击“画廊”右侧的下三角按钮，执行“装饰”→“边框”命令，切换到“边框”素材库中，分别选择 F06、F07、F31 和 F32 边框素材，将其添加到“覆叠轨”中的 03:20 位置，如图 17-9 所示。

图　17-9

17.3　添加 Flash 动画

步骤 1　添加覆叠轨

单击工具栏上的“轨道管理器”图标按钮，在打开的“轨道管理器”对话框中勾选“覆叠轨 ＃2”和“覆叠轨 ＃3”复选框，添加两个覆叠轨，如图 17-10 所示。

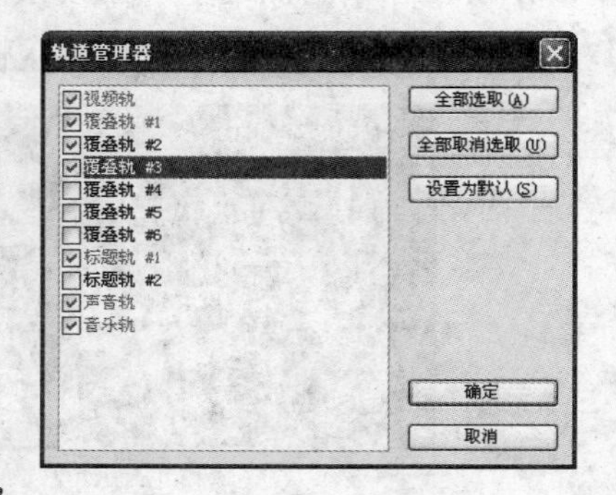

图　17-10

步骤 2　添加素材

切换到“图像”素材库中，选择“竖版 1.jpg”和“竖版 2.jpg”图像素材，将其添加到“覆叠轨 ＃2”和“覆叠轨 ＃3”

的 03:00 位置,然后在“编辑”面板中,将其播放区间设置为 2s,如图 17-11 所示。

图　17-11

步骤 3　设置覆叠素材大小和位置

在“预览窗口”中,依照前面小节中提到的方法,设置“竖版 1. jpg”和“竖版 2. jpg”图像素材的大小和位置,其效果如图 17-12 所示。

图　17-12

步骤 4　设置覆叠素材的进入和退出方式

选择“竖版 1. jpg”图像素材,在“属性”面板的“方向/样式”设置栏中,分别单击“进入”设置项中的“从上方进入”图标按钮,“退出”设置项中的“从下方退出”图标按钮,然后选择“竖版 2. jpg”图像素材,设置其“进入”设置项为“从下方进入”,设置其“退出”为“从上方退出”,其效果如图 17-13 所示。

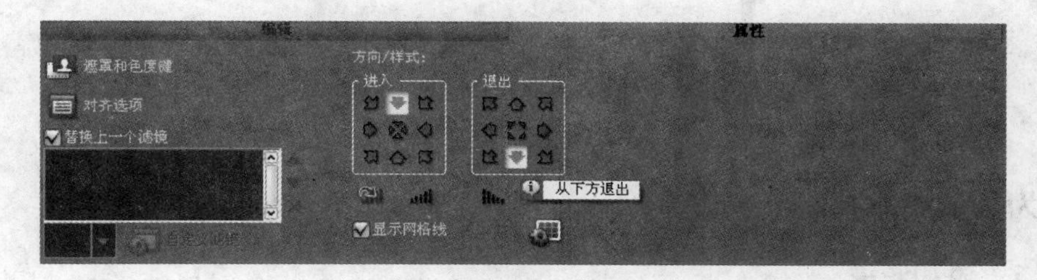

图　17-13

步骤 5　设置覆叠素材边框

分别选择“竖版 1. jpg”和“竖版 2. jpg”图像素材,在“属性”面板中单击“遮罩和色度键”图标按钮,在弹出的面板中设置“边框”值为 3,为覆叠素材添加白色边框,如图 17-14 所示。

图　17-14

步骤 6　添加 Flash 动画

单击“画廊”右侧的下三角按钮,执行“装饰”→“Flash 动画”命令,切换到“Flash 动画”

素材库中，选择 MotionF52 Flash 动画素材，并将其添加到“覆叠轨 ＃2”中的开始位置，如图 17-15 所示。

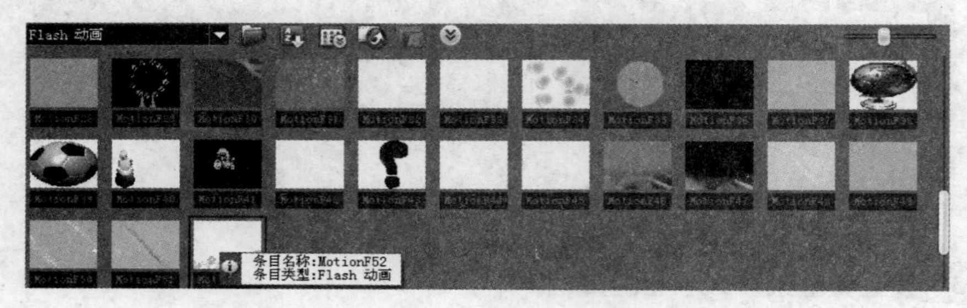

图 17-15

步骤 7 设置 Flash 动画区间

在“覆叠轨 ＃2”中选择添加的 Flash 动画素材，在“编辑”面板的“区间”文本框的秒位置输入 03，设置其播放长度为 3s，在“预览窗口”中其效果如图 17-16 所示。

图 17-16

17.4 为覆叠素材添加滤镜

步骤 1 添加滤镜

单击“画廊”右侧的下三角按钮，执行“视频滤镜”→“相机镜头”命令，在弹出的“相机镜头”视频滤库中选择“镜头闪光”滤镜，将其添加到“覆叠轨 ＃3”的“竖版 2.jpg”图像素材上，如图 17-17 所示。

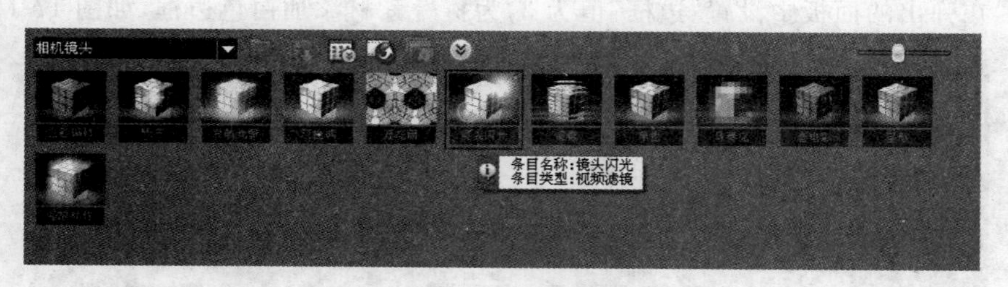

图 17-17

步骤 2 选择预设滤镜

在“属性”面板中单击预设滤镜效果右侧的下三角按钮，选择最后一个预设滤镜，如图 17-18 所示。

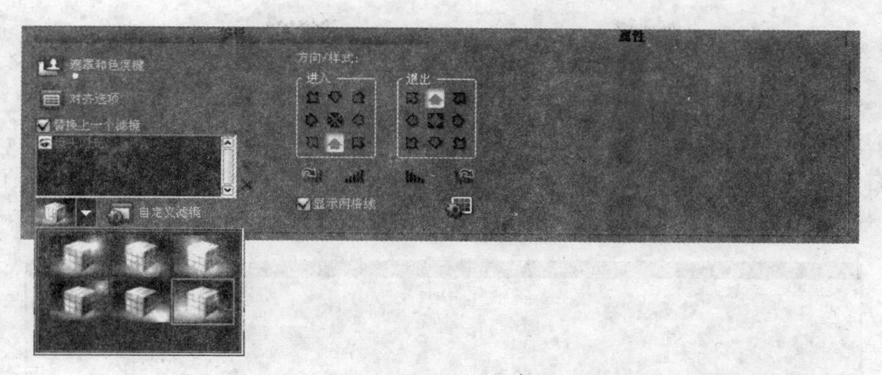

图　17-18

步骤 3　设置光线色彩

在"镜头闪光"对话框中单击"光线色彩"色块，在打开的"Corel 色彩选取器"对话框中，通过设置 R：246、G：100、B：100 来设置光线的颜色，如图 17-19 所示。然后，单击"转到下一关键帧"图标按钮，设置该关键帧的光线色彩与前一关键帧的光线色彩相同。

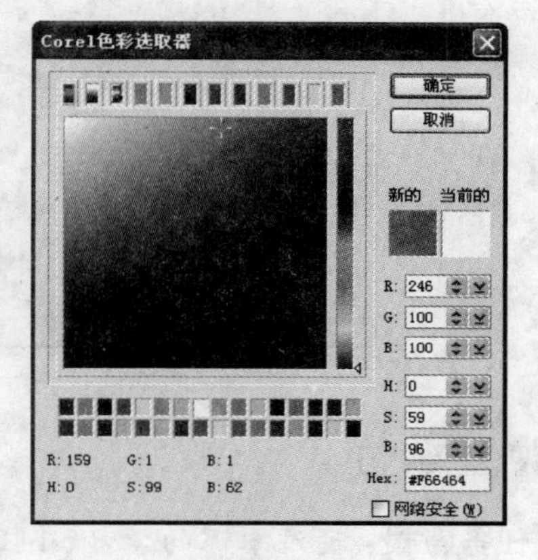

图　17-19

步骤 4　设置滤镜参数

在"镜头闪光"对话框中，设置"亮度"为 82，"大小"为 16。同样，单击"转到下一关键帧"图标按钮，设置其"亮度"和"大小"与前一关键帧相同。如图 17-20 所示。

图　17-20

小知识：镜头闪光参数

- 镜头类型：单击其右侧的下三角按钮，可以在下拉列表中选择镜头的类型。
- 光线色彩：单击该颜色块，可以在打开的对话框中选择镜头光线的色彩。
- 亮度：设置镜头的亮度。
- 大小：设置镜头的大小。
- 额外强度：为镜头的光晕设置额外的强度。

步骤 5　设置滤镜关键帧

在“属性”面板中单击“自定义滤镜”图标按钮，在打开的“镜头闪光”对话框中，右击“时间轴”上的第 1 个关键帧，在弹出的快捷菜单中选择“复制”选项，然后将时间指针移动到 16 帧位置，右击选择“粘贴”选项。使用同样的方法，复制最后一个关键帧，在 01:07 位置粘贴关键帧。效果如图 17-21 所示。

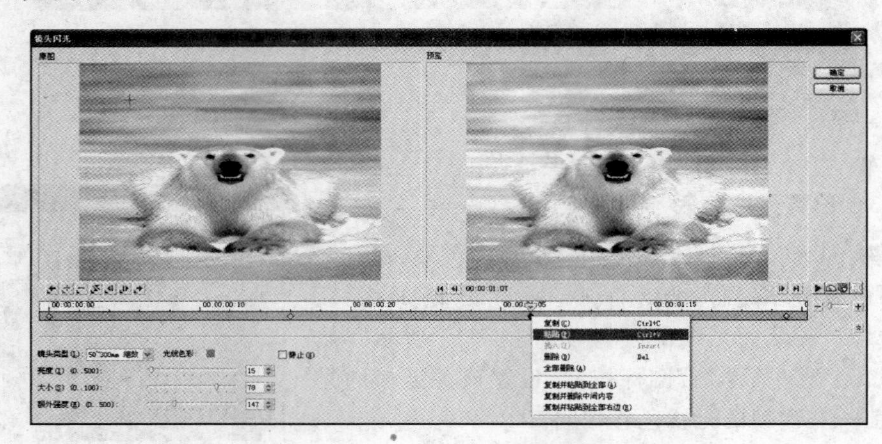

图　17-21

课堂练习

任务背景： 通过本课的学习，小王已经掌握了会声会影中提供的装饰素材的添加及应用方法。小王为了练习装饰素材的应用，便为自己家的小狗拍摄了一些照片，制作了一个“可爱宠物狗”影片。

任务目标： 制作“可爱宠物狗”影片。

任务要求： 使用小狗的照片制作一个宠物影片，并上网下载一些带有 Alpha 通道的图像素材和 Flash 动画素材，使用下载的这些装饰素材来美化影片。

任务提示： 其实，网上提供了很多具有 Alpha 通道的图像素材和 Flash 动画，只要用户掌握了 Alpha 通道的含义，便可以很轻松地下载到。另外，在项目中添加这些素材，与添加视频和图像素材的方法相同，只要在素材库中单击“加载”图标按钮即可。

练习评价

项　　目	标 准 描 述	评定分值	得　分
基本要求 60 分	上网收集装饰素材	20	
	添加轨道	20	
	设置素材的形状及位置	20	
拓展要求 40 分	将上网收集的装饰素材导入项目中美化相册	40	
主观评价		总　分	

课后思考

（1）为什么要制作装饰效果？会声会影中共提供了多少种类型的装饰效果？

（2）如何为覆盖素材添加滤镜？

第 7 章

制作标题和字幕

第18课 制作“水木年华”标题

在影片的制作过程中，标题也是影片不可或缺的一部分。在影片开始处的标题、中间的字幕，以及结束时的制作信息等内容都是视频作品的重要组成部分，依次起着揭示主题、解释内容和介绍视频制作人员及其他相关信息的作用。除此之外，在适当的时刻添加符合画面内容的文字信息，还能够起到突出主题、美化画面的作用。

课堂讲解

任务背景：在影片制作过程中，使用视频滤镜可以为影片添加一些拍摄机拍摄不到的特殊效果；使用转场效果则可以将不同镜头的几组画面自然连接；在影片中添加文字，可以让观众更加轻松地理解影片的内容。

任务目标：通过制作“水木年华”标题，深入了解会声会影如何为影片添加标题，并掌握标题文字的一些参数设置。

任务分析：在添加标题的过程中，用户可以快速了解标题的添加方法，并且可以掌握通过设置标题的文本属性、为标题设置特殊效果和动画效果，来制作精美的标题字幕。

18.1 添加标题文字

步骤 1 添加图像素材

新建项目，切换到“图像”素材库，在“图像”素材库的空白处右击，在弹出的快捷菜单中选择“插入图像”选项，将“文字背景图片.jpg”素材导入项目中，并将该素材添加到“视频轨”中，如图 18-1 所示。

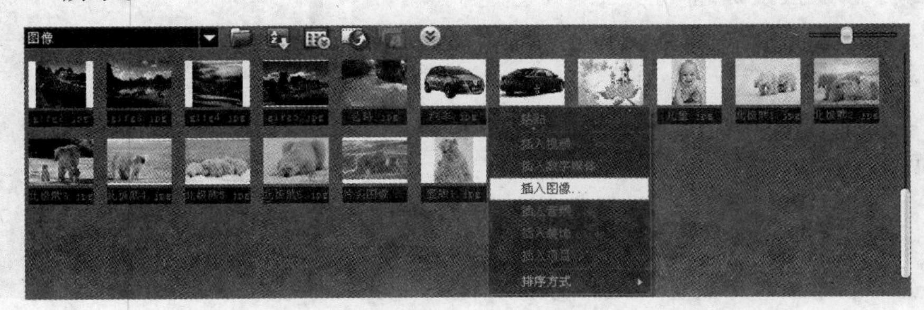

图 18-1

步骤 2　添加滤镜效果

在"视频轨"中选择图像素材，并将其播放区间设置为5s。然后，单击"画廊"右侧的下三角按钮，执行"视频滤镜"→"自然绘图"命令，切换到"自然绘图"滤镜库中，选择"彩色笔"视频滤镜，添加到"文字背景图片.jpg"图像素材上，如图18-2所示。

图　18-2

步骤 3　自定义滤镜效果

在"属性"面板中单击"自定义滤镜"图标按钮，在打开的"彩色笔"对话框中设置"程度"为10，如图18-3所示。

图　18-3

步骤 4　添加文字标题

在"步骤"面板中单击"标题"标签，然后在"预览窗口"中双击，输入"水木年华"文字，在"预览窗口"的空白处单击完成输入，如图18-4所示。

图　18-4

小知识：添加预设标题

预设标题是会声会影已经设置好标题大小、字体、颜色和动画效果的标题模板，用户在使用时只需对其进行简单的修改，即可制作出样式优美、效果华丽的标题文字，节约影片的编辑时间。

会声会影内所有的预设标题都包含在"标题"素材库中。与其他素材的使用方法相同，用户在选择某个预设标题后，即可在"预览窗口"中查看所选标题的效果。

18.2 设置标题文本属性

步骤1 选择标题预设样式

在“预览窗口”中拖动鼠标，选择输入的标题，并在“编辑”面板中单击“选取标题样式预设值”右侧的下三角按钮，在弹出的下拉列表中，选择如图18-5所示的预设标题样式。

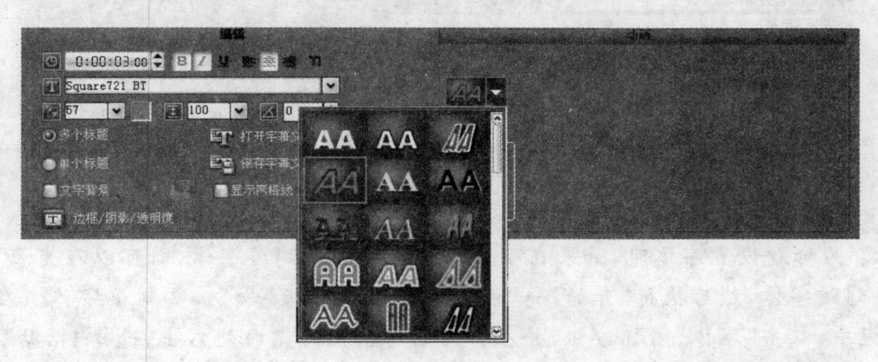

图 18-5

小知识：“标题编辑”选项卡

- 标题文本属性：标题的文本属性主要包括标题文字的区间、字体、字体大小等，具体操作将在下面步骤中详细介绍。
- 标题间互换：在对标题进行编辑时，其标题类型并不是一成不变的，根据影片编排与制作的需要，用户可随时在“单个标题”类型和“多个标题”类型间转换。

在“预览窗口”内选择“单个标题”的文字后，选中“多个标题”单选按钮，并在弹出的对话框内单击“是”按钮，即可将“单个标题”的文字转化为“多个标题”类型的文字块。如果要将多个标题转化为单个标题，则选择相反的操作即可。

提示：按照会声会影的规定，任何标题类型间的转换都是不可撤销的，因此在转换标题前请确保该操作是必须进行的。

- 打开/保存字幕文件：若要对设置的标题进行保存时，可以单击“保存字幕文件”图标按钮，在打开的对话框中，对保存的名称及位置进行设置即可。另外，若要在项目中导入已经编辑好的字幕文件时，可以单击“打开字幕文件”图标按钮。
- 文字背景：勾选“文字背景”复选框，单击其后的“自定义文字背景的属性”图标按钮，在打开的对话框中，可以为标题文字添加背景。
- 边框/阴影/透明度：单击该图标按钮，可以在打开的对话框中，为标题文字设置边框、阴影和透明度。
- 显示网格线：勾选该复选框，可以在“预览窗口”中显示网格线，并可以通过单击其后的“网格线选项”图标按钮，在打开的对话框中设置网格线的属性。
- 选取标题样式预设值：单击该选项右侧的下三角按钮，则可以在列表中选择系统已经设置好的标题文本属性的标题样式。
- 对齐：在该设置栏中，可以单击相应的图标按钮，设置标题位置。

步骤 2　设置标题字体

在“编辑”面板中单击“字体”右侧的下三角按钮，在弹出的列表框中选择“金桥繁琥珀”字体，如图 18-6 所示。

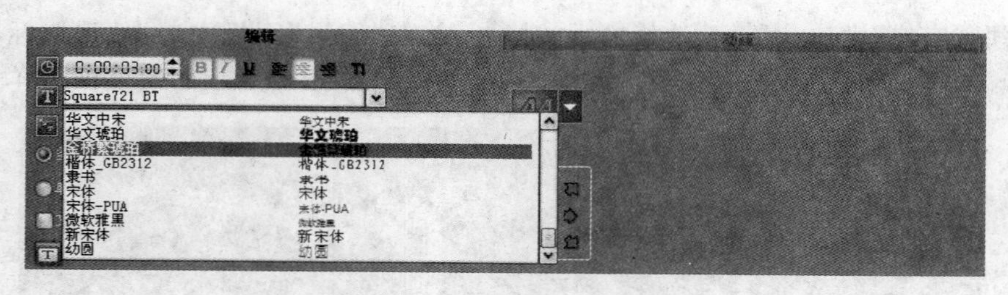

图　18-6

提示：为标题设置字体时，如果在下拉列表框中找不到该字体，则可以在光盘中的素材文件中找到该字体，然后执行“开始”→“设置”→“控制面板”命令，复制该字体。在“控制面板”对话框中，双击“字体”图标按钮，并在打开的对话框的空白处右击，选择“粘贴”即可安装该字体。

步骤 3　设置标题字号

在“编辑”面板中单击“字体大小”右侧的下三角按钮，在弹出的列表框中选择 98，将标题字号放大，如图 18-7 所示。

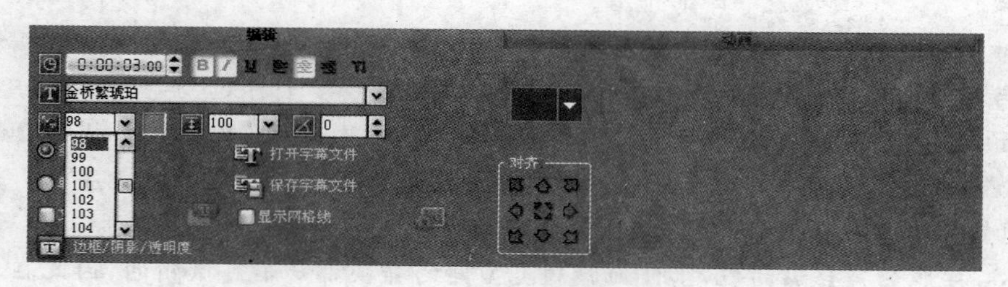

图　18-7

步骤 4　改变标题文字位置

在“编辑”面板中单击“对齐”设置栏的“居中”图标按钮，将标题在屏幕的中央位置显示，如图 18-8 所示。

小知识：标题文本属性

标题的文本属性除了以上介绍的标题文字大小、字体以外，还包括标题文字的颜色、文本样式与排列方式、行间距和倾斜角度，其详细介绍如下。

1）标题颜色

要设置标题文字的颜色，可以单击“字体大小”后的颜色块，在弹出的下拉列表中选择想要的颜色。当对下拉列表中的颜色不满意时，则可以选择该列表内的“Corel 色彩选取器”选项或者“Windows 色彩选取器”选项，在弹出的对话框中选择合适的颜色。

图　18-8

2）文本样式与排列方式

在“编辑”面板的“区间”微调框后面排列了7个用于设置文本样式与排列方式的按钮，其功能如表18-1所示。

表18-1　文本样式与排列方式按钮简介

按钮	简　介	按钮	简　介
B 粗体	在原有字体基础上对文字进行加粗	居中	居中对齐所有文本内容
I 斜体	将文本内容倾斜排列	右对齐	靠右对齐所有文本内容
U 下划线	在文本下添加下划线	T 垂直文本	将横排文本转换为竖排文本
左对齐	靠左对齐所有文本内容		

3）行间距

当使用单个标题类型的标题输入多行文本时，行间距便决定了各个文本行之间的距离。行间距越大，文本行间的距离越远，反之则越近。

要调整文本的行间距时，首先要进入标题文本的编辑状态，然后直接在“行间距”文本框中输入行间距数值即可。另外，还可单击其右侧的下三角按钮，在弹出的下拉列表中选择文字行间距。

4）倾斜角度

当使用多个标题类型的标题时，则“编辑”面板中的“旋转角度”图标按钮显示为可用状态，这可以使标题文字按一定角度倾斜，使多个标题类标题的文本样式和标题效果更为丰富。

当要为多个标题类标题的文字设置倾斜角度时，只需在“预览窗口”内选择相应的文本，在“按角度旋转”文本框中输入相应角度值即可。

18.3　制作标题效果

步骤1　设置标题素材播放区间

选择“标题轨”上的标题素材，并将鼠标指针移动到素材的右侧，将光标变成⇔形状时，向右拖动鼠标，将标题的播放长度加长，如图18-9所示。

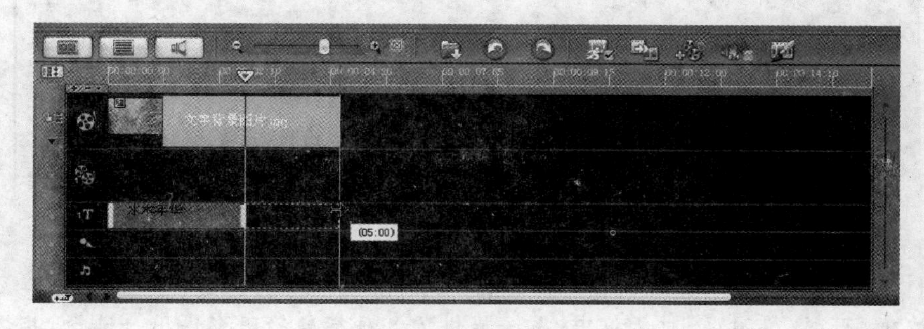

图　18-9

提示：通过在“编辑”面板的“区间”文本框中输入数值，也可以改变标题素材的播放区间。

步骤 2　设置标题文字背景

在“预览窗口”中选择标题文字，并勾选“编辑”面板中的“文字背景”复选框，此时，“预览窗口”中将为标题文字添加一个系统默认的背景，如图 18-10 所示。

单击“文字背景”复选框后面的“自定义文字背景的属性”标题按钮，在弹出的“文字背景”对话框中单击“背景类型”设置栏的“与文本相符”右侧的下三角按钮，在弹出的下拉列表中选择“椭圆”项，并在“放大”文本框中输入 30，设置椭圆的大小，如图 18-11 所示。

图　18-10

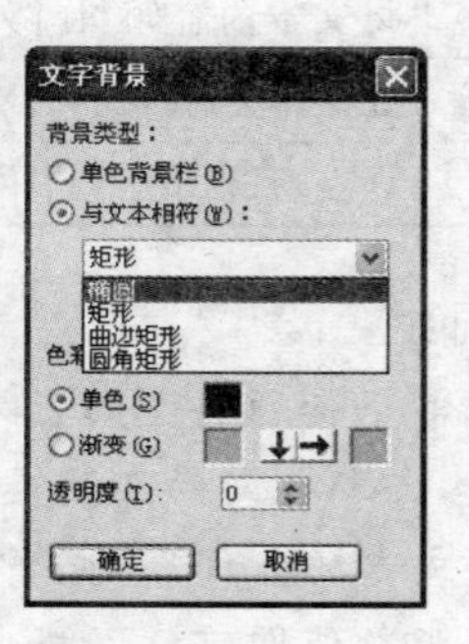

图　18-11

在“色彩设置”设置栏中选中“渐变”单选按钮，然后单击后面的第 1 个色块，在弹出的下拉列表中选择第 2 个“绿色”颜色，并在“透明度”文本框中输入 30 来设置背景颜色的透明度，其效果如图 18-12 所示。

步骤 3　设置标题阴影

在“编辑”面板中单击“边框/阴影/透明度”图标按钮，在打开的“边框/阴影/透明度”对话框中单击“阴影”选项卡的“突起阴影”图标按钮，并设置其“水平阴影偏移量”X 为 16.0，“垂直阴影偏移量”Y 为 10.0，如图 18-13 所示。

图　18-12

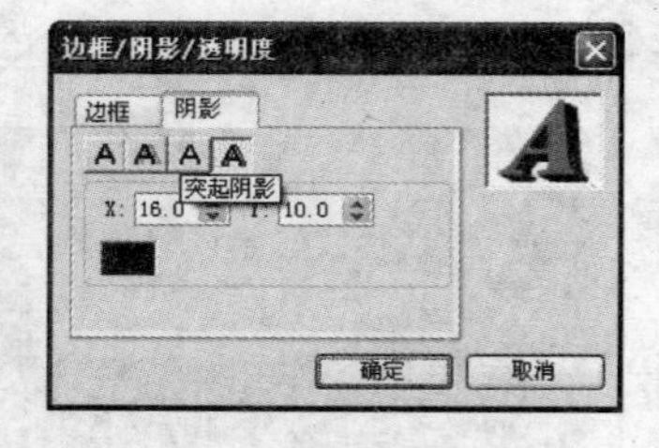

图　18-13

小知识：标题阴影类型

在“边框/阴影/透明度”对话框中，系统提供了 3 种标题的阴影供用户选择，其详细介绍如下。

1）下垂阴影

该效果是阴影偏向一边，并与原文字大小相同的阴影效果。用户可以通过调整“水平阴影偏移量"X 和"垂直阴影偏移量"Y 微调框内的数值，设置文字阴影的位置。通过在"下垂阴影透明度"和"下垂阴影柔化边缘"微调框内输入数值后，可以调整阴影的透明效果和边缘柔化效果。通过单击"下垂阴影色彩"色块，可以设置阴影的色彩。

2）光晕阴影

该阴影效果是在标题文字外围添加文字环绕纯色带的阴影样式，其效果类似于标题边框。用户可以在"强度"微调框中，设置阴影的强度，用户所设置的数值越大，则标题文字周围的光晕阴影越大，反之则越小。通过在"光晕阴影透明度"微调框内输入数值，可以设置光晕阴影的透明效果。通过在"光晕阴影柔化边缘"微调框中输入数值，可以设置光晕阴影的边缘柔化效果。

3）突出阴影

该阴影效果是将标题文本突出于画面之上，使标题文字具有立体感，其具体设置如步骤 3 中所提到的，在此不加赘述。

提示：若要取消标题文字的阴影时，可以选择标题文字，打开"边框/阴影/透明度"对话框，在"阴影"选项卡中单击"无阴影"图标按钮。

单击选项卡中的"突起阴影色彩"色块，在弹出的下拉列表中选择黑色，将阴影的色彩设置为黑色，其效果如图 18-14 所示。

图　18-14

小知识：标题边框

在"边框/阴影/透明度"对话框中，还可以通过"边框"选项卡来设置标题文字的边框和透明度，其具体介绍如下。

- 边框宽度：可以通过在"边框宽度"微调框内输入数值，为标题文字外部添加相应宽度的边框。
- 线条色彩：通过单击该色彩，可以在弹出的列表框中，为标题外部边框设置颜色。
- 透明文字：勾选该复选框，可以使标题文字只显示其外部的边框部分，将标题文字设置成为一种镂空的效果。

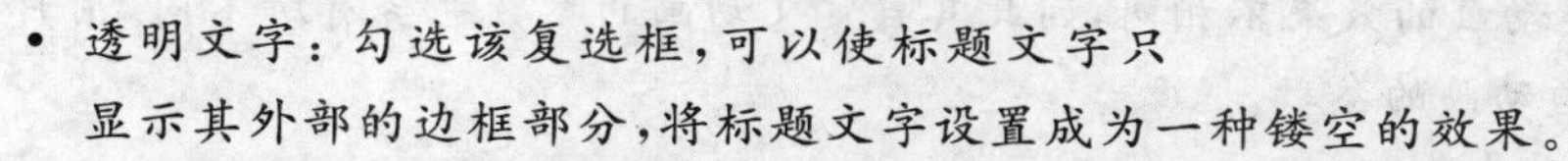

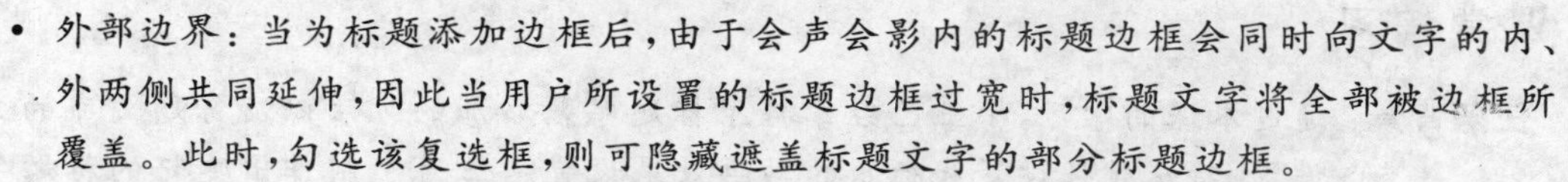

- 外部边界：当为标题添加边框后，由于会声会影内的标题边框会同时向文字的内、外两侧共同延伸，因此当用户所设置的标题边框过宽时，标题文字将全部被边框所覆盖。此时，勾选该复选框，则可隐藏遮盖标题文字的部分标题边框。
- 透明度：用户可以在微调框中输入数值，设置标题文字显示的透明度。
- 柔化标题边缘：在该微调框内输入数值，则标题文字会呈现出一种类似于墨晕的扩散效果，输入的数值越大，效果越明显。

18.4　自定义动画效果

步骤 1　选择动画效果类型

选择标题文字，并单击"动画"标签，在该选项卡中勾选"应用动画"复选框，单击"类型"右侧的下三角按钮，选择"飞行"动画类型，并在下面的列表框中选择第 2 个标题动画，如图 18-15 所示。

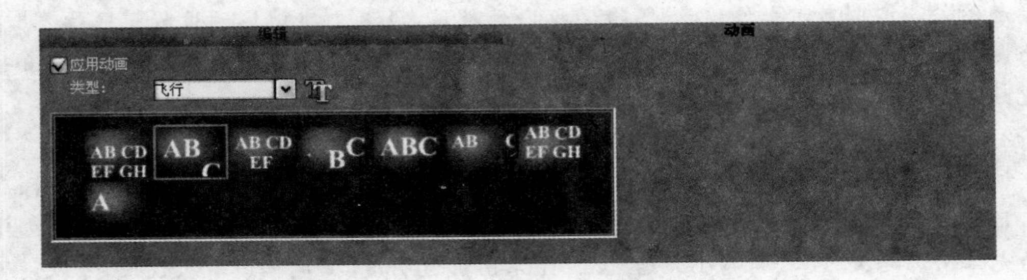

图 18-15

步骤 2 自定义动画效果

在“动画”选项卡中单击“自定义动画属性”图标按钮，在弹出的“飞行动画”对话框中单击“进入”设置栏中的左角下图标按钮，使标题从左下角进入画面，如图 18-16 所示。

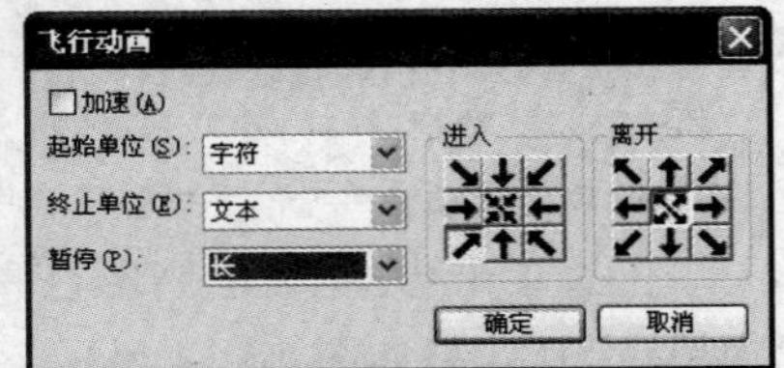

图 18-16

小知识：“飞行动画”参数设置

- 加速：勾选该复选框，可反转标题文字进入的位置。
- 起始单位：单击该选项右侧的下三角按钮，可选择标题进场动画的对象，其中包括字符、单词、行和文本。
- 终止单位：单击该选项右侧的下三角按钮，可以在下拉列表中选择标题出场动画的对象，其中包括的内容与“起始单位”相同。
- 暂停：单击该选项右侧的下三角按钮，可在下拉列表中选择标题在屏幕中停留的时间长度，其中包括无暂停、短、中等、长和自定义。
- 进入：在该设置栏中，可设置标题动画进场的位置。
- 离开：在该设置栏中，可设置标题动画离场的位置。

提示：由于各类动画的效果不相同，因此其自定义动画的参数也会有所不同，用户可以通过练习来掌握标题动画的参数。

课堂练习

任务背景：通过本课的学习，小王已经掌握了标题字幕添加的方法以及标题文字的文本设置、特殊效果设置和标题的动画效果设置。但为了制作出更好的标题字幕效果，还需要不断练习制作标题的效果。于是小王便下载了一些素材，制作了一个简短的影片，并为影片制作了片头字幕。

任务目标：制作影片片头标题字幕。

任务要求：在制作影片片头字幕时，为标题设置文本属性，并设置阴影及动画效果。

任务提示：在制作标题字幕时，用户需要为标题设置字体、字号等一些基本文本属性。为标题添加阴影等效果，可以使字幕具有立体效果，而添加不同的标题动画效果，则可以使标题字幕具有动感而不呆板。

练习评价

项 目	标准描述	评定分值	得 分
基本要求 60 分	为标题设置边框	20	
	为标题设置透明度	20	
	为标题设置不同的动画效果	20	
拓展要求 40 分	通过观看影视作品积累标题效果	40	
主观评价		总 分	

课后思考

(1) 如何添加标题？

(2) 设置标题的文本属性包括哪些？设置标题的特殊属性包括哪些？

(3) 在会声会影中系统提供了几种动画效果？如何对标题动画进行设置？

第19课 制作电影字幕

在一部完整的作品中，字幕通常包括片头字幕、片中字幕和片尾字幕。一般情况下，片头字幕会制作得比较复杂，并且效果很精美；片中的字幕一般是人物对白，比较简单；片尾字幕一般以从下向上滚动的形式出现。

课堂讲解

任务背景：小王通过观看影视作品，掌握了一些制作电影字幕的经验。于是小王便根据自己的经验，制作了一些一般电影字幕中通用的字幕。

任务目标：在制作电影字幕的过程中，用户可以快速了解一般影片编辑的流程以及影片字幕制作的过程。

任务分析：通过制作电影字幕，深入了解影片添加标题字幕的方法，并掌握详细的标题字幕属性和动画效果的设置。

19.1 制作片头字幕

步骤 1 导入素材

新建项目，单击“加载视频”图标按钮，将“动态视频背景.avi”素材导入“视频”素材库中，并将其添加到“视频轨”上。然后，切换到“图像”素材库中，将图像素材导入“图像”素材库中，如图 19-1 所示。

步骤 2 向覆叠轨中添加素材

在“图像”素材库中选择“片头图片 1.jpg”素材，在按住鼠标左键的同时，选择“片头图片 5.jpg”，将 5 张图像素材全部选中，并将其添加到“覆叠轨”中，然后在“覆叠轨”中分别选择这 5 张素材，将其播放区间设置为 1s，如图 19-2 所示。

步骤 3 设置覆叠素材“进入”和“退出”方式

选择“覆叠轨”上的“片头图片 1.jpg”图像素材，在“属性”面板的“进入”设置栏中单击

图 19-1

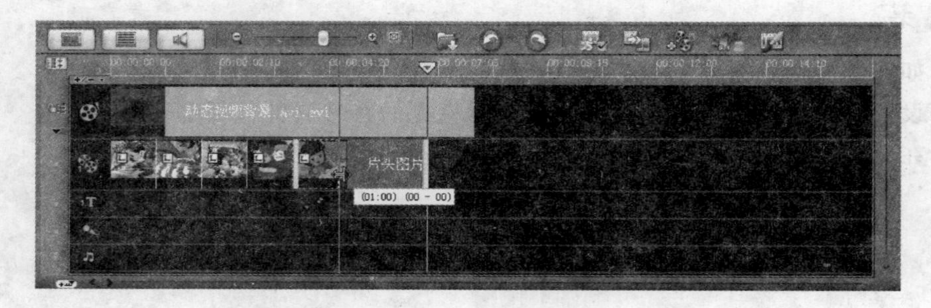

图 19-2

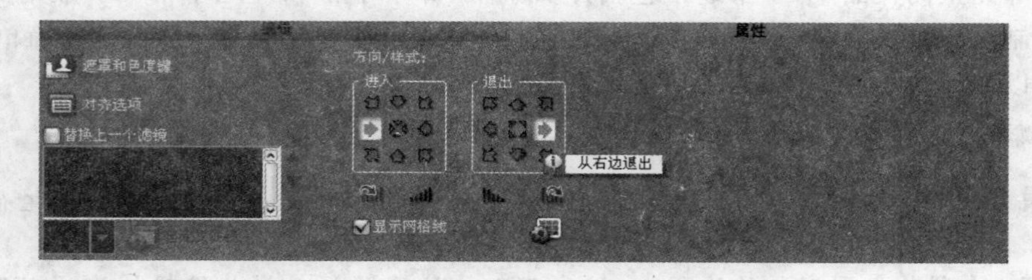

图 19-3

“从左边进入”图标按钮，在“退出”设置栏中单击“从右边退出”图标按钮，如图 19-3 所示。然后，使用同样的方法，设置其他图像素材的“进入”和“退出”方式。

步骤 4 为覆叠素材添加遮罩帧

在“覆叠轨”中选择“片头图片 1.jpg”图像素材，在“属性”面板中单击“遮罩和色度键”图标按钮，在弹出的面板中勾选“应用覆叠选项”复选框，并单击其右侧的下三角按钮，选择“遮罩帧”，在后面的列表框中选择如图 19-4 所示的遮罩帧类型。使用同样的方法，将其他图像素材添加遮罩帧。

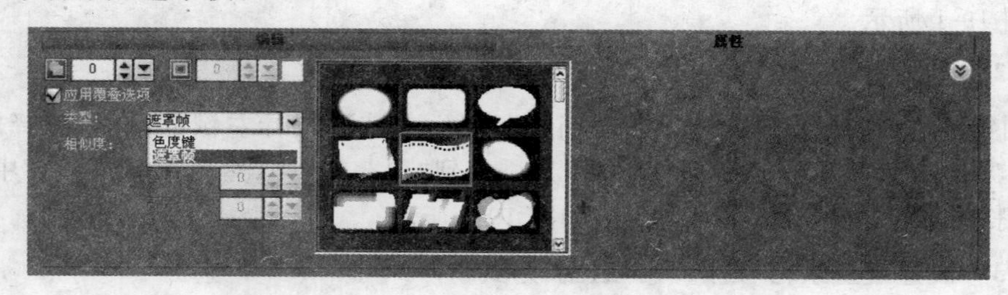

图 19-4

步骤 5　添加标题轨

在工具栏中单击“轨道管理器”图标按钮，在打开的“轨道管理器”对话框中勾选“标题轨 ＃2”复选框，添加一条标题轨，如图 19-5 所示。

步骤 6　添加预设标题样式

在“步骤”面板中单击“标题”标签，选择 To My Love 预设标题样式，将其添加到“标题轨 ＃1”中，如图 19-6 所示。

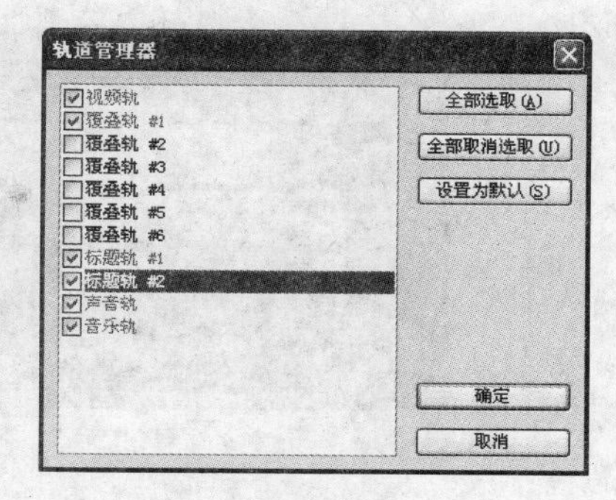

图　19-5

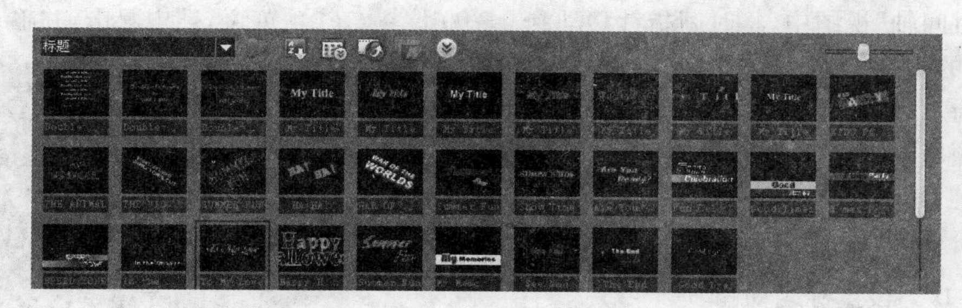

图　19-6

步骤 7　设置标题属性

在“预览窗口”中双击，输入“你是否还曾留有记忆?”文字，并在“编辑”面板中设置其字体为“华文行楷”，“字体大小”为 36，其效果如图 19-7 所示。

提示：*在为标题进行系统设置时，只有在选中标题的情况下才可以进行。*

步骤 8　设置标题的位置

在“预览窗口”中选择标题文字，将其拖动到屏幕的右上角。使用同样的方法，在“标题轨 ＃2”中添加标题，并输入“那么请随我一起回忆吧！”文字，设置其文本属性，然后将该标题移动到屏幕左下角，如图 19-8 所示。

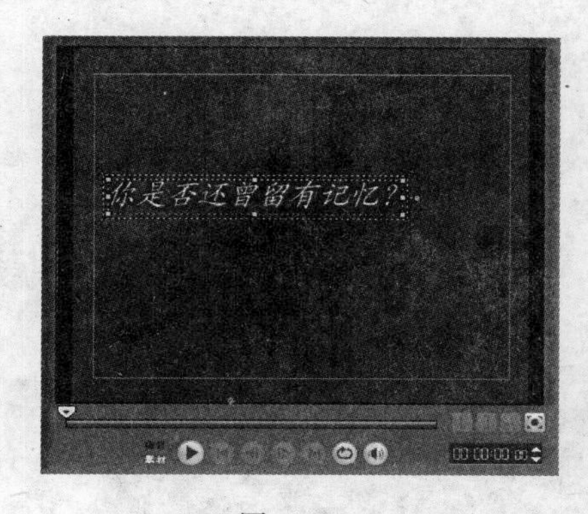

图　19-7

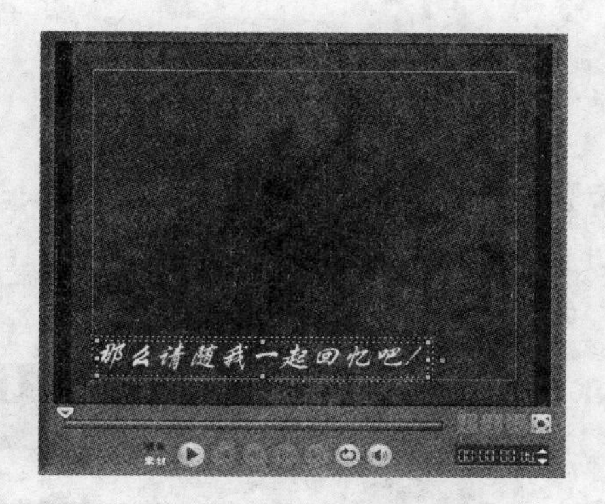

图　19-8

步骤 9　设置标题播放区间

分别选择两条标题轨上的标题，将“标题轨 ＃1”上的标题设置区间为 04:09，设置“标题轨 ＃2”上的标题区间为 5s，如图 19-9 所示。

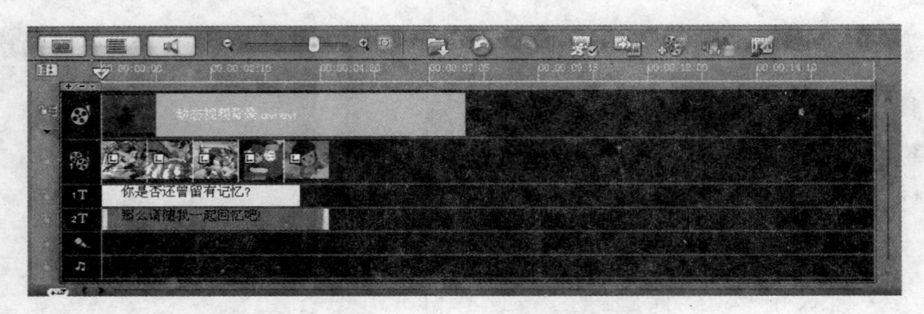

图 19-9

步骤 10　创建多个标题

在“时间轴”视图中，将时间指针移动到 04:09 位置，在“预览窗口”中双击，并输入“伴我一起成长的动画片”文字。在“编辑”面板中设置其“字体大小”为 50，并单击“对齐”设置栏中的“居中”图标按钮，将标题居中显示，如图 19-10 所示。

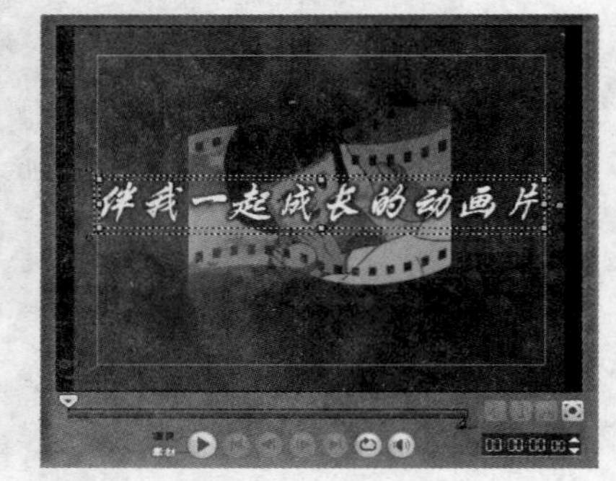

图 19-10

提示：用户可以通过“预览窗口”右下角的时间码查看“时间轴”视图中时间指针移动的位置。

步骤 11　设置标题动画

单击“动画”标签，并单击“类型”右侧的下三角按钮，选择“弹出”动画类型，然后在下面的列表框中选择第 2 个标题动画类型，如图 19-11 所示。

图 19-11

19.2　制作片尾字幕

步骤 1　添加素材

切换到“图像”素材库中，选择“素材 1.jpg”～“素材 2.jpg”图像素材，将其添加到“视频轨”中，如图 19-12 所示。

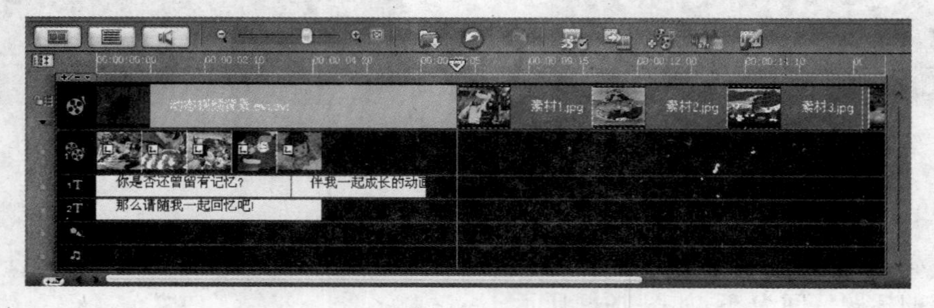

图 19-12

步骤 2　添加转场效果

在"步骤"面板中单击"效果"标签，选择"淡化到黑色"转场效果，将其添加到"动态视频背景.avi"视频素材和"素材 1.jpg"图像素材中间，然后选择"翻页"转场效果，将其添加到"视频轨"的其他图像素材间，如图 19-13 所示。

图　19-13

步骤 3　添加滤镜

单击"画廊"右侧的下三角按钮，执行"视频滤镜"→"焦距"命令，选择"模糊"滤镜，将其添加到"视频轨"的"素材 8.jpg"图像素材上，总共添加 5 个，如图 19-14 所示。

图　19-14

提示：在会声会影中，用户最多可以为一个素材添加 5 个滤镜，并且这 5 个滤镜可以是同一个滤镜也可以是不同的滤镜。

步骤 4　添加单个标题

将时间指针移动到 22:00s 位置，切换到"标题"选项卡，并在"预览窗口"中双击。然后，在"编辑"面板中选中"单个标题"单选按钮。最后在"预览窗口"中双击，输入如图 19-15 所示的文字，并选择输入的文字，设置"字体大小"为 40。

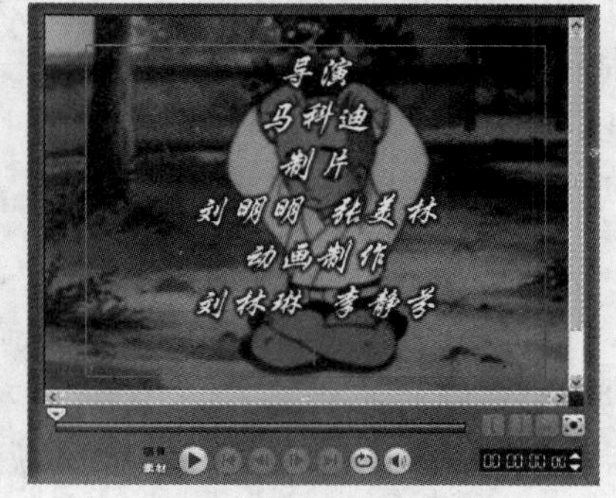

图　19-15

步骤 5　设置标题动画

选择标题，将其播放区间设置为 2s，在"动画"选项卡中单击"类型"右侧的下三角按钮，选择"飞行"类标题动画，并选择第 1 个标题动画，如图 19-16 所示。

步骤 6　添加色彩素材

单击"画廊"右侧的下三角按钮，选择"色彩"选项，在"色彩"素材库中选择 116,116,116 色彩素材，将其添加到"视频轨"中，如图 19-17 所示。

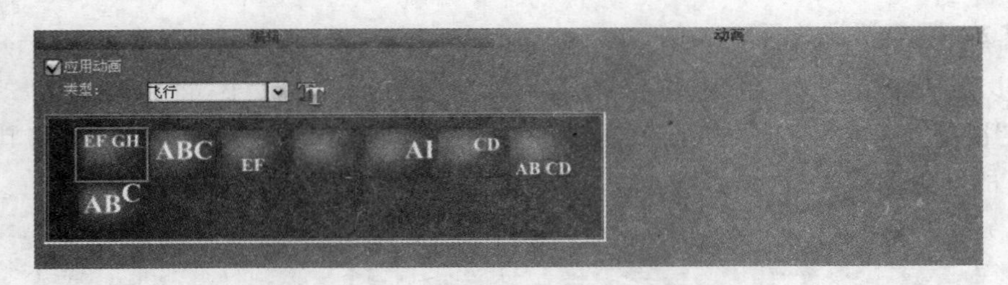

图 19-16

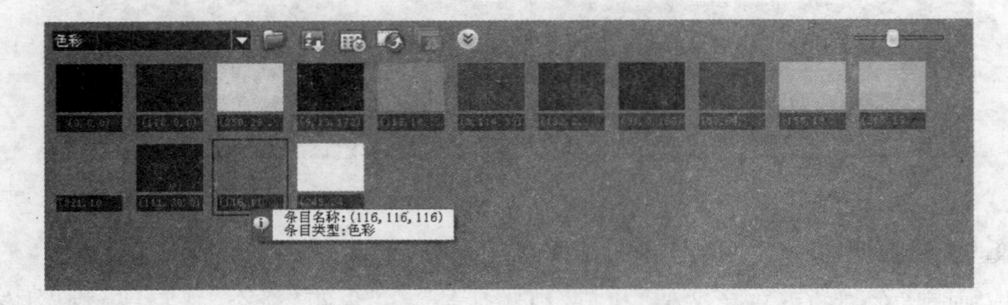

图 19-17

步骤 7 添加滤镜

单击“画廊”右侧的下三角按钮，执行“视频滤镜”→“相机镜头”命令，在该滤镜库中选择“老电影”滤镜，将其添加到“视频轨”的色彩素材上，如图 19-18 所示。

图 19-18

步骤 8 添加结尾标题

单击“标题”标签，在“时间轴”视图中将时间指针移动到 23:11s 的位置，并在“预览窗口”中输入“完”文字，设置其“字体”为“华文隶书”，“字体大小”为 195，并单击“斜体”图标按钮，取消标题斜体显示，其效果如图 19-19 所示。此时，在“时间轴”视图的“标题轨 ＃2”中添加标题。

图 19-19

步骤 9 设置标题动画

在“动画”面板中勾选“应用动画”复选框，并单击“类型”右侧的下三角按钮，选择“飞行”类标题动画，然后在下拉列表框中选择第 2 个标题动画，如图 19-20 所示。

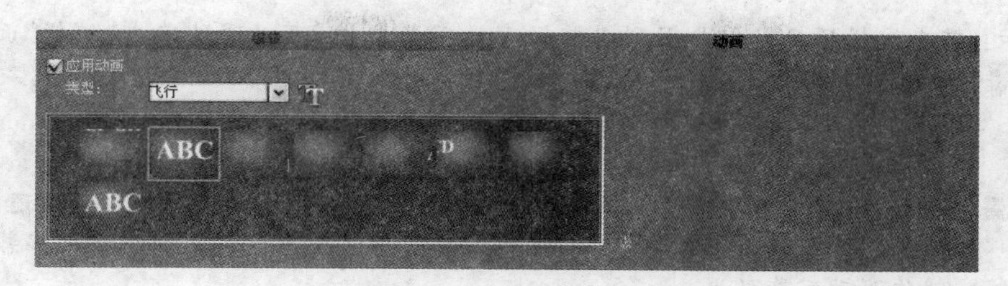

图 19-20

19.3 保存字幕文件

步骤 1 改变视频素材大小

在“视频轨”中选择“动态视频背景.avi”视频素材，并单击“属性”标签，勾选“变形素材”复选框，如图 19-21 所示。

图 19-21

此时，在“预览窗口”中会显示网格线，并在视频素材周围出现调整块。将鼠标指针移动到右下角的黄色块上，拖动鼠标，调整视频素材的大小与屏幕大小相同，如图 19-22 所示。

步骤 2 保存字幕文件

选择“标题轨 #1”上的第 1 个标题，并单击“编辑”面板中的“保存字幕文件”图标按钮，在打开的“另存为”对话框中找到保存字幕文件的保存位置，并在“文件名”文本框中输入“飘动标题”文件名，单击“保存”按钮保存字幕。使用同样的方法，选择“完”标题，将其保存为“结束”字幕，如图 19-23 所示。

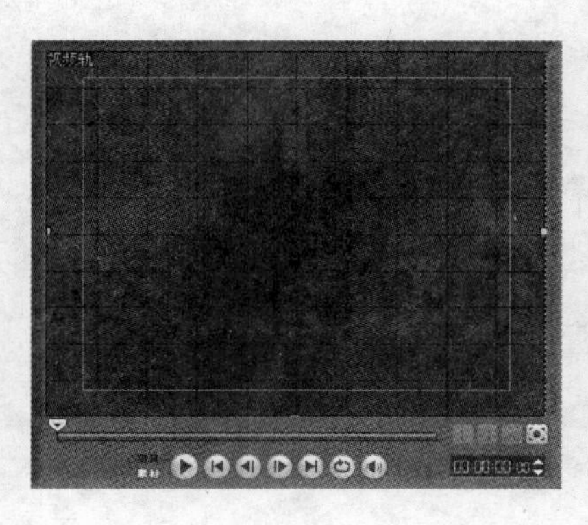

图 19-22

图 19-23

提示：若在编辑项目时需要用到以前保存的字幕文件，可以通过单击“编辑”面板中的“打开字幕文字”图标按钮，选择要使用的字幕文件即可。

课堂练习

任务背景：一天，小王在看中央电视台新闻频道的栏目时，看到在屏幕的底部，还滚动播出着一些新闻消息，于是小王便考虑如何通过会声会影来制作滚动字幕……

任务目标：制作滚动字幕效果。

任务要求：下载一段视频素材，为素材添加一些文字说明，设置这些文字的字体大小，并为文字添加动画，制作成飞播的滚动字幕。

任务提示：制作滚动字幕的关键在于为标题设置其动画效果。在添加标题的动画效果时，用户还可以通过自定义某种动画效果，来设置完成所需要的标题动画。

练习评价

项　目	标准描述	评定分值	得　分
基本要求 60 分	设置标题字体	20	
	设置标题字幕的字体大小	20	
	设置标题字幕的动画效果	20	
拓展要求 40 分	自定义标题动画，完善标题动画效果	40	
主观评价		总　分	

课后思考

（1）如何保存字幕文件？

（2）如何使用保存过的字幕文件？

第 8 章

在影片中添加声音

第 20 课　制作“再别康桥”影片

为影片配音、添加解说词可以使制作出的影视节目更加专业，使观众能够更轻松地理解影片的内容和含义，而且可以帮助用户有效地进行场景之间的切换。

课堂讲解

任务背景： 声音是影片中不可缺少的一部分，除了在拍摄素材时可以自带声音外，用户还可以为影片添加背景音乐或者添加一些特殊的声音。而会声会影对音频素材的编辑操作也非常简单，小王通过在网上学习一些教程，了解了音频素材的编辑方法与技巧。

任务目标： 制作“再别康桥”影片，通过会声会影录制功能录制音频素材，并对音频素材进行编辑。

任务分析： 音频素材的添加方法与视频素材的添加方法相同，并且在对音频素材的编辑、剪辑等方面也非常相似。

20.1　麦克风录制旁白

步骤 1　设置音频

将麦克风与计算机正确连接，在计算机右下角的“通知区域”中双击“音量”图标按钮，在打开的“音量控制”对话框中执行“选项”→“属性”命令，如图 20-1 所示。

在打开的“属性”对话框中单击“混音器”右侧的下三角按钮，选择 Realtek HD Audio Input 项，并在“显示下列音量控制”列表框中勾选“麦克风音量”复选框，如图 20-2 所示。

步骤 2　录制旁白

启动“会声会影编辑器”，单击“步骤”面板中的“音频”标签，然后单击“音乐和声音”选项卡中的“录音”图标按钮，在打开的“调整音量”对话框中单击“开始”按钮，如图 20-3 所示。

小知识：“音乐”和“声音”面板

当添加音频素材后，便可以在“音乐和声音”面板中对音频素材进行一些相关的设置。

- 区间：在该文本框中，可以对音频素材的时间播放长度进行设置。
- 素材音量：用于设置所选择的音频素材音量的大小。

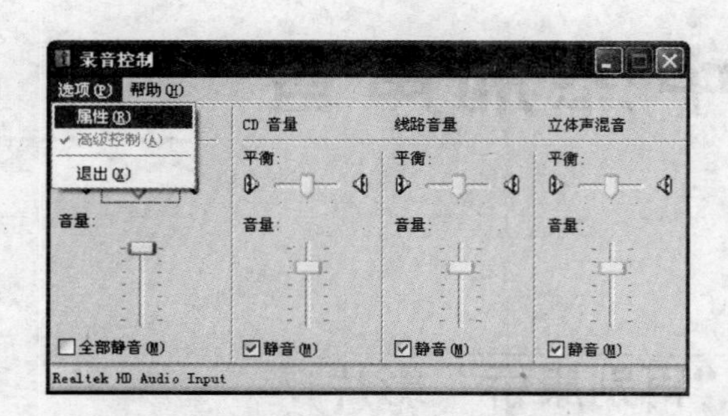

图 20-1

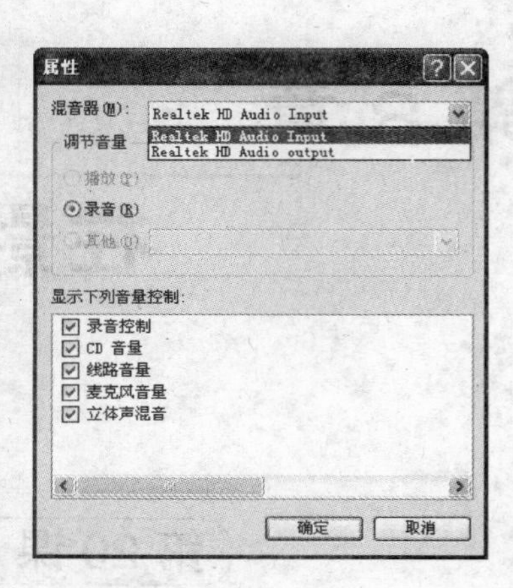

图 20-2

图 20-3

- 淡入：单击该图标按钮，可以为所选择的音频素材设置淡入动画设置。
- 淡出：单击该图标按钮，可以为所选择的音频素材设置淡出动画设置。
- 录音：单击该图标按钮，可以录制声音文件。
- 回放速度：单击该图标按钮，可以在打开的对话框中为所选择的音频素材设置播放速度和播放区间，其设置方法与视频素材设置方法相同。
- 音频视图：单击该图标按钮，可以在打开的面板中为音频素材设置环绕立体声。
- 从音频 CD 导入：单击该图标按钮，可以将 CD 中的音频素材添加到“音乐轨”中。
- 音频滤镜：单击该按钮，可以在打开的对话框中为音频素材添加所需的滤镜。

提示：在会声会影中不能在现有素材上录音。当选择“视频轨”中的素材后，录音功能将被禁用。只有单击“时间轴”上的空白区域，确保未选中任何素材时，才能使用该功能。

步骤 3　输出音频文件

录制完成后，单击“停止”图标按钮，或者按 Esc 键完成录制。此时录制的音频素材将会出现在“时间轴”视图的“声音轨”中，如图 20-4 所示。

提示：当录制完成后，录制的音频素材会自动添加到“声音轨”上，并且系统会自动为其添加一个名称。

单击“步骤”面板中的“分享”标签，在面板中单击“创建声音文件”图标按钮，在打开的“创建声音文件”对话框中输入“再别康桥”文件名，输出音频文件，如图 20-5 所示。

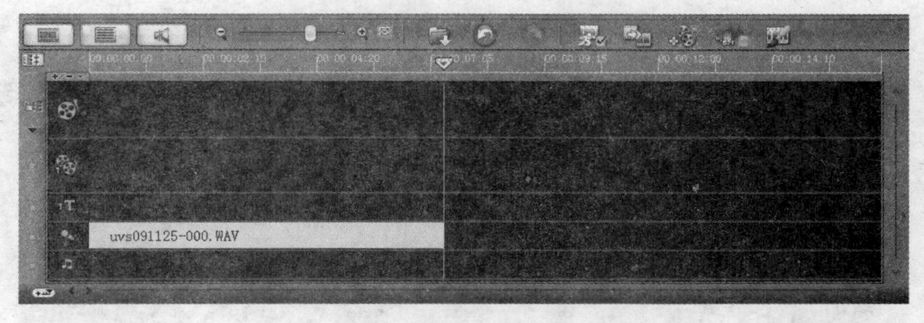

图　20-4

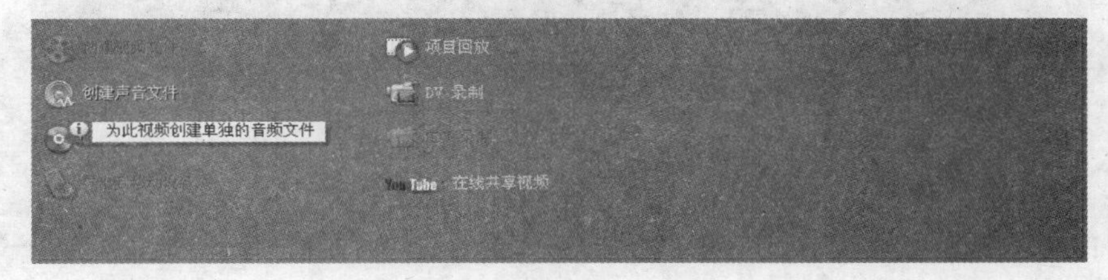

图　20-5

20.2　使用“音频”素材库

步骤1　导入素材

单击“编辑”标签，并切换到“图像”素材库，将sc1.jpg～sc8.jpg和“头像.jpg”图像导入项目中，并将sc1.jpg～sc8.jpg图像素材添加到“视频轨”中，如图20-6所示。

图　20-6

步骤2　添加音频素材

单击“音频”标签，在“音频”素材库中选择输出的“再别康桥.wav”音频素材，将其拖入到“声音轨”的3s位置，如图20-7所示。

图　20-7

步骤 3　设置素材播放长度

选择“声音轨”上的音频素材，按空格键，当每读完 4 句诗后暂停，分别设置“视频轨”上的 sc1.jpg～sc8.jpg 素材的播放区间，其播放区间分别设置为 14:15s、12:00s、11:11s、12:21s、17:04s、16:22s 和 17:17s，如图 20-8 所示。

图　20-8

提示：在设置素材播放长度的过程中，如果用户在“时间轴”视图中看不到全部的素材时，则可以通过按“＋”和“－”键来对“时间轴”进行缩放操作，以便查看素材。

步骤 4　添加覆叠素材

选择“头像.jpg”图像素材，将其添加到“覆叠轨”中，然后单击“属性”面板中的“遮罩和色度键”图标按钮，勾选“应用覆叠选项”复选框，并选择“遮罩帧”，在遮罩帧列表框中选择如图 20-9 所示的遮罩帧。

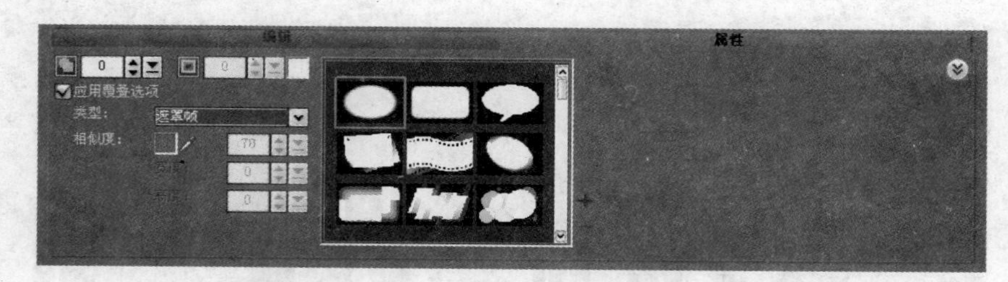

图　20-9

步骤 5　设置覆叠素材位置和大小

在“预览窗口”中选择覆叠素材，将鼠标指针移动到素材右下角的黄色块上，拖动鼠标设置覆叠素材的大小，并拖动素材改变其位置，如图 20-10 所示。

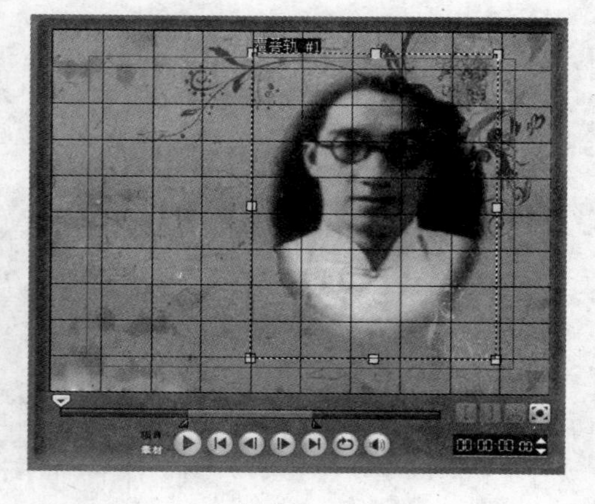

图　20-10

步骤 6　添加标题

单击“标题”标签，选择 War of The Worlds 标题素材，将其添加到“标题轨”中，并设置其播放区间为 3s，在“预览窗口”中输入“再别康桥”文字，如图 20-11 所示。

步骤 7　设置标题属性

在“编辑”面板中单击“斜体”图标按钮，并设置“按角度旋转”为0,“字体”为“华文隶书”,单击“将文字方向改为垂直”图标按钮,改变文字的方向,在“预览窗口”中将文字拖放到左侧,如图20-12所示。

图　20-11

图　20-12

步骤8　设置标题动画

打开“动画”面板,在动画“类型”列表框中选择第2个标题动画,完成标题的制作,如图20-13所示。

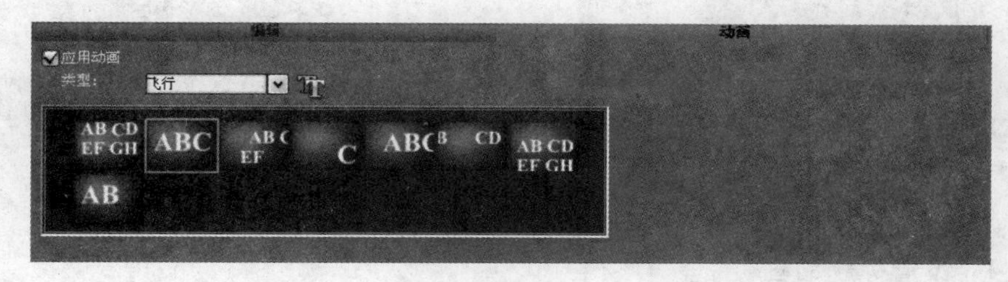

图　20-13

20.3　修整和剪辑音频

步骤1　添加转场效果

单击“效果”标签,切换到“转场”效果素材库中,选择“交叉淡化”转场效果,将其添加到“视频轨”的所有素材之间,如图20-14所示。

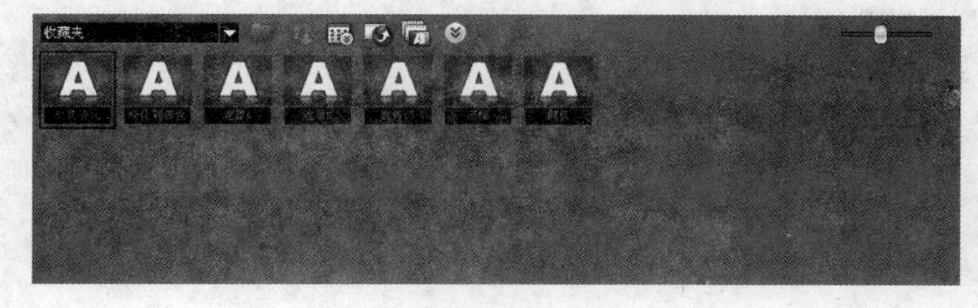

图　20-14

提示：在该例中用到的是“收藏夹”中添加的“交叉淡化”转场效果。如果“收藏夹”中没有该转场效果，可以从“过滤”类转场效果中找到。

步骤 2　添加滤镜

单击“画廊”右侧的下三角按钮，执行“视频滤镜”→“暗房”命令。在“暗房”类视频滤镜库中选择“肖像画”视频滤镜，将其添加到“视频轨”中的 sc1.jpg～sc8.jpg 图像素材上，其效果如图 20-15 所示。

步骤 3　添加标题

切换到“标题”选项卡，将时间指针移动到 3s 位置，并在“预览窗口”中双击，输入诗的前 4 句，设置其“字体大小”为 48，“行间距”为 180，其效果如图 20-16 所示。然后，设置其播放区间与 sc1.jpg 图像素材区间相同。

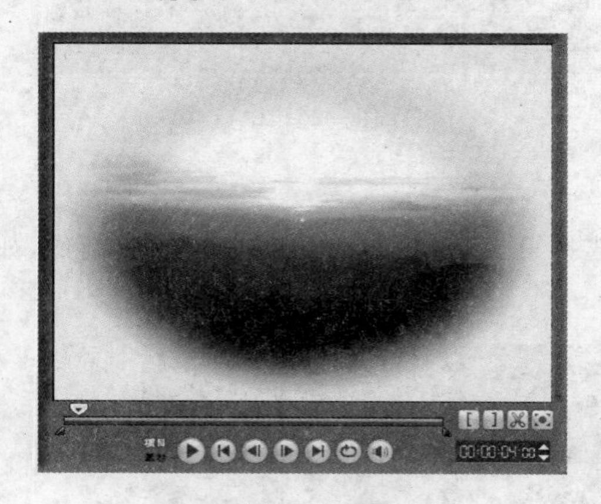

图　20-15

图　20-16

步骤 4　设置标题动画

打开“动画”面板，并在动画“类型”列表框中选择第 3 个标题动画。单击“自定义动画属性”图标按钮，在打开的“飞行动画”对话框中单击“离开”设置栏中间的“静止”图标按钮，将标题离开动画设置为静止，如图 20-17 所示。使用同样的方法，将诗每 4 句作为一个标题，添加到“标题轨”中，其播放区间与“视频轨”上的图像素材区间相同。

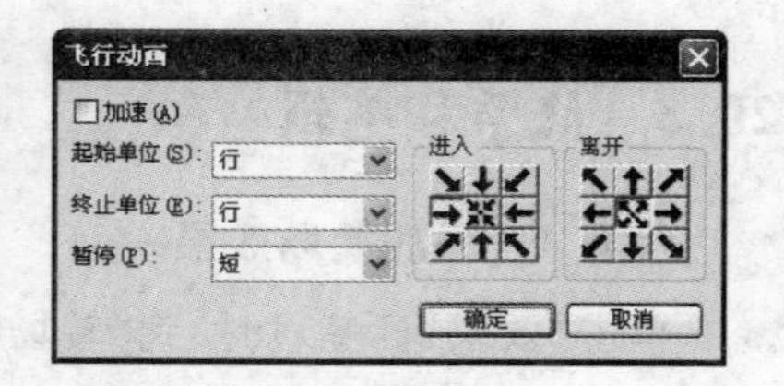

图　20-17

步骤 5　添加背景音乐

在“音乐轨”中右击，执行“插入音频”→“到音乐轨”命令，在打开的“打开音频文件”对话框中选择“背景音乐.mp3”音频素材，将其添加到“音乐轨”中作为背景音乐，如图 20-18 所示。

步骤 6　剪辑音频素材

剪辑音频素材的方法主要有 3 种，其具体操作如下。

方法 1：将时间指针移动到 01:45:12 位置，选择“音乐轨”上的素材，并单击“预览窗口”

右下角的“按照飞梭栏的位置剪辑素材”图标按钮，将素材剪辑为两部分，然后选中第2部分，右击选择“删除”选项将其删除，如图20-19所示。

图　20-18

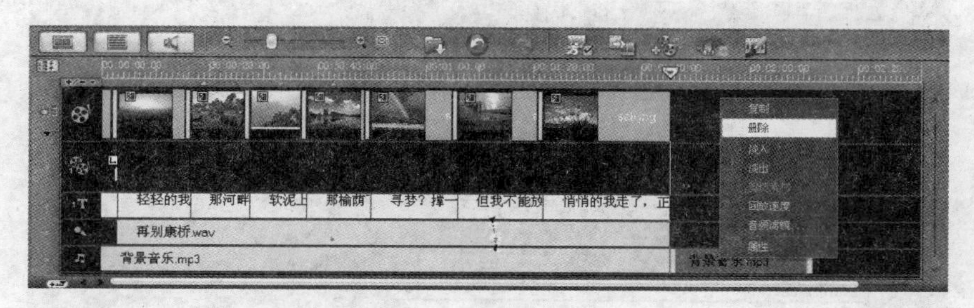

图　20-19

方法2：选择“音乐轨”上的音频素材，并将时间指针移动到音频素材的末端，当鼠标变为形状时，按住鼠标左键向左拖动，当时间指针与“视频轨”中的素材末端对齐时松开鼠标，即可完成音频素材的修整。

方法3：选择“音乐轨”中的音频素材，在“预览窗口”中拖动“飞梭栏”滑块，并单击“开始标记”图标按钮 [和“结束标记”图标按钮]，对音频素材进行剪辑。

提示：当知道音频素材的确切长度时，也可以通过在“音乐和声音”面板的“区间”文本框中输入数值来完成音频素材的修整。

20.4　设置自动音乐

在会声会影中，还可以使用“自动音乐”面板中提供的音频素材，为编辑的项目添加背景音乐。

步骤1　打开“自动音乐”选项卡

要为编辑的影片设置自动音乐时，打开“音频”面板中的“自动音乐”选项卡即可，如图20-20所示。

步骤2　选择音乐文件

在“自动音乐”选项卡中单击“范围”右侧的下三角按钮，选择“固定”项，然后单击“音乐”右侧的下三角按钮，选择Clear Vision音乐，如图20-21所示。

步骤3　播放音乐

在“自动音乐”选项卡中单击“播放所选音乐”图标按钮，可以通过音箱来欣赏设置的自动音乐。

图 20-20

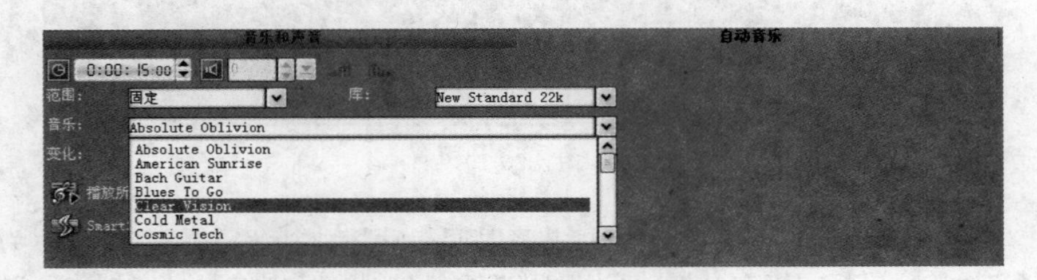

图 20-21

小知识："自动音乐"选项卡

在该选项卡中，其选项及图标按钮详细介绍如下。

- 区间：显示音频素材的播放长度。
- 素材音量：可单击微调按钮来调整音频素材的音量大小，只有将素材添加到"音乐轨"中该项才变为可用状态。
- 淡入/淡出：单击"淡入"图标按钮 和"淡出"图标按钮 ，可为音频素材添加淡入和淡出动画设置，只有将音频素材添加到"音乐轨"中该图标按钮才变为可用状态。
- 范围：显示"音频"素材库存在的范围，其中包括"本地"、"固定"、"自有"和"全部"4个范围，用户可单击该选项右侧的下三角按钮，在不同的范围内选择合适的音频素材。
- 库：在该下拉列表中，将显示可从中导入音乐的所有可用素材库。
- 音乐：单击该选项右侧的下三角按钮，可以在下拉列表中选择该库中的音频素材，将其添加到项目中。
- 变化：在"变化"下拉列表中，可以选择要应用到所选音乐上的乐器和节奏。
- 播放所选音乐 ：单击该图标按钮，可以播放所选择的音频素材。
- 添加到时间轴 ：单击该图标按钮，可以将选择的音频素材添加到"时间轴"视图的"音乐轨"中。该按钮只有在选择了"视频轨"中的素材后，才变为可用状态。
- SmartSound Quicktracks ：单击该图标按钮，可以在弹出的对话框中查看显示的 SmartSound 素材库信息，并对 SmartSound 素材库进行管理。

- 自动修整：勾选该复选框后，可以将音频素材的播放长度自动修整为与所选择的“视频轨”中的素材播放长度相同。

课堂练习

任务背景： 小王到朋友家做客，看到朋友家的儿子正被父母逼着背唐诗宋词，孩子不识字，还需要父母一字一句地教，非常麻烦。于是，小王便想到了使用会声会影将唐诗宋词录制到计算机中，添加一些漂亮的图片和好听的音乐，制作成为光盘放给小朋友们听。

任务目标： 制作“唐诗宋词”音乐光盘。

任务要求： 使用会声会影的录音功能录制唐诗，并为其添加图片和背景音乐。

任务提示： 在录制唐诗的过程中，并不是所有音频素材都能使用，在录制完成后，可以进行适当的修剪以符合要求。

练习评价

项　目	标准描述	评定分值	得　分
基本要求 60 分	添加图像素材	20	
	添加标题文字	20	
	录制声音文件	20	
拓展要求 40 分	对声音文件进行剪辑修整	40	
主观评价		总　分	

课后思考

（1）如何录制声音？声音文件录制完成后会添加到哪个轨中？

（2）如何剪辑音频素材？

（3）音频素材的添加方法有哪些？

第 21 课　制作“世界杯进球集锦”影片

在会声会影中，可以使用“环绕混音”面板为音频素材设置立体声和环绕混响效果，使音频素材更加具有动感。另外，还可以通过为音频素材添加滤镜，使录制的声音或音频素材更加专业，更加震撼。

课堂讲解

任务背景： 通过第 20 课的学习，小王掌握了音频素材的基本添加方法及音频素材的剪辑和技巧。如今随着音频输出设备的不断更新，对音频的质量要求也越来越严格，而通过“会声会影 X2”，也可以制作出具有动感且震撼的音效。

任务目标： 通过使用“音频调节线”和“环绕混音”面板制作动感音效，并掌握其操作方法。

任务分析： 在编辑音频素材的过程中，可以通过“音频调节线”来控件音频素材的音量，并为音频素材设置关键帧，制作淡入/淡出效果。使用“环绕混音”面板可以为音频素材设置立体音，另外还可以通过单击“5.1 环绕音”图标按钮，为音频素材设置环绕混音效果。

21.1 分割音频

步骤1 导入素材

分别切换到“视频”素材库和“图片”素材库，将“世界杯.avi”视频素材和“背景.jpg”、“标志.png”图像素材导入项目中，并将“背景.jpg”图像素材添加到“视频轨”，将“标志.png”图像素材添加到“覆叠轨”中，如图21-1所示。

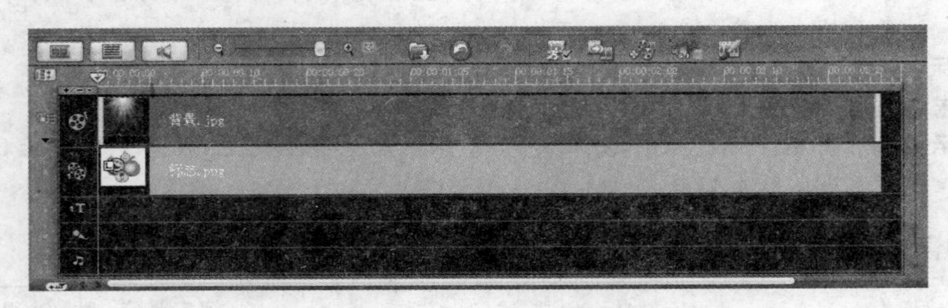

图 21-1

步骤2 添加Flash动画素材

单击“轨道管理器”图标按钮，在打开的“轨道管理器”对话框中勾选“覆叠轨 #2”复选框，添加一条覆叠轨。单击“画廊”右侧的下三角按钮，执行“装饰”→“Flash动画”命令。选择MotionF39动画素材，将其添加到“覆叠轨 #2”中的01:00s位置，如图21-2所示。

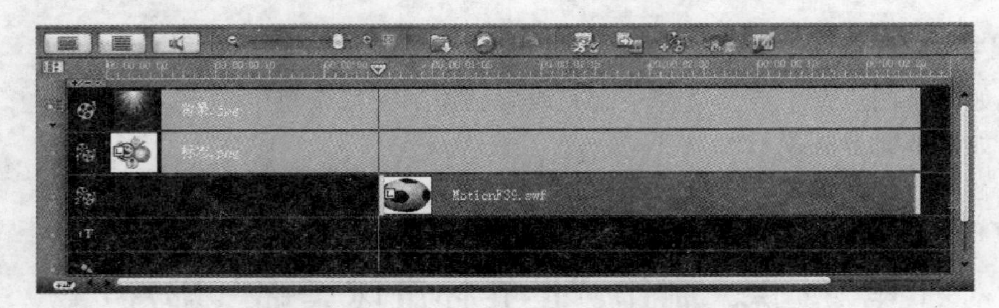

图 21-2

步骤3 改变覆叠素材位置

分别选择“覆叠轨 #1”和“覆叠轨 #2”上的素材，并在“预览窗口”中改变素材的大小和位置，其效果如图21-3所示。

图 21-3

步骤4 设置覆叠素材进场动画

选择“覆叠轨 #1”上的“标志.png”图像素材，在“属性”面板中单击“进入”设置栏的“从上方进入”图标按钮和“暂停区间前旋转”图标按钮，如图21-4所示。然后，选择“覆叠轨 #2”上的素材，并在“属性”面板中单击“淡入动画效果”图标按钮。

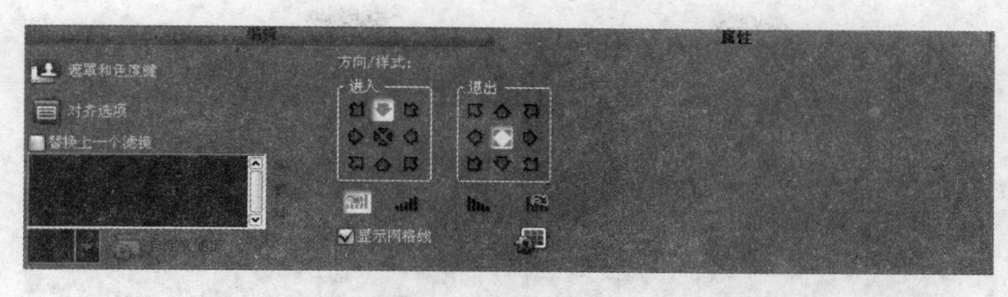

图　21-4

步骤 5　添加视频素材

切换到“视频”素材库，选择“世界杯.avi”图像素材，将其添加到“视频轨”中，如图 21-5 所示。

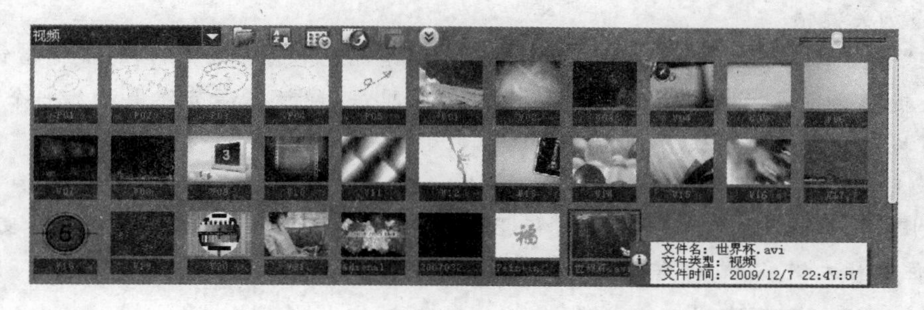

图　21-5

步骤 6　分割音频

选择添加的“世界杯.avi”视频素材，在“视频”面板中单击“分割音频”图标按钮，如图 21-6 所示。

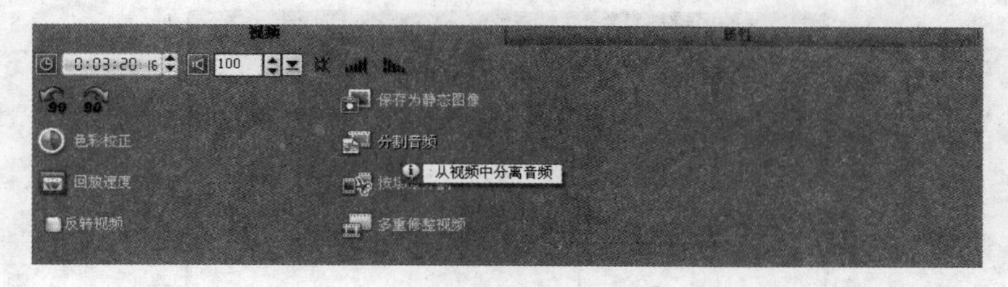

图　21-6

21.2　使用“音量调节线”

步骤 1　调节音量

当分割音频后，音频素材将显示在“声音轨”中。选择分割的音频素材，单击“音乐和声音”面板中的“音频视图”图标按钮，此时“声音轨”中的音频素材上将会显示一条“音量调节线”，将鼠标指针移动到素材开始端的绿色块上，当光标变成形状时，向下拖动鼠标，将音量调节到最低，如图 21-7 所示。

小知识：音频调节线

可以通过在“音频调节线”上添加关键帧，为音频素材设置淡入/淡出动画效果，其添加

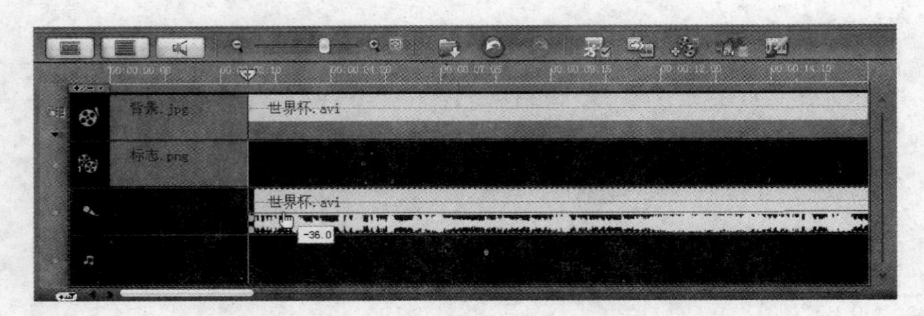

图　21-7

和删除关键帧的方法如下。

1）添加关键帧

要在"音频调节线"上添加关键帧时，首先要选择轨道中的音频素材，将鼠标指针移动到要添加关键帧的位置，当"音频调节线"变为红色时单击，即可在调节线上添加一个关键帧，通过上下拖动关键帧可以设置音频素材的音量大小。

2）删除关键帧

若要删除调节线上的关键帧，将鼠标指针移动到要删除的关键帧上，当光标变成形状时，按住鼠标左键，并拖动关键帧到音频素材之外即可。

步骤 2　添加音频素材

添加音频素材主要有 4 种方法，其具体介绍如下。

方法 1：单击"加载音频"图标按钮，在打开的"打开音频文件"对话框中选择"背景音乐.mp3"音频素材，将其添加到"音频"素材库，并将其拖放到"音乐轨"中，如图 21-8 所示。

图　21-8

方法 2：在“音频”素材库的空白处右击，在打开的快捷菜单中选择“插入音频”选项，在打开的“打开音频文件”对话框中选择要添加的音频素材，即可将选择的音频素材添加到“音频”素材库中，如图 21-9 所示。

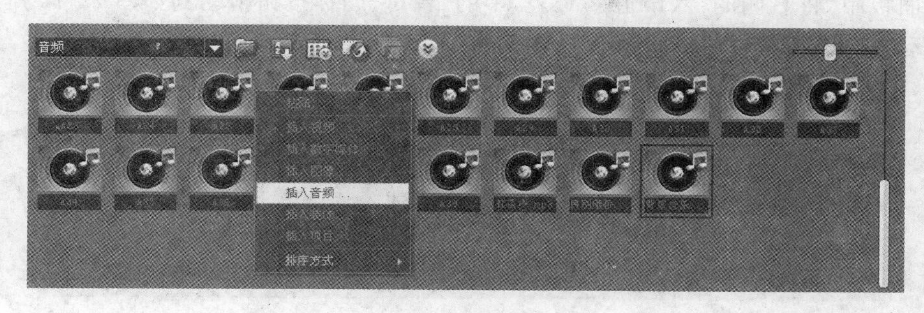

图　21-9

方法 3：在“音乐轨”中右击，执行“插入音频”→“到音乐轨”命令，在打开的“打开音频文件”对话框中选择要添加的音频素材，即可将选择的音频素材添加到“音乐轨”中，如图 21-10 所示。

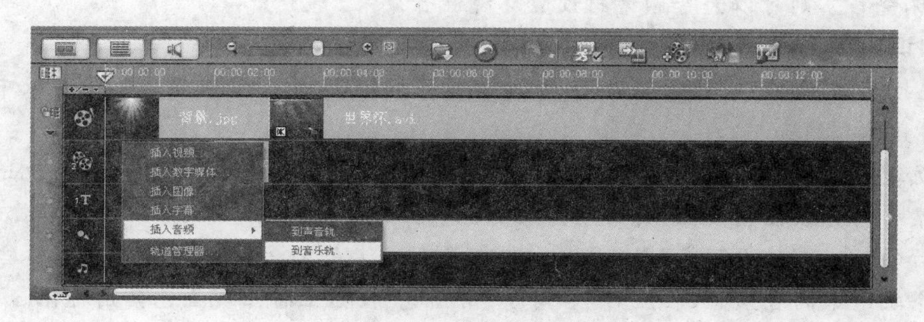

图　21-10

方法 4：将音频素材导入“音频”素材库中，选择该音频素材，执行“文件”→“插入音频”→“到音乐轨”命令，即可将选择的音频素材插入“音乐轨”上。

步骤 3　设置关键帧

选择“背景音乐. mp3”音频素材，单击“音乐和声音”面板中的“音频视图”图标按钮，然后在“时间轴”视图中，分别将时间指针移动到 02:15s、03:10s 和 04:02s 位置单击，添加关键帧，并将第 2 个关键帧的音量设置为－36.0，如图 21-11 所示。

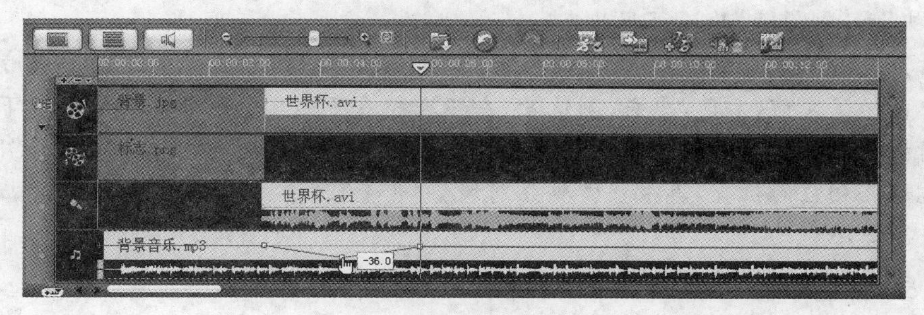

图　21-11

步骤 4　设置环绕立体音

单击工具栏上的“启用/禁用 5.1 环绕音”图标按钮，将时间指针移动到开始位置，在“环绕混音”面板中，将右侧的“六声道 UV 表”中的“音符”图标按钮拖动到如图 21-12 所示的位置，并拖动“副低音”滑块将其设置为 0.5。

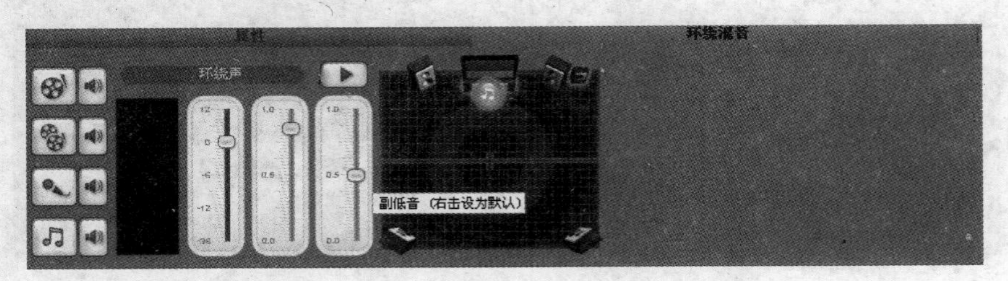

图　21-12

提示：当单击“音频视图”图标按钮，打开“环绕混音”面板时，显示为“立体声”，则可以为音频素材设置立体音效果。当单击工具栏上的“启用/禁用 5.1 环绕音”图标按钮时，显示为“环绕声”，则可以为音频素材设置环绕混音效果。

小知识：“环绕混音”面板

通过打开的“环绕混音”面板，可以为音频素材设置环绕立体音效果。该面板中各按钮和内容的具体介绍如下。

- 轨道音频控制：在“环绕混音”面板的左侧包含了“时间轨”视图的各个轨道中相应素材的音频控制按钮，其中包括“视频轨”、“覆叠轨”、“声音轨”和“音乐轨”。单击其后的“启用/禁用预览”图标按钮，即可打开或者关闭该轨道的音频素材。当关闭某个轨道中的音频时，相应的“启用/禁用预览”按钮上将出现红色禁用标记。
- 音频波形：单击面板中的“播放”图标按钮后，即可播放选择的音频素材，此时可以在波形框中看到音频素材的波形。当显示为“立体声”时，则只可以看到“左前”和“右前”两个波形；而当显示为“环绕声”时，则可以看到“左前”、“右前”、“中央”、“左环绕”和“右环绕”5 个波形。
- 音量：拖动“音量”滑块，可以为音频素材设置音量的大小。
- 中央：拖动“中央”滑块，可以为音频素材的中心扬声器设置音量的大小。
- 副低音：拖动“副低音”滑块，可以设置音频素材的低频音的音量大小。

提示：当设置音频素材的“立体声”时，不可以为音频素材设置中心扬声器和低频音的音量，“中央”和“副低音”为不可用状态。

- 六声道 UV 表：在该表中，可以单击“音符”图标按钮，设置音频素材的混音效果，其中包括了左前、右前、中央、副低音、左环绕和右环绕 6 个声道。默认情况下，“音符”图标按钮位于中心扬声器位置。要调整声道中的音效果时，可以将“音符”图标按钮拖动至相应的位置，再根据需要分别调整“音量”、“中央”和“副低音”滑块，调整其声音的大小。

步骤 5　添加标题

单击“标题”标签，并在“预览”窗口中输入“2006 世界杯进球集锦”文字，单击“选取标题样式预设值”右侧的下三角按钮，选择倒数第 2 行的第 2 个预设样式，并设置“字体”为“华文行楷”，“字体大小”为 54，其效果如图 21-13 所示。

图　21-13

步骤 6　设置标题动画

选择标题文字，在“动画”面板中勾选“应用动画”复选框，单击“类型”右侧的下三角按钮，选择“弹出”类标题动画，并在列表框中选择第 2 个标题动画，如图 21-14 所示。

步骤 7　添加转场效果

单击“画廊”右侧的下三角按钮，执行“视频滤镜”→“果皮”命令，在“果皮”类转场效果库中选择“交叉”转场效果，将其添加到“视频轨”中，其效果如图 21-15 所示。

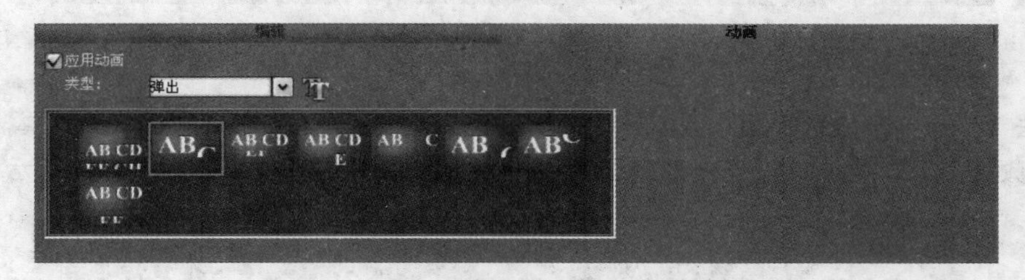

图　21-14

图　21-15

21.3　添加音频滤镜

在会声会影中，除了可以为视频素材和图像素材添加滤镜来设置画面的特殊效果外，还可以为音频素材添加滤镜，为音频素材设置特殊效果，改变音频素材的播放质量。

步骤 1　添加音频滤镜

为音频素材添加滤镜的方法主要有两种，其具体操作如下。

方法 1：选择“音乐轨”上的音频素材，在“音乐和声音”面板中单击“音频滤镜”图标按钮，如图 21-16 所示。

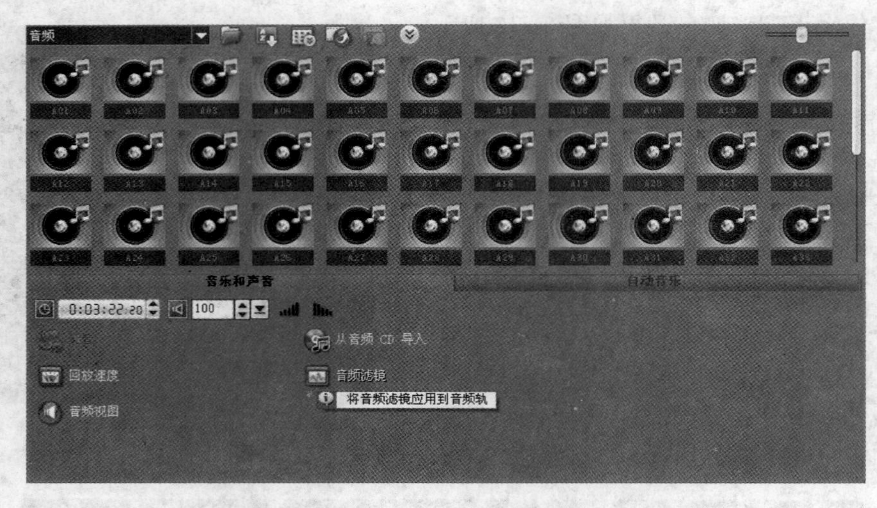

图 21-16

方法 2：在“时间轴”视图中，选择要添加滤镜的音频素材并右击，在打开的快捷菜单中选择“音频滤镜”选项，打开“音频滤镜”对话框，选择要添加的滤镜，如图 21-17 所示。

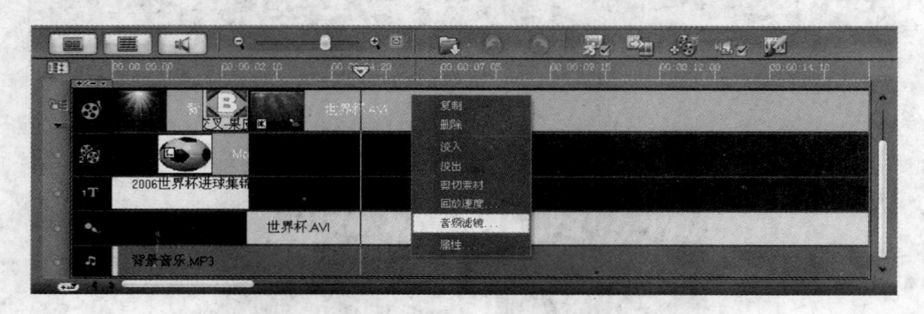

图 21-17

步骤 2　选择音频滤镜

在打开的“音频滤镜”对话框的“可用滤镜”列表框中选择“长回音”滤镜，单击“添加”图标按钮，即可为音频素材添加滤镜，如图 21-18 所示。使用同样的方法，可以为音频素材添加多个滤镜。

小知识：音频滤镜

1）删除音频滤镜

要删除为音频素材添加的滤镜时，在“音频滤镜”对话框的“已用滤镜”列表框中选择要删除的滤镜，单击“删除”图标按钮即可。若要删除为音频素材添加的所有滤镜，则可以单击“全部删除”图标按钮，将“已用滤镜”列表框中的滤镜全部删除，如图 21-19 所示。

2）自定义滤镜

在“音频滤镜”对话框的“可用滤镜”列表框中选择滤镜后，可以通过单击“选项”图标按钮，自定义音频滤镜。如选择“嗒声去除”音频滤镜，单击“选项”图标按钮，在打开的“嗒声去除”对话框中通过拖动“敏感度”滑块，可以增强或者减弱音频素材中的杂音，如图 21-20 所示。

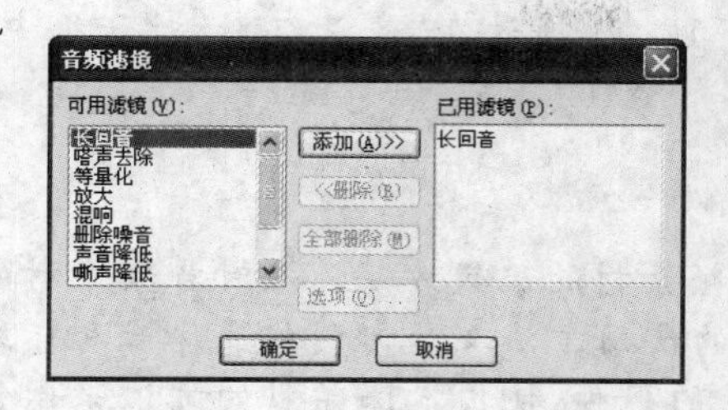

图　21-18

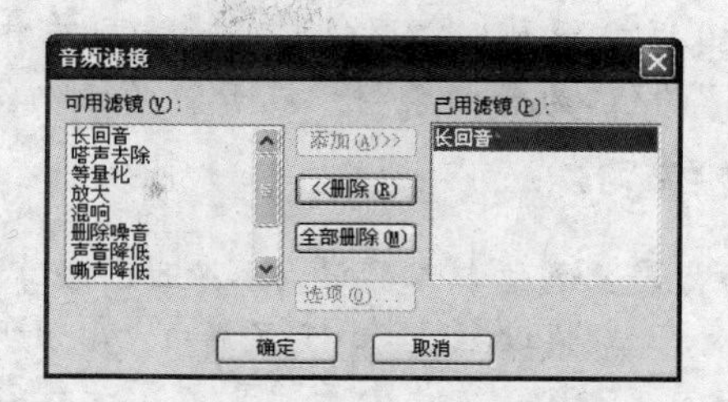

图　21-19

3）音频滤镜介绍

在会声会影中共提供了11个音频，其详细介绍如下。

① 长回音：添加该滤镜后，可以为音频素材添加长回音效果。

② 嗒声去除：添加该滤镜后，可以将音频素材的杂音去除。用户还可以单击“选项”图标按钮，在打开的对话框中通过设置“敏感度”来控制杂音的大小。

③ 等量化：使用该滤镜，可以使音频素材的音量相对均衡。

④ 放大：添加该滤镜后，可以将音频素材的音量放大。用户还可以通过“放大”对话框来设置音量放大的数值。

⑤ 混响：使用该滤镜，可以增加音频素材设置的混响效果，使声音听起来更具震撼力。用户可以在“混音”对话框中设置“回馈”和“强度”的值，使之达到更为满意的效果。

⑥ 删除噪音：使用该滤镜，可以将音频素材中的噪音消除。用户可通过“删除噪音”对话框中的“阈值”来控制噪音的大小。

⑦ 声音降低：使用该滤镜，可以将音频素材的音量降低。在“声音降低”对话框中，可以通过设置“强度”的值来控制音量程度。而在“逼真模式”设置栏中，可以通过设置“重低音”和“超高音”的值来控制音频素材的低音和高音，如图21-21所示。

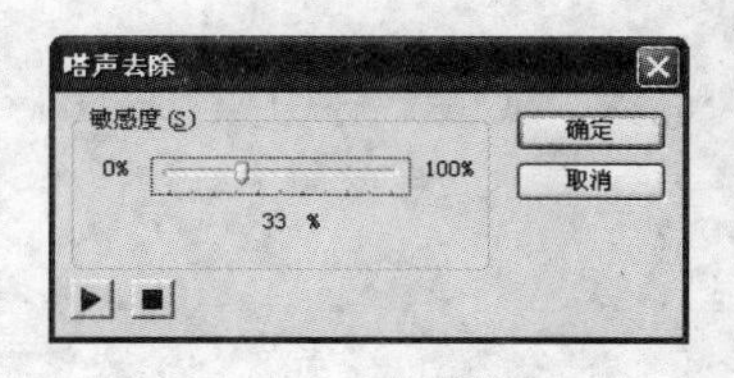

图　21-20

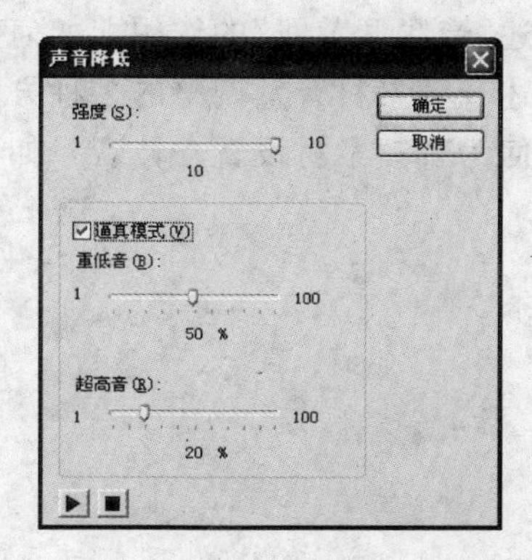

图　21-21

⑧ 嘶声降低：通过添加该滤镜，可以降低音频素材中的嘶声。在“嘶声降低”对话框中，可以通过设置“敏感度”和“环形消除”的值来控制嘶声的大小。

⑨ 体育场：添加该滤镜，可以使音频素材听起来有在体育场混响的感觉。

⑩ 音调偏移：通过添加该音频滤镜，可以在打开的“音量偏移”对话框中设置“半音调”的值来控制音频素材的音调。

⑪ 音量级别：会声会影中将音频的音量定为12级，通过在“音量级别”对话框中设置“调整”的值，为音频素材设置音量的级别。

课堂练习

任务背景：通过本课的学习，小王已经掌握了音频素材的编辑方法。在对音频素材的编辑过程中，小王了解了“音频调节线”的使用方法及如何制作立体音和环绕效果。于是小王便下载了一段篮球比赛的视频，使用本课学习的方法来制作左右声道。

任务目标：使用会声会影制作左右声道。

任务要求：下载一段篮球比赛的视频素材，对视频素材进行剪辑，为其添加音频素材，对音频素材进行剪辑，并使用音频视图对音频素材进行设置。

任务提示：为影片制作左右声道时，可以先将视频素材的声音分割，然后使用“属性”面板中的“复制声道”来制作左右声道。另外，也可以从网上下载一个制作左右声道的滤镜添加到会声会影中制作左右声道。

练习评价

项　　目	标准描述	评定分值	得　分
基本要求60分	剪辑音频素材	20	
	分割音频	20	
	上网查找、下载音频滤镜	20	
拓展要求40分	使用音频视图调整音频	20	
	添加使用下载的音频滤镜	20	
主观评价		总　分	

课后思考

(1) 描述“音频调节线”的作用。如何为音频素材设置关键帧?

(2) 描述音频素材音量调整的多种方法。

(3) 如何为音频素材设置立体音？如何为音频素材设置环绕混响效果？

第 9 章

保存和刻录影片

第 22 课　保存“时装走秀”视频影片

在完成影片剪辑的编辑工作之后，用户可以先将当前的视频影片保存为项目文件，便于以后的修改。当用户感觉项目文件中某一部分比较精彩时，可以单独对该项目内的精彩片段进行保存。另外，会声会影还具有强大的音频编辑功能，不仅能够将音频和视频整合在一起后共同输出并保存，还能够单独保存声音文件。

课堂讲解

任务背景：小王收集了一些模特的走秀相片，对这些图像影视进行处理之后，对其进行了整体保存。另外，他对某个片断比较满意，于是对这些片断进行了单独的保存。

任务目标：通过保存影视的图像及声音，深入了解会声会影的智能渲染功能。

任务分析：在保存影片时，可以快速掌握保存整部影片和保存部分影片的方法，并了解如何单独保存声音。

22.1　制作“时装走秀”影片

步骤 1　导入素材

在“故事板”视图中右击轨道的空白处，执行“插入图像”命令，如图 22-1 所示。

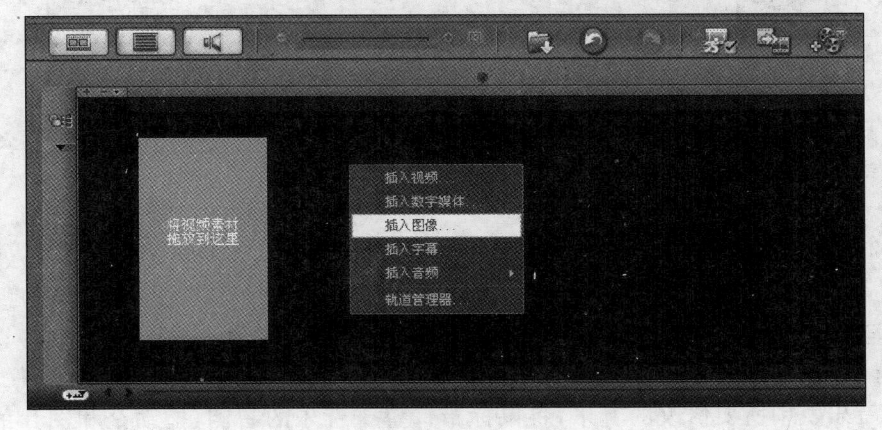

图　22-1

在弹出的“打开图像文件”对话框中选择需要导入的图片素材，如图 22-2 所示。单击“打开”按钮，即可将图片素材导入“视频轨”中。

步骤 2　添加转场效果

单击“效果”选项卡中“画廊”右侧的下三角按钮，选择“三维”选项，即可打开“三维”素材库面板，如图 22-3 所示。

图　22-2

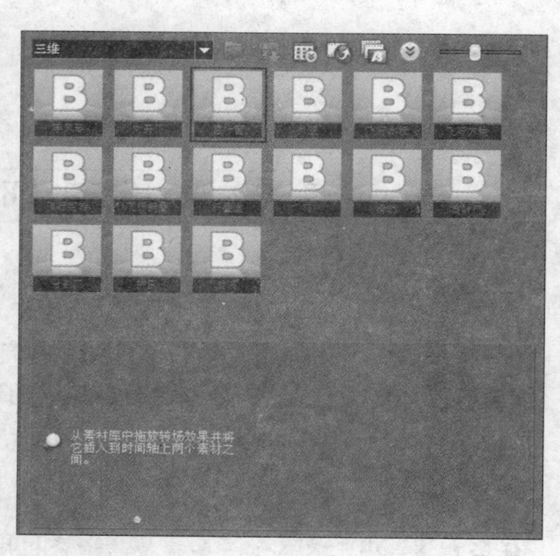

图　22-3

选择“百叶窗”转场效果，拖动至“故事板”视图的第 1 张和第 2 张素材之间，如图 22-4 所示。

图　22-4

运用相同的方法，为其他的素材添加合适的转场效果。

步骤 3　添加音乐

切换至“时间轴”视图中，右击轨道的空白处，执行“插入音频”→“到声音轨…”命令，如图 22-5 所示。

选择音乐轨中所要修改的音乐，将鼠标指针置于音乐的右侧，拖动至和图片的长度相同，如图 22-6 所示。

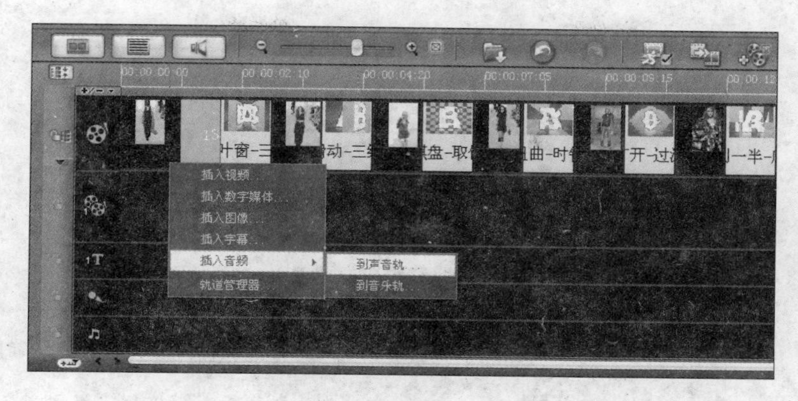

图 22-5

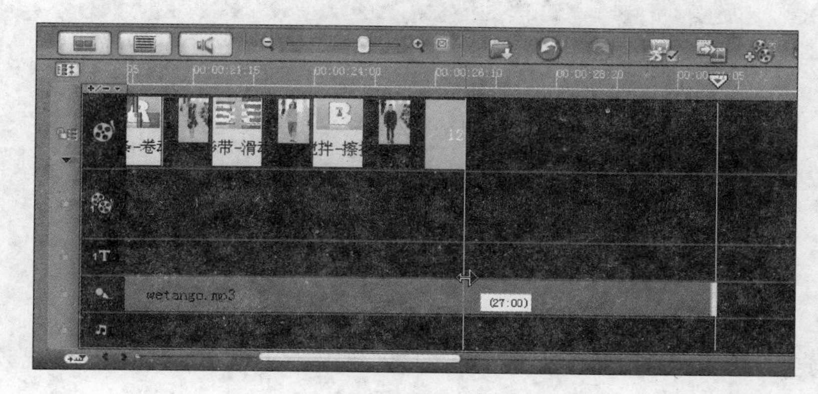

图 22-6

22.2 保存整部影片

步骤 1 创建视频文件

单击“分享”选项卡中的“创建视频文件”图标按钮，选择“与项目设置相同”选项，如图 22-7 所示。

小知识：“分享”面板介绍

在“分享”面板中，还包括以下几种按钮。

- 创建声音文件：单击面板内的“创建声音文件”按钮，即可在弹出的对话框中设置音频文件的名称和保存类型。
- 创建光盘：单击“创建光盘”按钮，在弹出的菜单内选择相应命令，即可启动所选光盘类型的光盘创建向导。
- 导出到移动设备：单击“导出到移动设备”按钮，即可将会声会影中制作的影片导出到硬盘或外部设备中。
- 项目回放：会声会影的“项目回放”功能可以将影片直接输出到摄像机或电视屏幕上，也可以直接通过计算机显示器全屏播放影片，从而观看影片的真实效果。
- DV 录制：单击“DV 录制”按钮，能够将剪辑好的影片完好地“送回”录像机中，这种操作被称为 DV 录制。
- 在线共享视频：单击“在线共享视频”按钮，可以在线下载并共享用户的视频。

图 22-7

步骤 2 设置文件的名称及类型

选择“与项目设置相同”选项后，在弹出的“创建视频文件”对话框中设置视频文件的“文件名”为“时装走秀”和“保存类型”为 MPEG，如图 22-8 所示。

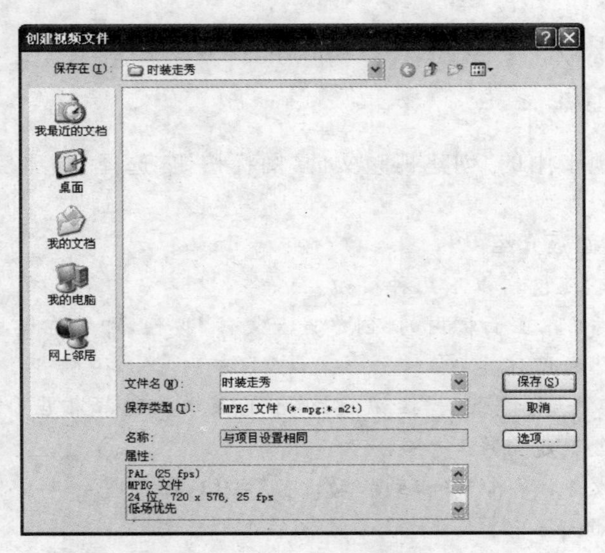

图 22-8

步骤 3 渲染文件

单击“保存”按钮，会声会影便会开始渲染视频文件，并在弹出的渲染进度条内展示当前的渲染进度，如图 22-9 所示。

图　22-9

提示：根据输出视频的格式类型、时间长短等因素，在渲染不同视频时花费的时间也有所差别。

在渲染进度条中，单击“渲染预览”按钮，即可实时查看当前渲染的视频内容。但是在计算机配置较低的情况下，应尽量避免实时预览所渲染的视频内容，以便提高会声会影渲染视频文件的速度。

步骤 4　查看保存文件

当渲染进度达到100%时，便说明整个渲染操作已经全部结束，视频文件也已经创建完成，而该视频文件也会被会声会影导入“视频”素材库内，效果如图 22-10 所示。

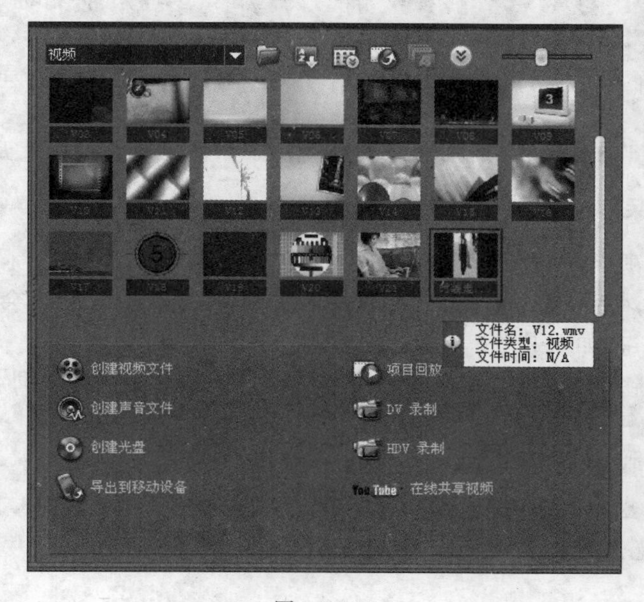

图　22-10

22.3 保存影片的一部分

步骤 1　定义保存的起始位置

在“会声会影”主界面中，将“时间轴标尺”上的“飞梭栏”拖至需要保存部分的起始位置，并单击“导览”面板内的“开始标记”按钮 [，此时“时间轴标尺”内将会出现一条红线，该红线所标记的范围即为定义的起始位置，如图 22-11 所示。

步骤 2　定义保存的结束位置

将“时间轴标尺”内的“飞梭栏”拖至需要保存部分的结束位置，并单击“导览”面板内的“结束标记”按钮] ，此时“时间轴标尺”内的红线将只出现在所标记的区间范围内，如图 22-12 所示。

图　22-11

图　22-12

技巧： 在“导览”面板中，分别拖动两个“修整拖柄”也可完成相同设置。

步骤 3　设置保存选项

单击“分享”选项卡内的“创建视频文件”按钮，选择“与项目设置相同”选项，弹出“创建视频文件”对话框，然后单击“选项”按钮，在弹出的对话框中选择“会声会影”选项卡，并选中“预览范围”单选按钮，如图 22-13 所示。

单击“确定”按钮后返回“创建视频文件”对话框，单击“保存”按钮即可完成部分项目文件的保存。

小知识：实时预览

单击“分享”标签，双击“视频”素材库中的“时装走秀片断”素材，即可在打开的“单素材修整”对话框中预览保存的素材效果，如图 22-14 所示。

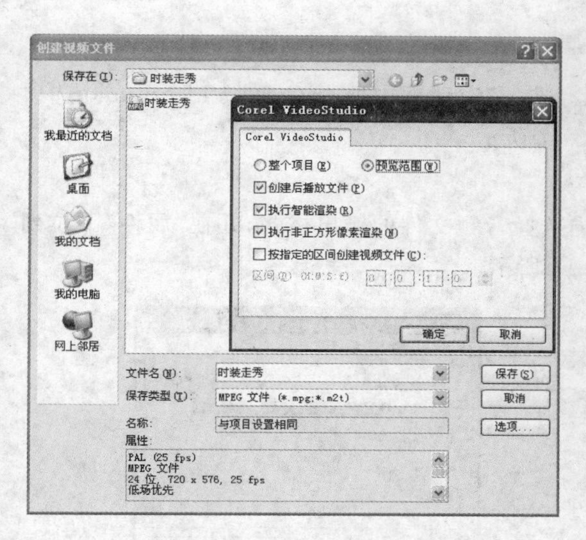

图　22-13

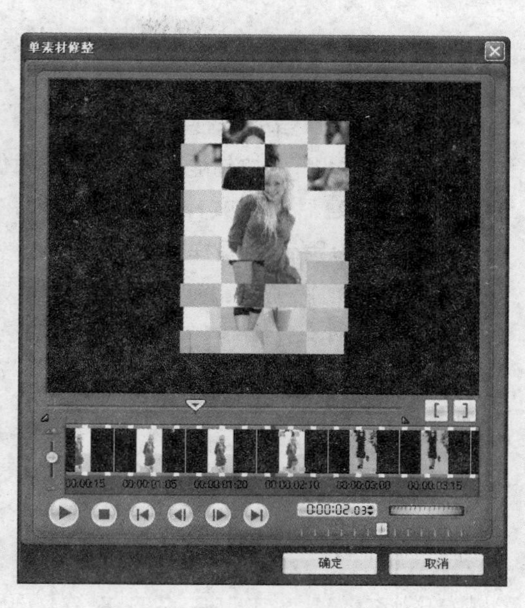

图　22-14

22.4　单独保存声音

步骤 1　创建声音文件

单击“分享”选项卡中的“创建声音文件”按钮，如图 22-15 所示。

步骤 2　设置保存类型

在打开的“创建声音文件”对话框中，输入“文件名”为“时装走秀音乐”，并设置音频文件的保存类型，如图 22-16 所示。

图　22-15

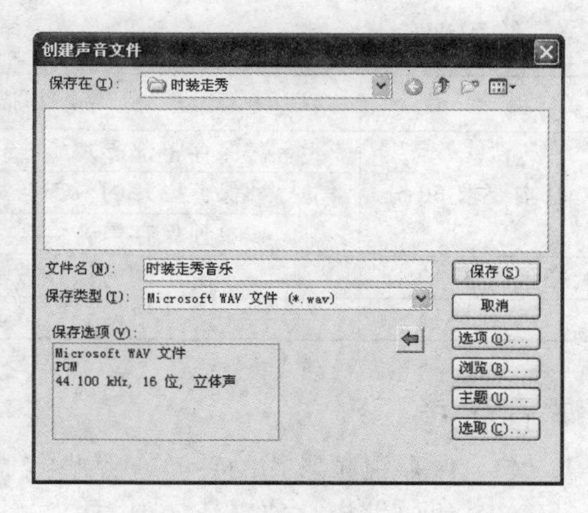

图　22-16

提示：在“创建声音文件”对话框的“保存选项”栏中，可以查看音频文件的当前输出设置，主要包括音频文件类型和采样率等。

步骤 3　设置音频保存选项

单击“选项”图标按钮，在弹出的“音频保存选项”对话框中选择 Corel VideoStudio 选项卡，并勾选“创建后播放文件”复选框，如图 22-17 所示。

步骤 4　设置音频采样率

选择“压缩”选项卡，在“格式”下拉列表内选择音频文件的输出格式，并在“属性”下拉列表内对音频文件的采样率进行调整，如图 22-18 所示。

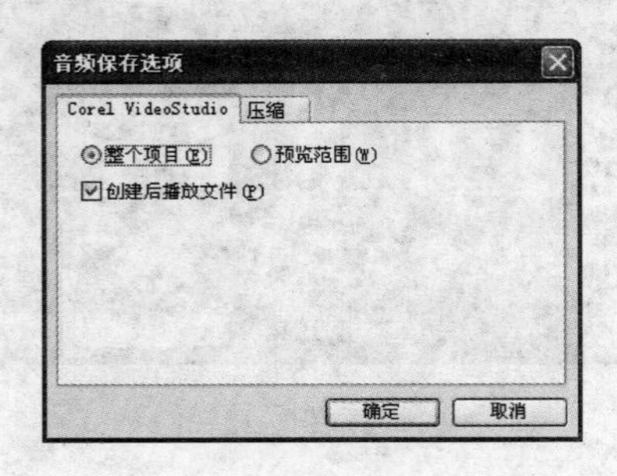

图　22-17

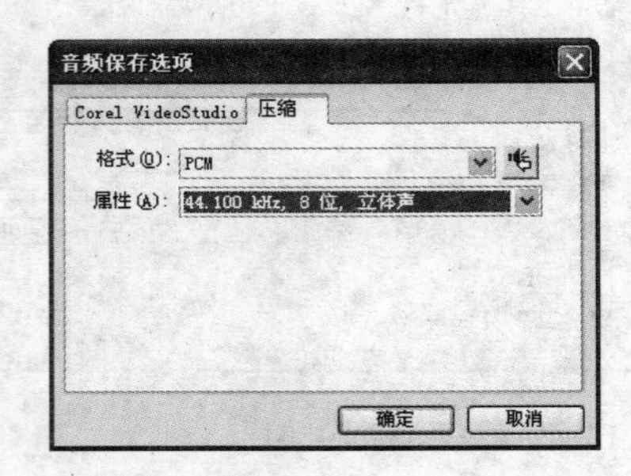

图　22-18

完成音频文件的输出设置后，单击“确定”按钮返回“创建音频文件”对话框，即可在“保存选项”栏内查看到音频文件输出参数的变化，单击“保存”按钮后即可开始根据设置输出音频文件。

课堂练习

任务背景：小王参加了一场重型机械产品展示会，在会上拍摄了一些产品图片，于是将其制作成影片。
任务目标：保存制作的“重型机械产品展示会”视频影片。
任务要求：掌握如何保存影片片断以及如何单独保存声音。
任务提示：保存“重型机械产品展示会”视频片断主要运用了保存影片和保存声音的相关操作。

练习评价

项　目	标准描述	评定分值	得　分
基本要求 60 分	保存整部影片	20	
	保存影片的一部分	20	
	单独保存声音	20	
拓展要求 40 分	了解不同的保存方法应注意的问题	40	
主观评价		总　分	

课后思考

(1) 保存视频影片的种类有哪些？
(2) 如何进行整部影片的保存？
(3) 如何进行音频文件的保存？

第 23 课 刻录“海底世界”光盘

DV(数码摄像机)逐渐进入人们的日常生活,人们通常用它来拍摄景点、人物图像、婚庆或一些会议要点等,但是,这些精彩影像该如何保存下来与亲朋好友尽情分享呢?目前,市场上的 DV 机大多是使用磁带录制的,播放起来很不方便,而且 DV 磁带价格不菲,原带保存的确是一笔不小的开销。其实,只要用户拥有一台计算机、一个软件,就可以轻轻松松地将 DV 磁带刻录成 DVD 影像光盘。

课堂讲解

任务背景:小王和朋友一块儿去海洋馆观看海底世界,拍摄了一些美丽的海洋动植物,他想把这些图片制作成光盘保存下来,以便在闲暇之际与家人或朋友分享。

任务目标:刻录“海底世界”光盘,学习光盘的创建、刻录及保存的方法。

任务分析:在刻录光盘之前,需要先了解添加和编辑章节、设置场景菜单等相关操作。

23.1 创建光盘

步骤 1 选择光盘类型

将需要刻录成光盘的素材导入会声会影中,单击“分享”选项卡中的“创建光盘”按钮,在弹出的下拉列表中选择相应的光盘类型,如图 23-1 所示。

图 23-1

提示:无论创建哪种类型的光盘,其光盘创建向导的界面与选项都相差不大。下面将以 DVD 光盘向导为例进行介绍。

小知识:光盘类型

从图 23-1 可以看出,输出的光盘类型主要包括 Blu-ray、AVCHD、DVD、VCD 和 SVCD

5种。其中，默认的为DVD的光盘类型，且一张DVD的光盘容量一般为4.7GB。下面具体介绍各种光盘类型的特点。

1) Blu-ray光盘类型

Blu-ray光盘也称为蓝光光盘，该类型的光盘可以录制、重写和播放高清晰度视频（高清）。另外，该类型的光盘提供了5倍以上的存储容量，可以存储50GB的双层光盘内容。

2) AVCHD光盘类型

AVCHD格式是一种高清晰数码摄像机格式，采用一种高效率的数据压缩编码技术，将1080线隔行扫描或720线逐行扫描的高清信号记录在8cm DVD光盘上的高清数码摄像机规格。

3) DVD光盘类型

DVD的英文全名是Digital Versatile/Video Disc，即数字多用途光盘或数字视频光盘或数字影盘。视频DVD利用MPEG-2的压缩技术来储存影像。另外，它还可以存储计算机数据和音频。

DVD集计算机技术、光学记录技术和影视技术等为一体，可以满足用户对大存储容量、高性能的存储媒体的需求。DVD光盘不仅在音/视频领域得到了广泛应用，而且将会带动出版、广播、通信、WWW等行业的发展。

4) VCD光盘类型

VCD是Video Compact Disk的缩写，它是一种压缩过的图像格式。

5) SVCD光盘类型

SVCD在VCD的基础上进行了改进，并采用了DVD的视频技术。SVCD的图像质量介于VCD与DVD之间，体积也介于VCD与DVD之间，一张普通光盘可以刻60min VCD，但是只能刻40min SVCD。

步骤2　通过光盘向导创建

选择相应的光盘类型后，即可打开“创建光盘向导”对话框。在“光盘创建向导”对话框的左下角，可以查看到当前所创建光盘的类型，单击“当前项目类型”右侧的下三角按钮，在弹出的下拉列表中可以更改光盘的具体规格，例如选择DVD 4.7G选项，如图23-2所示。

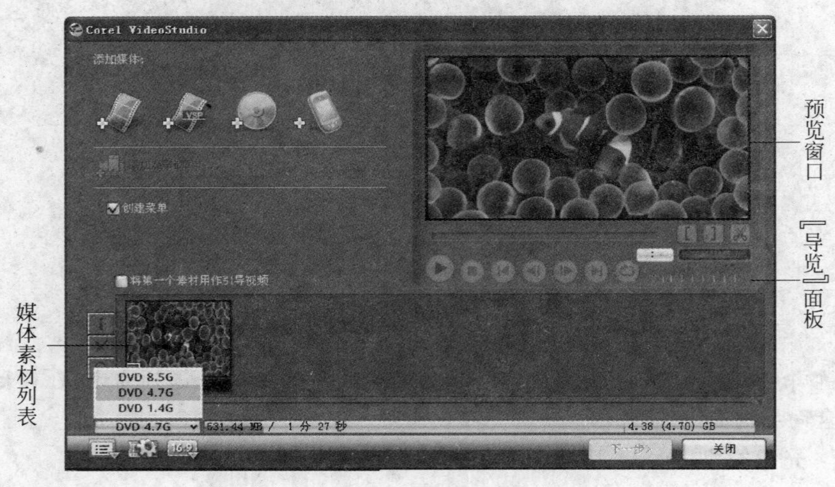

图　23-2

提示：勾选“创建光盘向导”对话框中的“创建菜单”复选框，这样刻出的光盘可以在DVD机或计算机上选段播放。

选择的光盘类型不同，在“当前项目类型”下拉列表中显示的内容则不同，如选择DVD光盘类型，则显示DVD 8.5G、DVD 4.7G和DVD 1.4G 3种规格。若选择Blu-ray光盘类型，则显示Blu-ray 50G和Blu-ray 25G两种规格。

在该向导对话框中，主要包括媒体素材列表、预览窗口和导览面板，其用法将在下面章节中进行具体介绍。

另外，在该对话框的左下角，包括3个按钮，其功能如表23-1所示。

表23-1　项目相关设置

按钮图标	按钮名称	功　能
	设置和选项	单击该按钮，可以更改电视制式和光盘类型等设置
	项目设置	可以设置显示宽高比和场类型等
16:9	更改显示宽高比	更改影像的显示宽高比，主要有16∶9和4∶3两种类型

23.2　添加和编辑章节

步骤1　单击“添加/编辑章节”按钮

在“媒体素材列表”中选择需要添加/编辑章节的视频，单击“添加/编辑章节”按钮，如图23-3所示。

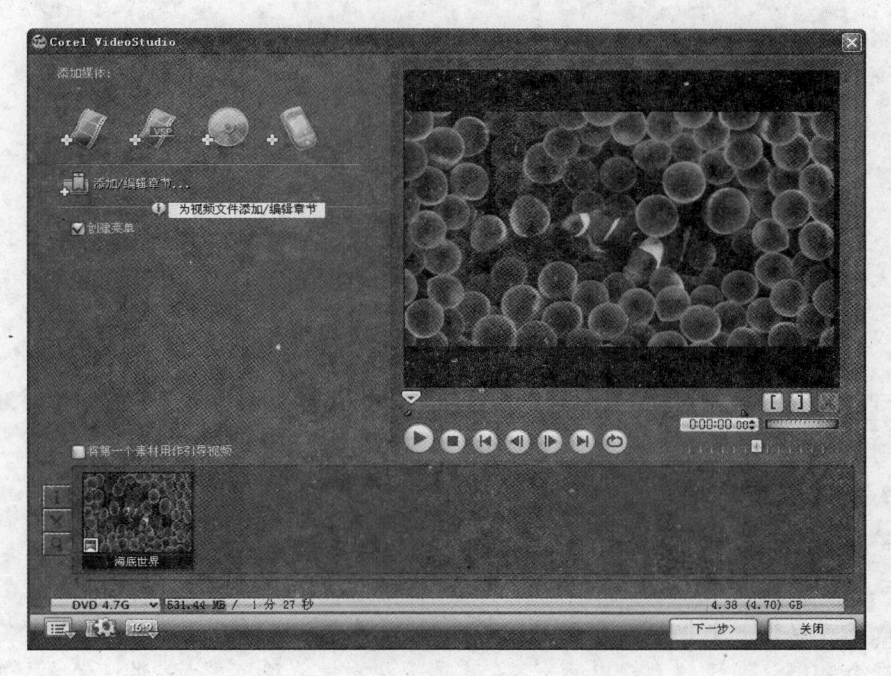

图　23-3

提示：

- 如果未勾选"创建菜单"复选框，单击"下一步"按钮时，将进入预览步骤，而不会创建任何菜单。
- 当用户仅使用一个会声会影项目或一个视频素材创建光盘时，若需要创建菜单，不能勾选"将第一个素材用作引导视频"复选框，否则"添加/编辑章节"按钮将显示为灰色，无法进行章节的添加或编辑。

步骤 2　自动添加章节

在"添加/编辑章节"对话框中单击"自动添加章节"按钮，弹出"自动添加章节"对话框，选中"将场景作为章节插入"单选按钮，如图 23-4 所示。

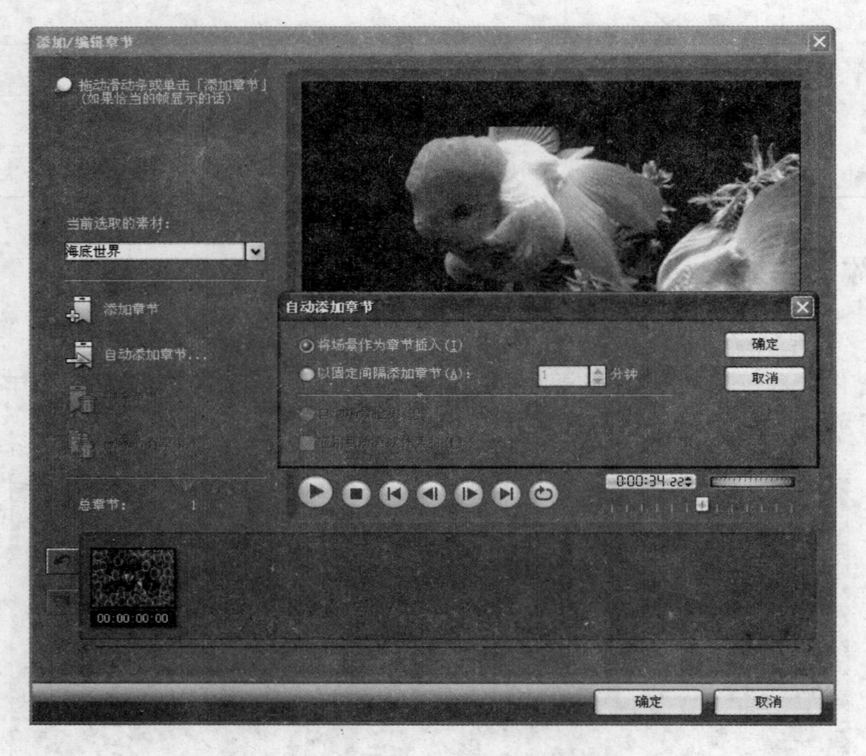

图　23-4

提示：在"自动添加章节"对话框中，若选中"以固定间隔添加章节"单选按钮，则可通过设置间隔时间来添加章节。其中，该选项的最小值为 1min。

步骤 3　编辑章节

单击"确定"按钮，可以看到"总章节"数由原来的 1 变为 29，如图 23-5 所示

提示：

- 最多可以为一个视频素材创建 99 个章节，其中章节由子菜单中的视频略图代表。每个略图就像视频素材中的书签，用户可以方便地选取章节，此视频素材将跳转到此章节的起始场景并开始回放。

图 23-5

- 从图 23-5 可以看出，总章节数变为 29 的同时，媒体素材列表中生成了许多小的视频略图，这些视频略图仅链接到它的“母”视频，而不会生成任何额外的视频文件，因此不必担心会增加文件的大小。

小知识：编辑章节

在“添加/编辑章节”对话框中，主要包括以下几项内容。

- 当前选取的素材：可以从该下拉列表中选取需要添加/编辑章节的视频素材。
- 添加章节：单击该按钮，可以将当前所在的场景或帧添加到章节列表中。
- 删除章节：选择一个章节，单击该按钮，可以将该章节删除。
- 删除所有章节：单击该按钮，可以将添加的所有章节删除。

23.3 设置场景菜单

步骤 1 选择光盘菜单模板

在光盘创建向导内添加相应的刻录内容后，勾选 Corel VideoStudio 对话框内的“创建菜单”复选框，然后单击“下一步”按钮，即可弹出“菜单模板”对话框，如图 23-6 所示。

在该对话框中，会声会影提供了略图菜单、文字菜单、智能场景菜单等多种类型的光盘菜单模板供用户选择。用户只需单击“菜单模板类别”右侧的下三角按钮，在弹出的下拉列表内选择模板类别，如选择“智能场景菜单”选项，然后在列表下方的模板预览区内选择合适的菜单模板即可，如图 23-7 所示。

在该对话框中，单击“预览”按钮，即可预览菜单模板的效果。勾选“显示高亮按钮”复选框，即可在模板上显示高亮按钮，效果如图 23-8 所示。

图 23-6

图 23-7

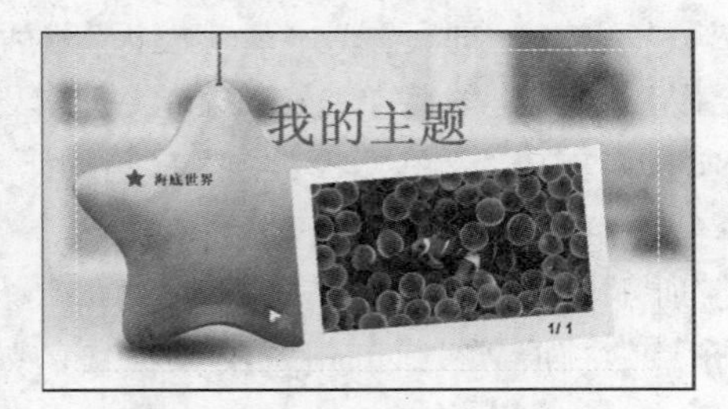

图 23-8

步骤 2　定义背景音乐

单击 Corel VideoStudio 对话框内的“编辑”标签，在“当前显示的菜单”下拉列表中选择“海底世界”选项，然后单击“设置背景音乐”按钮，选择“为所有主菜单选取音乐”选项，如图 23-9 所示。

图　23-9

小知识：“编辑”选项设置

在“编辑”选项卡中，主要包括以下几种选项设置。

- 背景音乐：单击“设置背景音乐”按钮，可以为菜单添加背景音乐。
- 动态菜单：勾选“动态菜单”复选框，可以对菜单的进入和离开动画进行设置。
- 区间：显示设置菜单的播放时间。
- 背景图像/视频：可以为菜单选取背景图像或视频。
- 字体设置：可以设置菜单标题的字体。
- 布局设置：可以对菜单的布局进行设置。
- 高级设置：在该设置中，可以对主题菜单、章节菜单以及显示略图编号进行设置。
- 自定义：可以对菜单进行自定义设置。
- 菜单进入：可以设置菜单进入时的动画。
- 菜单离开：可以设置菜单离开时的动画。
- 所需菜单空间：显示出菜单所需占用的空间大小。

在弹出的“打开音频文件”对话框中选择合适的背景音乐，即可将该音乐应用于所有的主菜单界面内，如图 23-10 所示。

提示：如果需要为当前菜单设置背景音乐，则应执行“为此菜单选取音乐”命令，并在弹出的对话框中选择音乐文件。

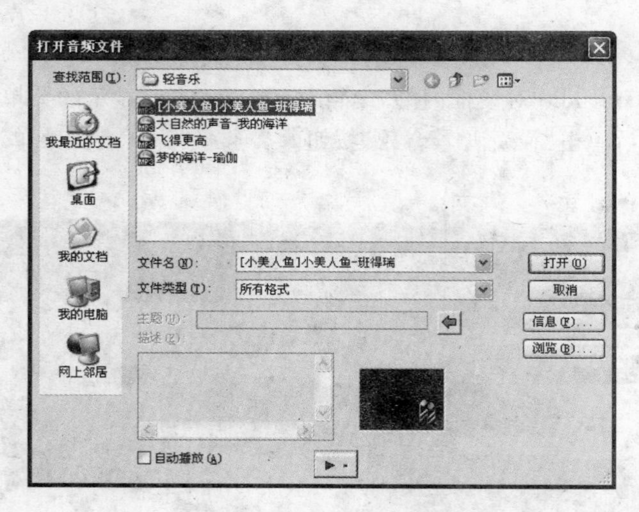

图 23-10

步骤 3　定义背景图像/视频

在“编辑”选项卡中单击“设置背景”按钮，选择“为所有主菜单选取背景图像”选项，如图 23-11 所示。

图 23-11

在为菜单设置新的背景图像后，单击“设置背景”按钮，选择“为此菜单重置背景图像/视频”选项，即可在当前菜单上恢复菜单模板的默认背景；选择“为所有菜单重置背景图像/视频”选项，则可将所有菜单的背景图像或视频恢复为默认设置。在弹出的“打开图像文件”对话框中为光盘菜单选取背景图像，如图 23-12 所示。

此时，在“预览窗口”内便可及时查看自定义背景后的光盘菜单效果，如图 23-13 所示。

图　23-12

图　23-13

提示：在会声会影中除了可以设置菜单背景，还可为当前菜单选择背景视频。只需单击“设置背景”按钮，选择“为此菜单选取背景视频”选项即可。

步骤 4　修改菜单文字

在 Corel VideoStudio 对话框中选择“画廊”选项卡，并在“当前显示的菜单”下拉列表中选择“主菜单”选项，如图 23-14 所示。

在“预览窗口”中双击“我的主题”，此时可进入文字编辑状态。可根据光盘内容来修改当前菜单的标题文字，如修改为“海底世界”。效果如图 23-15 所示。

选择标题文字后，单击“编辑”选项卡中的“字体设置”按钮，弹出“字体”对话框，在该对话框中可以对标题文字的大小、颜色和字形进行设置，如图 23-16 所示。

提示：如果在“字体”对话框中选择名称前带有“@”符号的字体，则中文文字将自动逆时针旋转 90°。

使用相同方法，即可完成其他菜单内标题文字的修改操作。

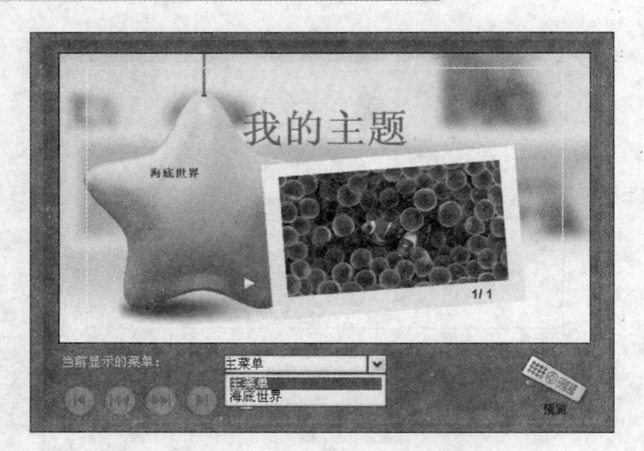

图 23-14

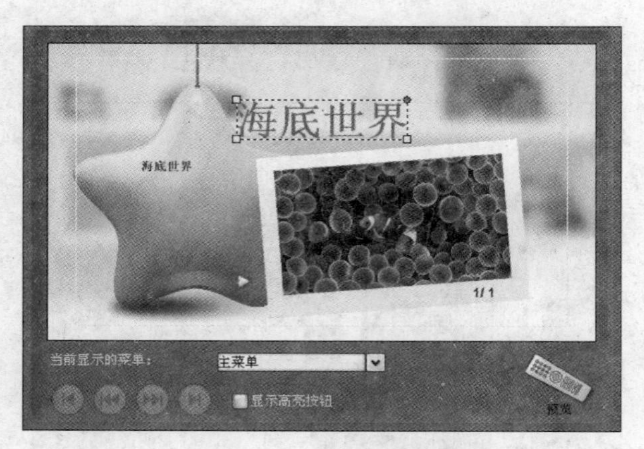

图 23-15

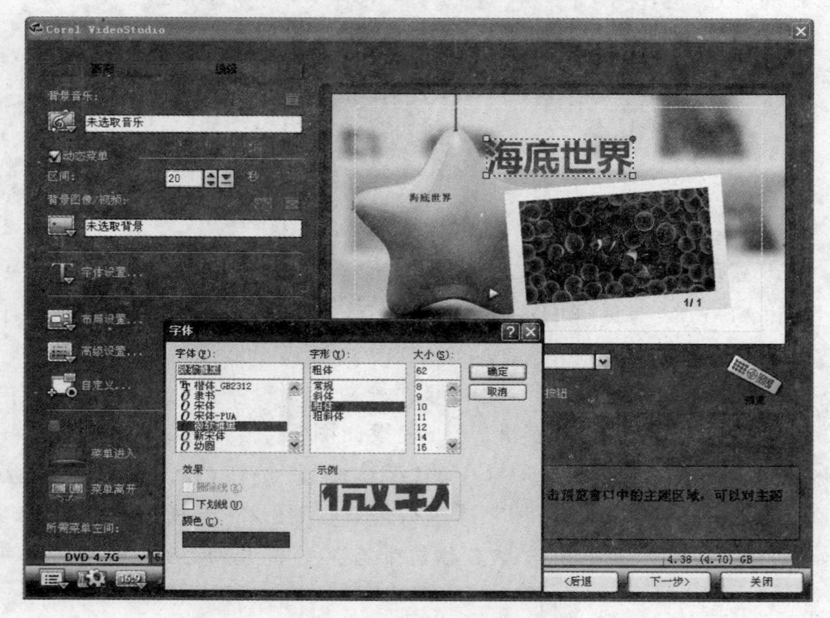

图 23-16

步骤 5　定义其他菜单项

在完成背景音乐、背景图像和标题文字等常用项目的编辑后，单击“编辑”选项卡中的“自定义”按钮，弹出“自定义菜单”对话框，然后单击“可自定义的对象”右侧的下三角按钮，选择“边框”选项，挑选一种合适的边框，如图 23-17 所示。

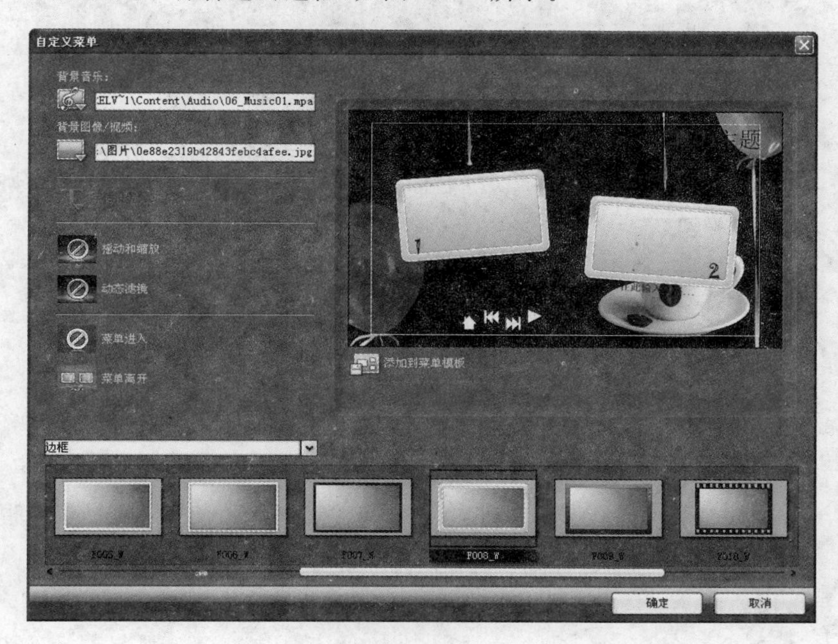

图　23-17

单击“可自定义的对象”右侧的下三角按钮，选择“导览按钮”和“布局”选项，分别对光盘菜单的按钮和布局进行设置，并根据需要调整模块的大小，效果如图 23-18 所示。

图　23-18

步骤 6　定义菜单动画

返回 Corel VideoStuido 对话框，单击“编辑”标签，勾选“动态菜单”复选框，然后单击“菜单进入”按钮，在弹出的“菜单滤镜”列表框内选择菜单进入时的动画效果，如图 23-19 所示。

图 23-19

完成操作后,单击“菜单离开”按钮,在弹出的“菜单转场”列表框内选择菜单退出时的动画效果。

23.4 效果预览

步骤 1 单击“预览”按钮

在 Corel VideoStuido 对话框中,单击“画廊”选项中的“预览”按钮,弹出一个提示对话框,单击“是”按钮,如图 23-20 所示。

图 23-20

提示：在更改光盘菜单的布局过程中，可能造成某些菜单对象重叠，此时将弹出一个提示对话框，提示“某些菜单对象重叠。继续吗?”，单击“是”按钮即可。

步骤 2　预览效果

单击“播放”按钮，即可在右侧的预览窗口中预览相册的制作效果，如图 23-21 所示。

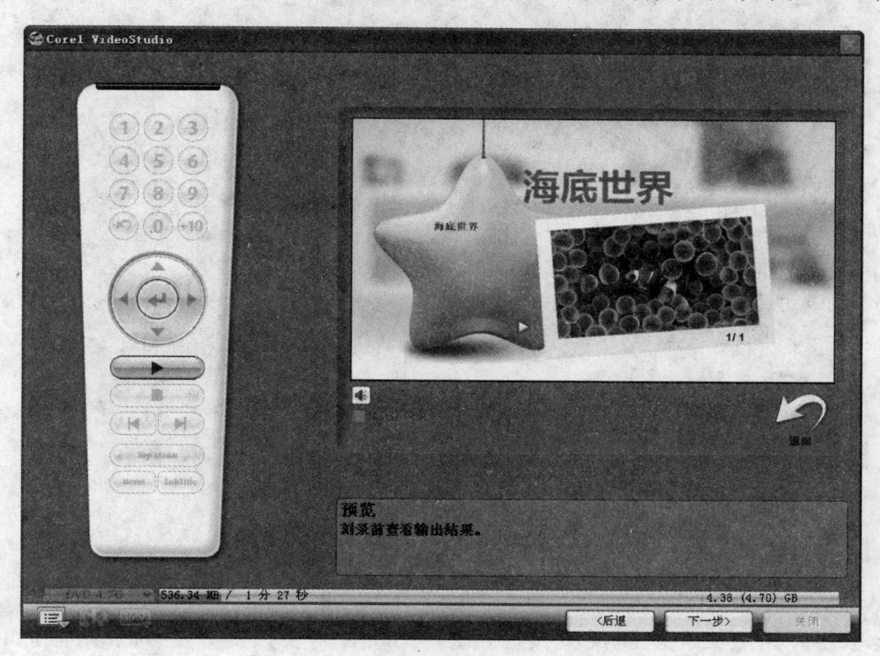

图　23-21

23.5　刻录光盘

步骤 1　创建 DVD 文件夹

在光盘创建向导内完成光盘菜单的制作后，将空白光盘放入刻录机，并单击 Corel VideoStudio 对话框中的“下一步”按钮，进入光盘刻录界面，勾选“创建 DVD 文件夹”复选框，并单击“查找用于创建 DVD 文件夹的目录”按钮，选择创建目录，如图 23-22 所示。

提示：在刻录之前，应检测光盘的数据量是否超出空白光盘的容量。

小知识：其他选项设置

在 Corel VideoStudio 对话框中，还包括以下两个复选框。

1）创建光盘镜像

光盘镜像就是将光盘中的内容原封不动地封装成一个文件，便于下载保存。在使用时通过虚拟光驱读取镜像中的内容，如同将光盘放在光驱中一样，可以获取到原光盘内的数据。勾选“创建光盘镜像”复选框，并单击“刻录”按钮，即可创建光盘镜像文件。

2）等量化音频

将录音的音量变得相对均衡即为等量化音频。勾选“等量化音频”复选框，可刻录出相对均衡的音量。

图 23-22

步骤 2 刻录光盘

单击 Corel VideoStudio 对话框中的“刻录”按钮，弹出提示对话框，单击“确定”按钮，会声会影便开始渲染和创建视频文件，渲染完成后便会按照设置刻录光盘，如图 23-23 所示。

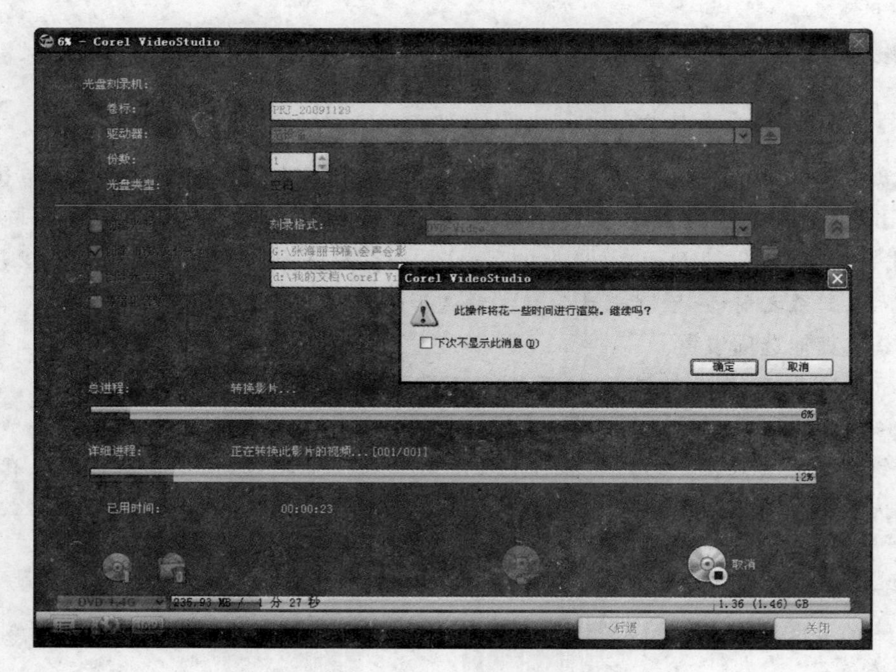

图 23-23

提示：通常来说，光盘的容量越大，渲染所花费的时间越多，对硬盘空间的需求也越多。此外，适当增加内存容量，也能够在一定程度上提高会声会影渲染视频文件的速度。

课堂练习

任务背景：通过本课的学习，小王已经掌握了会声会影刻录光盘的方法，同时了解了场景菜单的制作方法。为了更好地巩固所学的知识，小王需要刻录一张婚纱照的光盘。

任务目标：刻录婚纱照光盘。

任务要求：通过刻录婚纱照光盘，复习巩固创建光盘及刻录光盘的相关知识。

任务提示：刻录婚纱照光盘主要是运用创建光盘、添加章节、设置场景菜单和刻录光盘的相关操作。

练习评价

项　目	标准描述	评定分值	得　分
基本要求 60 分	了解光盘的类型	15	
	添加章节	15	
	编辑章节	15	
	设置场景菜单	15	
拓展要求 40 分	预览效果	20	
	刻录光盘	20	
主观评价		总　分	

课后思考

（1）添加和编辑章节的方法是什么？

（2）刻录光盘的主要步骤是什么？

第10章

使用"数码故事"软件制作相册

第24课　制作婚纱幻灯片

"数码故事"软件是首款专业的国产PTV刻录软件，能将数码照片转成VCD、DVD、SVCD所支持的格式。它功能强大、简单易用，是家庭制作VCD和DVD电子相册的最佳软件。用户可以使用"数码故事"软件独特的Ken Burns效果，让数码相片动起来，并可使用内置数百种图片转换效果让用户的PTV绚丽多姿。

课堂讲解

任务背景：小王收集了数张不同风格的婚纱照，打算将其制作成精美的幻灯片，听说使用"数码故事"软件可以非常方便地完成。

任务目标：使用"数码故事"软件制作婚纱幻灯片。

任务分析：使用"数码故事"软件制作婚纱幻灯片之前，需要先了解幻灯片的添加及属性设置，以及照片之间转换效果的设置等。

24.1　添加幻灯片

步骤1　启动"数码故事"软件

双击"数码故事"软件按钮，即可弹出"数码故事"软件的编辑器界面，如图24-1所示。

"数码故事"软件整体界面很简洁，下面具体介绍其界面组成。

1. 步骤面板

它包含一些对应于视频编辑不同步骤的标签，如幻灯片、菜单、预览和刻录4个简单步骤，如表24-1所示。单击步骤面板上的不同标签，可以在步骤之间进行切换。

2. 菜单栏

它包含一些提供不同命令集的菜单。其中，"文件"菜单主要用于新增、打开、保存和退出项目等；"帮助"菜单用于显示"数码故事"软件的一些帮助信息。

3. 预览窗口

显示当前素材、视频滤镜、效果或标题。另外，在该窗口的上方还包含6个按钮，其功能如表24-2所示。

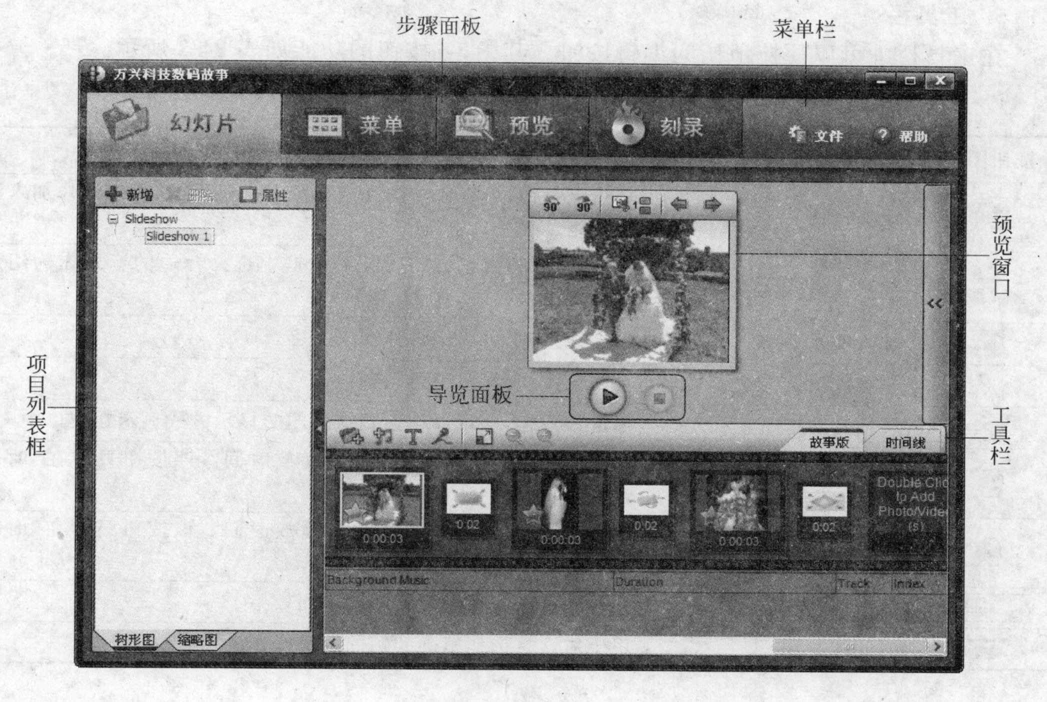

图 24-1

表 24-1 步骤面板标签及功能

标签	功 能
幻灯片	单击该标签，可以添加或删除幻灯片，并设置幻灯片的属性
菜单	单击该标签，可以自定义菜单和添加/删除背景音乐等
预览	单击该标签，可以预览幻灯片的制作效果
刻录	单击该标签，可以将制作好的幻灯片刻录到光盘上

表 24-2 预览窗口按钮及功能

按钮图标	按钮名称	功 能
90°	逆时针旋转	单击该按钮，可使图像逆时针旋转
90°	顺时针旋转	单击该按钮，可使图像顺时针旋转
	编辑剪辑	单击该按钮，可以在弹出的“编辑图片”对话框中，对图片进行剪裁、添加文本、添加剪贴画等
	逆转 180°	单击该按钮，可使图像在播放时逆转 180°
	上一个	单击该按钮，返回至上一个图像
	下一个	单击该按钮，切换至下一个图像

4. 导览面板

它包含两个按钮，分别为“播放”按钮和“暂停”按钮。

5. 工具栏

在工具栏中可以便捷地访问编辑按钮。其中，各按钮的功能如表 24-3 所示。

表 24-3 工具栏按钮及功能

按钮图标	按钮名称	功能
	添加按钮	单击该按钮，可以添加图片或视频素材，还可以为幻灯片加入颜色编辑
	加入背景音乐	单击该按钮，可以在"打开"对话框中选择合适的音乐作为幻灯片的背景音乐
	加入文字	单击该按钮，可为幻灯片加入文字
	录音	单击该按钮，可以进行录音
	转换到缩略图显示方式	单击该按钮，即可以切换到缩略图的显示方式显示在窗口中
	缩小	单击该按钮，可以缩短图像的播放时间。该按钮只有在"时间线"视图方式下才可使用
	放大	单击该按钮，可以延长图像的播放时间。该按钮只有在"时间线"视图方式下才可使用
故事版	故事版视图	在时间线上显示影片的图像略图效果
时间线	时间线视图	用于对素材选择精确到帧的编辑操作

6. 项目列表框

在该列表框中，可以对幻灯片进行操作，如添加和删除幻灯片以及更改幻灯片的显示方式。其中，各按钮的功能如表 24-4 所示。

表 24-4 项目列表框按钮及功能

按钮图标	按钮名称	功能
新增	新增	单击该按钮，可以添加幻灯片
删除	删除	单击该按钮，可以删除幻灯片
属性	属性	单击该按钮，可以设置幻灯片的属性
树形图	树形图	单击该按钮，可以切换至树形图显示方式下
缩略图	缩略图	单击该按钮，可以切换至缩略图显示方式下

步骤 2 新增幻灯片

右击幻灯片 Slideshow 1，选择"新增幻灯片"选项，即可添加一张幻灯片 Slideshow 2，如图 24-2 所示。

小知识：新增幻灯片

在"数码故事"软件中添加幻灯片的方法有多种，下面介绍如下。

- 在项目列表框中单击"新增"按钮 新增，即可添加一张幻灯片。
- 右击项目列表框空白处，选择"新增幻灯片"选项，也可添加一张幻灯片。

提示：如果对添加的幻灯片不满意，只需单击项目列表框中的"删除"按钮 删除 将其删除即可。

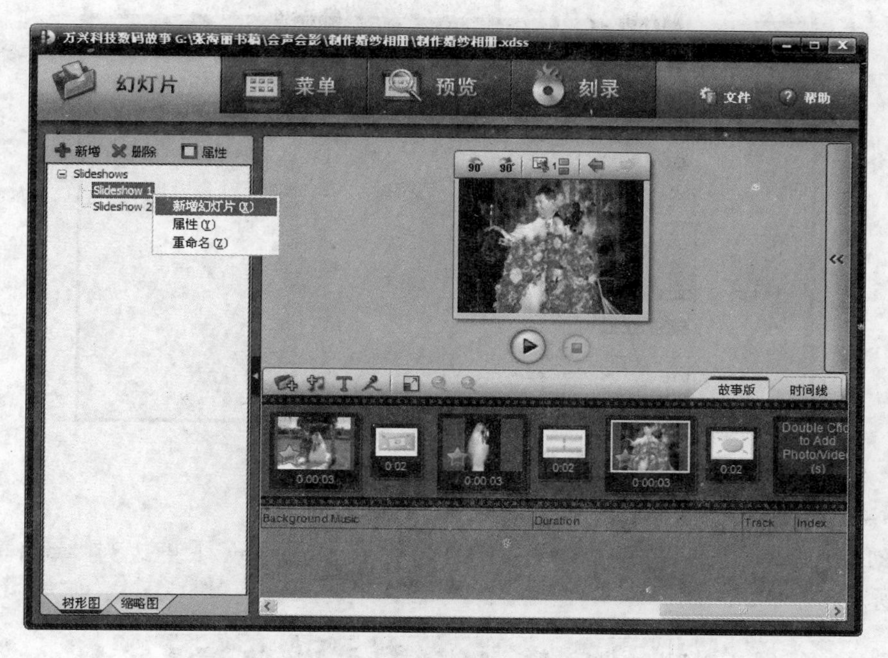

图 24-2

24.2 设置幻灯片属性

步骤 1 设置背景颜色

幻灯片的默认颜色为黑色，用户可以根据需要进行设置。在项目列表框中单击“属性”按钮 属性，即可弹出“幻灯片属性”对话框，选中“颜色”单选按钮，并单击“颜色”右侧的下三角按钮，选择如图 24-3 所示的背景颜色。

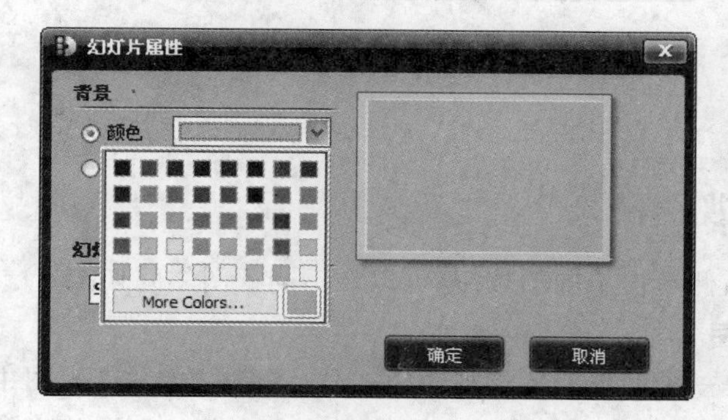

图 24-3

提示：*右击幻灯片 Slideshow 1，选择“属性”选项，也可打开“幻灯片属性”对话框。*

步骤 2 设置背景图像

在“幻灯片属性”对话框中选中“图像”单选按钮，并单击“浏览”按钮 ⋯，在弹出的“打开”对话框中选择合适的背景图片，如图 24-4 所示。单击“确定”按钮，返回“幻灯片属性”对话框。

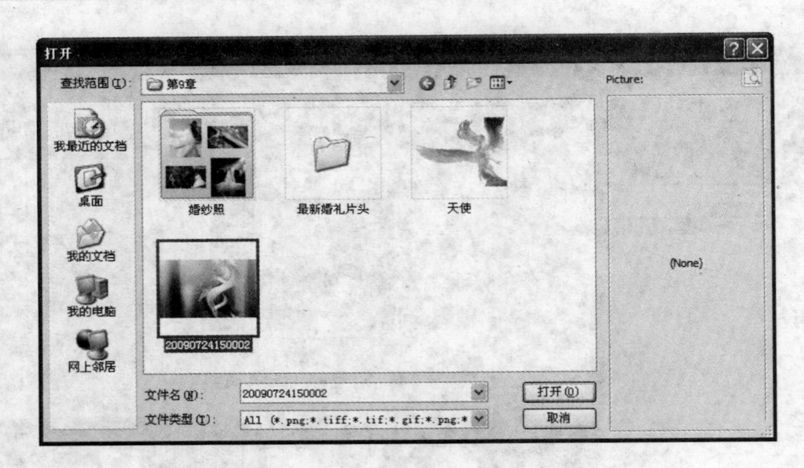

图 24-4

步骤 3 重命名

在"幻灯片属性"对话框中,将幻灯片的名称由 Slideshow 1 更改为"幸福美满",如图 24-5 所示。

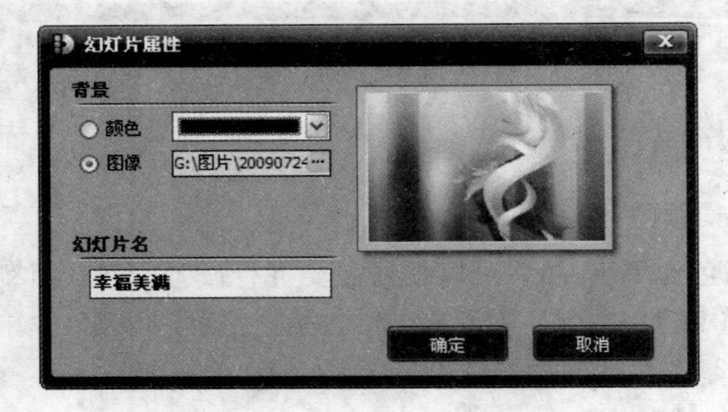

图 24-5

提示:可以右击幻灯片 Slideshow 1,选择"重命名"选项,更改幻灯片名称。

24.3 数码故事视图模式

在工具栏中的右侧单击不同的按钮,可以在不同视图之间切换。

1. "故事板"视图

"故事板"视图是一种简单明了的视图模式,放置到"故事板"视图中的图片或者视频将以多个略图的形式显示,其中转场效果与图片紧连在一起。在图片和转场效果的下方还显示了该视频剪辑所持续的播放时间。单击工具栏右侧的"故事板"视图按钮便可切换到此视图模式中,如图 24-6 所示。

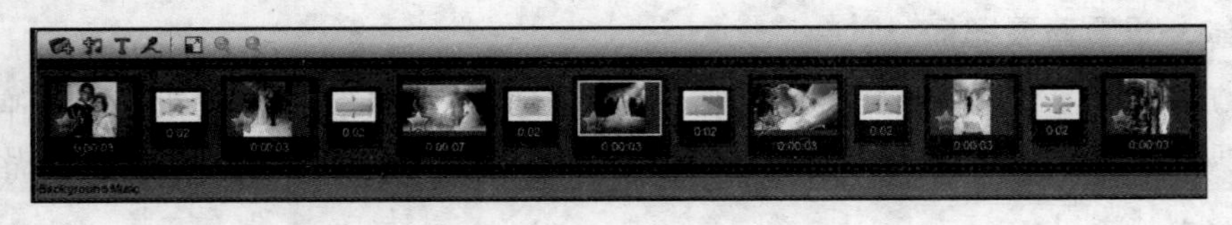

图 24-6

2. “时间线”视图

“时间线”视图模式是以“帧”为单位来编辑素材，且以时间轴方式显示的视图，该视图是视频编辑的最佳模式。用户只需单击“时间线”视图按钮，即可切换为时间轴视图，如图 24-7 所示。

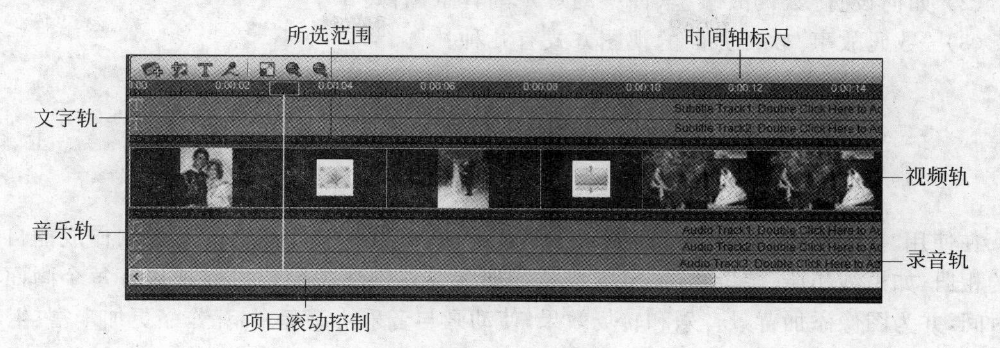

图 24-7

在“时间线”视图模式中包含 4 个轨道以及其他操作视频的按钮，其功能如表 24-5 所示。

表 24-5 “时间线”视图模式功能

名　　称	功　　能
视频轨	视频轨是视频编辑中最主要的轨道，该轨道上放置的素材可以是视频、图像、颜色剪辑等
文字轨	文字轨主要为影片添加各种文字，如片头字幕、片尾字幕、画面解说字幕等，可以是静态的，也可以是动态的
录音轨	包含旁白素材
音乐轨	包含音频文件中的音乐素材
所选范围	此黄色栏代表素材、项目的修整或所选部分
项目滚动控制	单击左按钮和右按钮或拖动滚动条，可以在项目中移动时间线
时间轴标尺	显示项目的时间码增量，格式为“小时:分钟:秒.帧”，可帮助确定素材和项目的长度

课堂练习

任务背景： 通过本课的学习，小王对“数码故事”软件界面有了系统的了解，并掌握了相关的基本操作。为了巩固这些知识，小王收集了桂林山水的一些图片，打算制作一个“桂林山水”幻灯片。

任务目标： 制作“桂林山水”幻灯片。

任务要求： 掌握添加幻灯片和设置幻灯片的方法。

任务提示： 制作“桂林山水”幻灯片，主要掌握幻灯片的添加及属性设置。

练习评价

项　　目	标 准 描 述	评定分值	得　分
基本要求 60 分	熟悉“数码故事”软件界面	20	
	添加幻灯片	10	
	设置幻灯片属性	30	
拓展要求 40 分	了解不同的“数码故事”视图模式	40	
主观评价		总　分	

课后思考

(1) 在“数码故事”软件中，添加幻灯片的方法有哪几种？

(2) 如何设置“数码故事”软件中幻灯片的背景图像？

(3) “数码故事”软件界面的视图方式有几种？

第25课 制作婚纱相册

在使用“数码故事”软件进行后期制作的过程中，可以将一些静态的图像制作成能自动浏览的相册，如婚纱相册、旅游相册、宝宝成长相册等。在制作中用户可以把握好每个画面的播放时间，并为图像添加背景音乐和转场效果，使动画与音乐协调起来，让作品更加丰富、生动。

课堂讲解

任务背景：小王对“数码故事”软件有了一定的了解，为了进一步巩固所学知识，他决定将收集的婚纱照制作成一个电子相册。

任务目标：制作“婚纱照”电子相册，深入了解“数码故事”软件的应用。

任务分析：在制作相册的过程中，可以快速了解该软件的相关操作。

25.1 启动软件并导入素材

步骤1 启动“数码故事”软件

打开“数码故事”软件所在的文件夹，并双击“数码故事”软件图标，即可进入“数码故事”软件启动界面，如图25-1所示。

图 25-1

提示：右击“数码故事”软件图标，在“发送到”列表中选择“桌面快捷方式”选项，下次再启动该软件时，只需双击桌面上的“数码故事”软件图标即可。

步骤2 导入素材

导入素材的方法主要有3种，下面进行具体介绍。

方法1：单击“数码故事”软件窗口中的“加入图片/视频”按钮，在弹出的“打开”对话框中选择需要插入的图片，如图25-2所示。

提示：若需加入视频素材，可在“打开”对话框中选择视频素材进行插入。

技巧：如果需要选择多个图像文件，可以按照以下操作步骤进行。

- 选择多个不连续的图像文件，可以按住Ctrl键，再选择多个图像文件即可。
- 选择多个图像文件的开始图像文件，并按住Shift键，再选择多个文件的末尾图像文件，即可选择多个连续的图像文件。

方法2：单击“添加”按钮，选择“加入图片/视频”选项，如图25-3所示。在弹出的“打开”对话框中选择需要导入的素材即可。

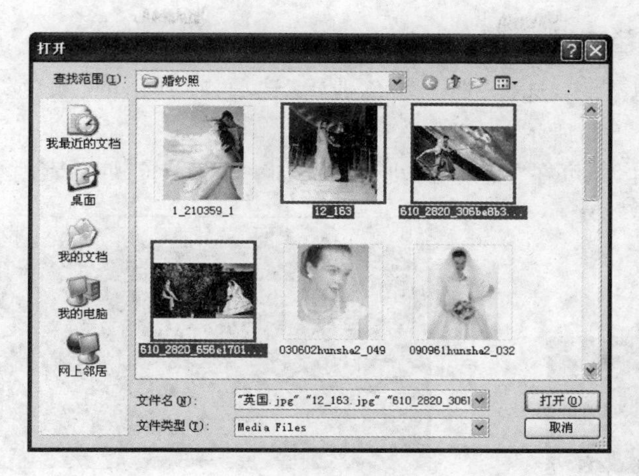

图　25-2

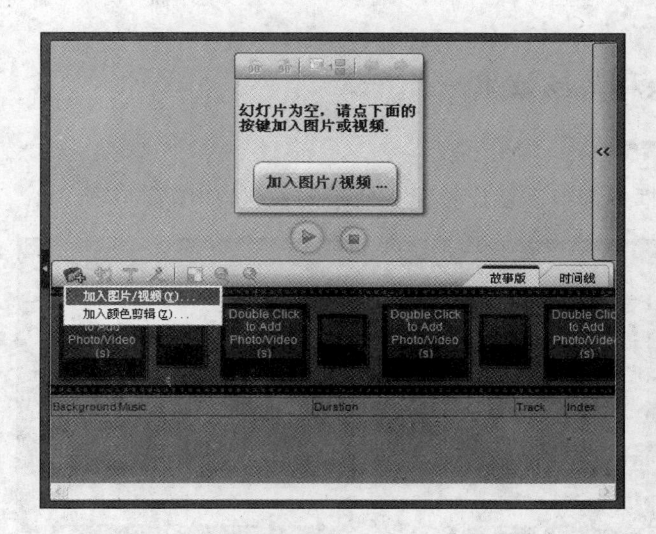

图　25-3

方法 3：右击“视频轨”轨道中的空白图片，选择“加入图片/视频”选项，也可导入素材，如图 25-4 所示。

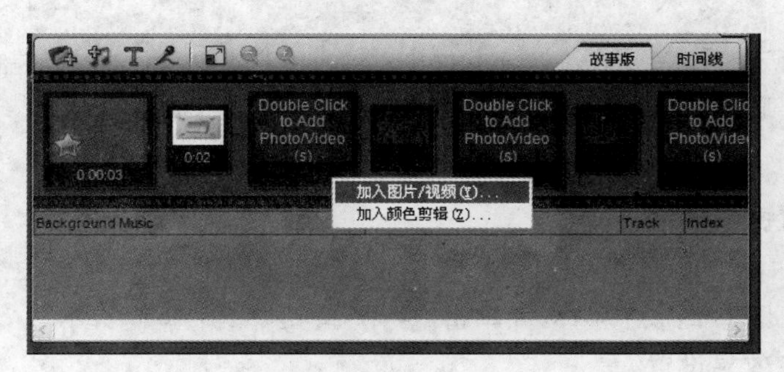

图　25-4

步骤 3　加入颜色剪辑

单击“添加”按钮 ，选择“加入颜色剪辑”选项，在弹出的“颜色幻灯片”对话框中设置颜色幻灯片，如图 25-5 所示。

单击“确定”按钮，即可在“视频轨”轨道中添加一个颜色幻灯片素材，如图 25-6 所示。

图　25-5

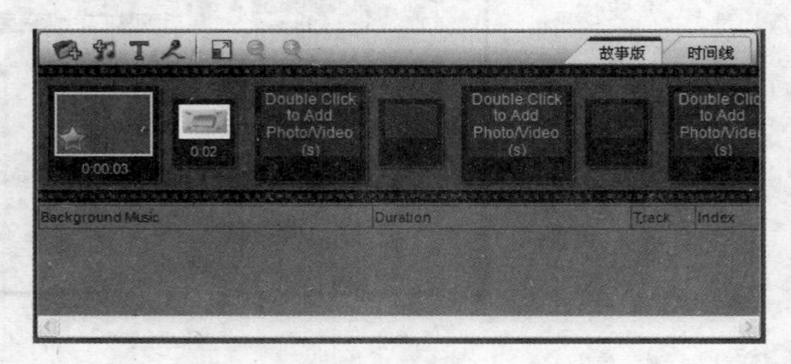

图　25-6

25.2　设置镜头和转场效果

步骤 1　选择素材

在“素材”列表框中选择需要设置镜头效果的素材，如图 25-7 所示。

图　25-7

步骤 2　设置镜头效果

在“预览窗口”中右击镜头效果的“折叠”按钮 ，在弹出的“选择镜头效果”列表中选择旋转放大”选项，设置“时长”为 7s，并单击“应用”按钮，如图 25-8 所示。

小知识：镜头效果设置

在“选择镜头效果”列表框中包含 3 个按钮，其功能如下。

- 单击“应用”按钮 应用 ，即可将列表框中的镜头设置效果应用于所选的素材图片。

图　25-8

- 单击“随机”按钮 随机 ，即可设置镜头效果为随机。随机是指事前不可预知的现象，即在相同条件下重复进行试验，每次结果也未必相同。
- 单击“应用所有”按钮 应用所有 ，即可将列表框中的镜头设置效果应用于所有的素材图片。

步骤 3　设置转场效果

单击“素材”列表框中图片素材后面的转场效果缩略图，即可弹出“转场效果”对话框，在该对话框中选择合适的转场效果，并设置转场参数，如图 25-9 所示。

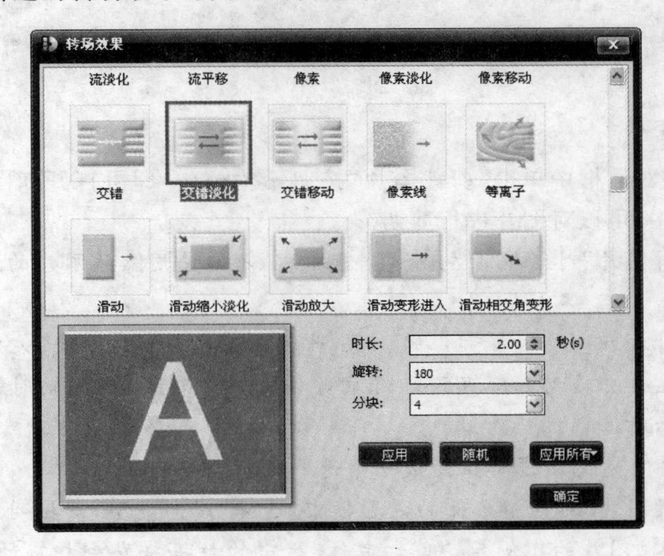

图　25-9

小知识：“转场效果”参数设置

在“转场效果”对话框中，可以对效果的时长、旋转和分块进行设置。

- 在“时长”微调框中，可以调整转场效果的时长，其范围为 0～100s。

- 在“旋转”下拉列表中，可以设置转场效果旋转的角度，旋转角度为 0°、90°、180°和 270°。
- 在“分块”下拉列表中，可以设置转场效果是否分块，不分块选择 1，分块选择 2 或 4。

提示：插入图片素材后，“数码故事”软件将自动为图片添加转场效果。如果对随机添加的效果不满意，可以运用上述方法进行修改。

25.3 编辑图片

步骤 1 打开“编辑图片”对话框

在“素材”列表框中双击需要编辑的图片，即可打开“编辑图片”对话框，如图 25-10 所示。

图 25-10

步骤 2 剪裁图片

在“编辑图片”对话框中单击“剪裁图片”按钮 剪裁图片，即可打开如图 25-11 所示的任务窗格，在该窗格中，可以对图片进行剪切。

技巧：在“编辑图片”对话框的左侧预览窗口中，可以使用缩放图片的方法剪切图片，其操作步骤如下。

- 把鼠标指针放在所要选择部位的一角，此时鼠标指针变成一个“左右”箭头。
- 按住鼠标左键并拖动鼠标直到选好裁剪部位（当鼠标指针移动时，会在照片上出现虚线来标示所选部位）。
- 松开鼠标即可看到所选部位变成一个选取框。

提示：在“编辑图片”对话框右侧的设置框中，选择“比例类型”下拉列表中的剪切比例，即可裁剪图片。选择图片的比例后，“剪切定位”栏中的数据将发生相应的变化，另外“图片大小”栏中的“剪切大小”数据也将发生相应的变化。

步骤 3 设置图片效果

在“编辑图片”对话框中单击“图片效果”按钮 图片效果，在右侧的任务窗格中选择合适的图片效果即可，效果如图 25-12 所示。

图 25-11

图 25-12

步骤 4 加入文本

在“编辑图片”对话框中单击“加入文本”按钮 加入文本，并单击“添加”按钮，然后在文本框中输入“百年好合”，分别设置“字体”为 Arial Black，“大小”为 37，“颜色”为 pink，“类型”为“加粗”，如图 25-13 所示。

小知识：文本设置

可以根据需要添加或删除文本，还可以将文本设置为艺术字等，下面介绍其方法。

- 单击“添加”按钮右侧的下三角按钮，在其下拉列表中选择不同的选项，可以在图片中添加相应的文本。
- 单击“删除”按钮，即可删除图片中的文本。
- 单击“高级”按钮 高级 ，可以在弹出的对话框中将文本设置为艺术字。

图　25-13

步骤 5　添加剪贴画

在“编辑图片”对话框中单击“添加剪贴画”按钮 添加剪贴画，在弹出的任务窗格中单击“自定义”按钮，然后在弹出的“打开”对话框中选择需要插入的图片，如图 25-14 所示。

图　25-14

小知识：剪贴画设置

在右侧的任务窗格中，可以进行以下操作。

- 在“剪辑类型”下拉列表中选择剪贴画的类型，并在其下方的列表中选择合适的剪贴画。
- 拖动“透明度”右侧的滚动条，即可设置图片或剪贴画的透明度。
- 选择合适的剪贴画，并单击“增加”按钮，即可插入剪贴画。
- 选择剪贴画，并单击“删除”按钮，即可删除剪贴画。

步骤 6　添加遮光板

在“编辑图片”对话框中单击“添加遮光板”按钮 添加遮光板，在弹出的任务窗格中选择遮光板的类型，并单击“应用”按钮，如图 25-15 所示。

图　25-15

步骤 7　添加相框

单击“添加相框”按钮 添加相框，在其右侧的任务窗格中选择合适的相框类型，并单击“应用”按钮，如图 25-16 所示。

图　25-16

课堂练习

任务背景： 最近小王的朋友拍了一套个人写真，听说小王会使用“数码故事”软件，就请他帮忙制作一个“个人写真”相册。

任务目标： 制作“个人写真”相册。

任务要求： 为“个人写真”相册添加设置镜头和转场效果，并对图片进行编辑。

任务提示： 制作“个人写真”相册，主要使用户掌握转场效果的设置以及图片的编辑操作。

练习评价

项　目	标准描述	评定分值	得　分
基本要求 60 分	导入素材	15	
	加入颜色剪辑	15	
	设置镜头效果	15	
	设置转场效果	15	
拓展要求 40 分	设置图片效果	20	
	加入文本效果	20	
主观评价		总　分	

课后思考

（1）如何对导入的素材进行镜头和转场效果设置？

（2）如何对导入的素材进行处理？

第 26 课　后期制作婚纱相册

婚纱相册的后期制作是为了使相册更加生动，使整个相册看起来活灵活现，不至于枯燥呆板。本课将学习婚纱相册的后期制作，在后期的制作过程中，可为相册添加一些字幕信息或符合相册的背景音乐，还可以将制作好的婚纱电子相册，刻录到光盘上以便保存。

课堂讲解

任务背景：一个完整的电子相册，不仅包括精美的图片，更少不了字幕、声音、片头、片尾等。小王制作了婚纱相册之后，决定对其进行后期处理，添加相关元素，使其更加完美。

任务目标：通过后期制作婚纱相册，深入了解详细的图像影视制作的工作流程。

任务分析：后期制作婚纱相册时，注意掌握后期制作的流程。

26.1　添加字幕

步骤 1　双击“文字轨”轨道

选择需要添加字幕的图片素材，并双击“文字轨”轨道，如图 26-1 所示。

图　26-1

步骤 2　设置字幕

在弹出的“字幕编辑”对话框中输入“浪漫时刻”，并设置“字体”格式及“效果”，如图 26-2 所示。

图　26-2

小知识：字幕设置

在“字幕编辑”对话框中，主要包含以下几项内容的设置。

- 文本框：在该框中可以输入字幕内容，如输入“浪漫时刻”。
- 字体：可以在该下拉列表中选择合适的字体，如选择“华文行楷”。
- 字号：在该下拉列表中可以选择合适的字号大小。默认的字号大小为 8～96，用户也可以根据需要在“字号”文本框中输入字号的大小。
- 文字类型：可以选择文字的类型，如加粗、倾斜或加下划线。
- 字体颜色：可以选择适合字幕的字体颜色。
- 动作：在该下拉列表中，主要包括 3 种方式的动作，分别为进入、强调和退出。
- 类型：在该下拉列表中，主要包括 13 种进入动作的类型。
- 时长：在该微调框中，可以调整字幕进入或退出的播放时间。
- 方向：可以设置字幕文字的角度，如 0°、90°、180°、270°。

26.2　添加音效

步骤 1　单击按钮

单击工具栏中的“加入背景音乐”按钮，如图 26-3 所示。

图　26-3

步骤 2　选择背景音乐

在弹出的"打开"对话框中选择合适的背景音乐，并单击"打开"按钮，如图 26-4 所示。

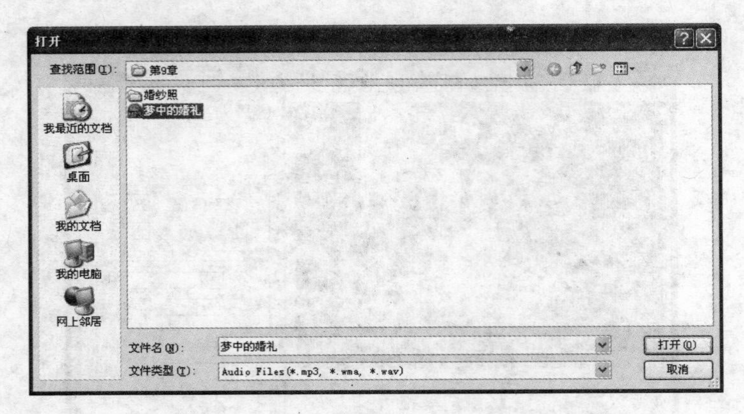

图　26-4

步骤 3　编辑背景音乐

双击"音乐轨"轨道上的音乐，打开"音乐编辑"对话框，在该对话框中向前拖动"剪辑"滑块，即可剪辑音乐，如图 26-5 所示。

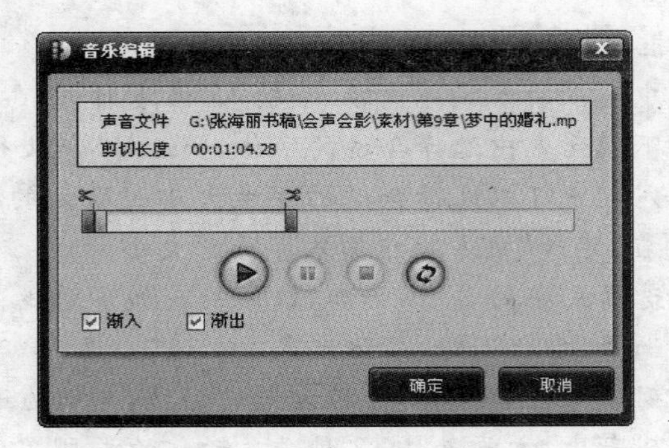

图　26-5

26.3　插入片头和片尾

步骤 1　执行命令

右击"视频轨"轨道中的第 1 张图片，从弹出的快捷菜单中选择"插入媒体剪辑"选项，如图 26-6 所示。

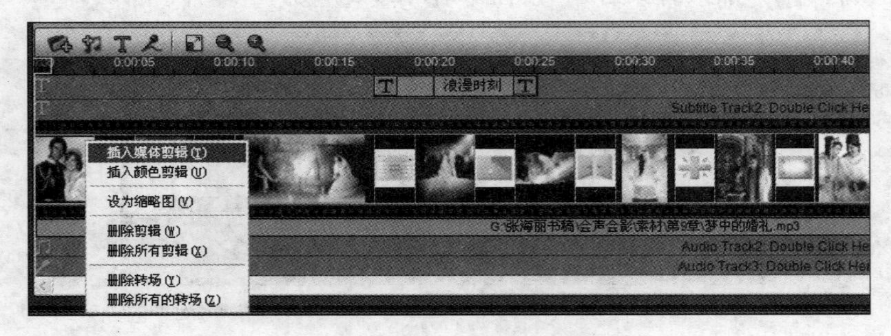

图　26-6

步骤 2　选择片头文件

在“打开”对话框中选择“婚庆片头_DVD_05”文件，如图 26-7 所示。

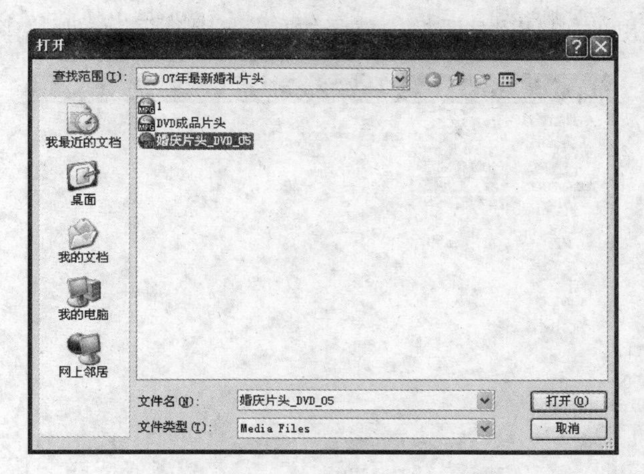

图　26-7

步骤 3　插入片头

单击“打开”按钮，即可在“视频轨”轨道中插入片头，效果如图 26-8 所示。

图　26-8

步骤 4　调整音频长度

将鼠标指针置于“音乐轨”轨道的左侧，当鼠标指针变成“左右”箭头时，向右拖动鼠标，调整音乐的长度，如图 26-9 所示。

图　26-9

步骤 5　插入片尾

选择“视频轨”轨道中的最后一张照片，单击工具栏中的“添加”按钮，选择“加入图片/视频”选项，在弹出的“打开”对话框中选择“婚礼专用片尾”文件，如图 26-10 所示。

图　26-10

26.4　后期处理婚纱相册

步骤 1　修改菜单标题及文本

单击步骤面板中的“菜单”标签，输入“喜结良缘”，并设置其字体格式，然后为菜单添加背景音乐，如图 26-11 所示。

步骤 2　预览相册

单击“预览”标签，即可预览相册的制作效果，如图 26-12 所示。

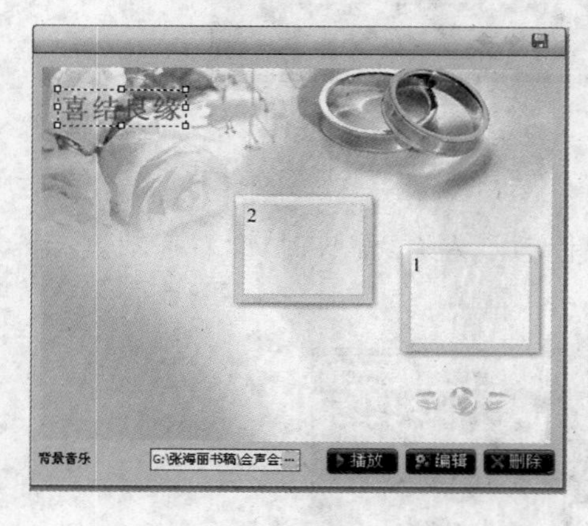

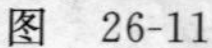
图　26-11

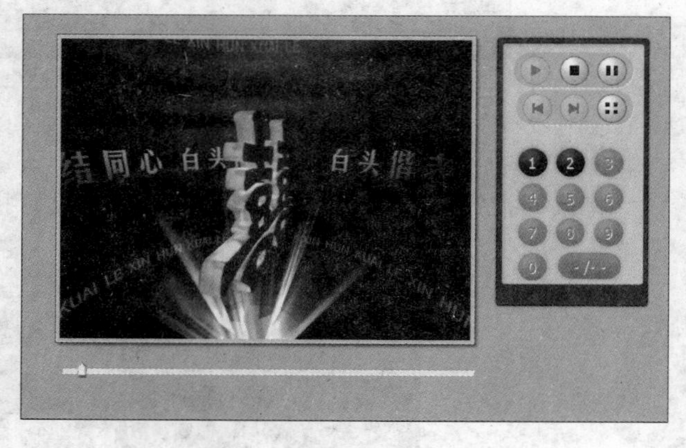

图　26-12

步骤 3　刻录相册

在步骤面板的“刻录”选项卡中，设置“生成镜像文件”和“生成 DVD 文件”的目录，如图 26-13 所示。

单击“开始”按钮，即可开始刻录光盘，如图 26-14 所示。

等待一段时间，当所有的文件都生成后，将出现如图 26-15 所示的对话框，表示刻录完成。

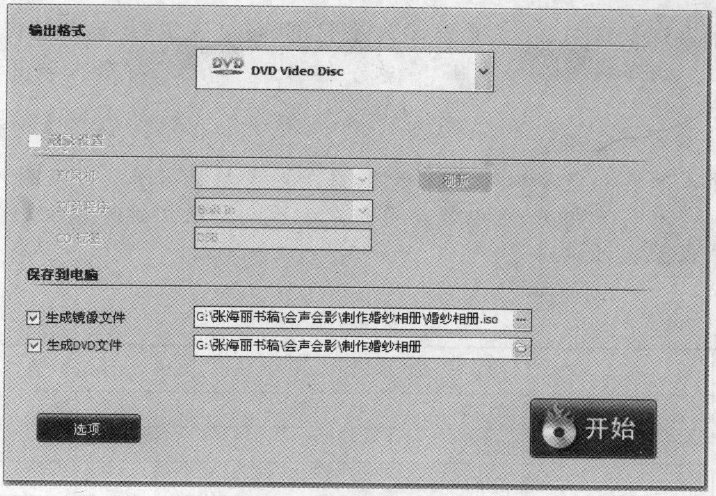

图　26-13

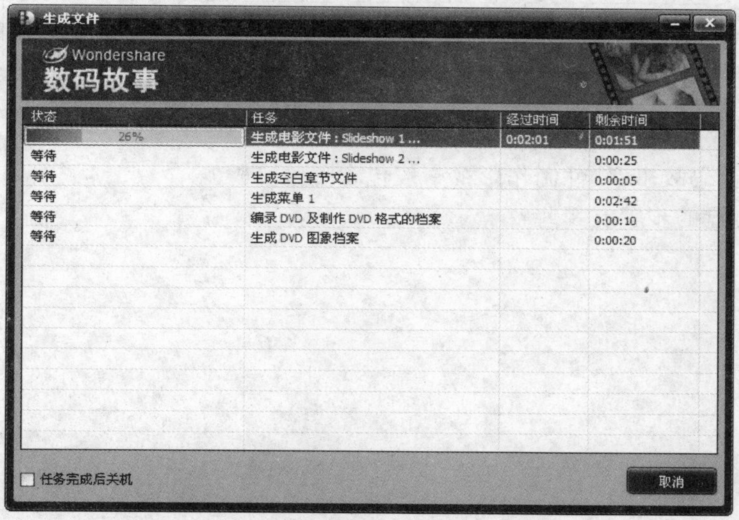

图　26-14

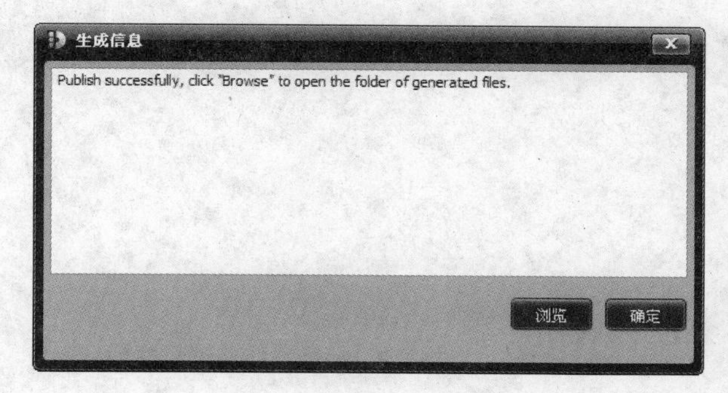

图　26-15

课堂练习

任务背景： 通过本课的学习，小王已经掌握了利用"数码故事"软件制作简单相册的一般流程。为了巩固添加字幕、音效等知识，小王决定对个人写真相册进行后期处理。

任务目标： 处理个人写真相册。

任务要求： 为个人写真相册添加字幕及音效，另外对菜单进行编辑以及刻录光盘。

任务提示： 制作个人写真相册，可以帮助用户掌握后期处理相册的方法，如添加片头和片尾以及菜单的编辑等。

练习评价

项　　目	标准描述	评定分值	得　分
基本要求 60 分	添加字幕	15	
	添加音效	15	
	插入片头	15	
	插入片尾	15	
拓展要求 40 分	修改菜单标题和文本	20	
	刻录相册	20	
主观评价		总　分	

课后思考

(1) 利用"数码故事"软件制作影视一般包含哪些步骤？

(2) 刻录光盘的步骤有哪些？

第 11 章

实战演练：保留新婚片刻

第 27 课　编辑视频

通过前面的学习，用户已经对会声会影的基本操作有了一个系统的了解。本课通过对结婚录像的编辑制作，具体地介绍在使用会声会影制作影片的流程中，对视频素材的添加和编辑过程。

课堂讲解

任务背景： 小王的一个朋友想让他将自己的结婚录像制作成影片，小王觉得这是一个锻炼制作影片的好机会，于是便答应了朋友的要求。

任务目标： 了解在影片制作流程中，视频素材编辑的方法和技巧等内容。

任务分析： 影片制作的流程，与会声会影中的步骤面板基本相同。首先将影片的素材导入会声会影中，并对素材进行剪辑，为素材添加覆叠素材、添加滤镜和转场效果来制作效果；其次添加音频素材；最后输出影片。

27.1　添加视频文件

步骤 1　创建库

启动会声会影软件，在“视频”素材库中单击“库创建者”按钮，在打开的“库创建者”对话框中单击“新建”按钮，如图 27-1 所示。打开“新建自定义文件夹”对话框，在“文件夹名称”文本框中输入“婚庆视频素材”，如图 27-2 所示。依次单击“确定”和“关闭”按钮，新建一个“婚庆视频”素材库。

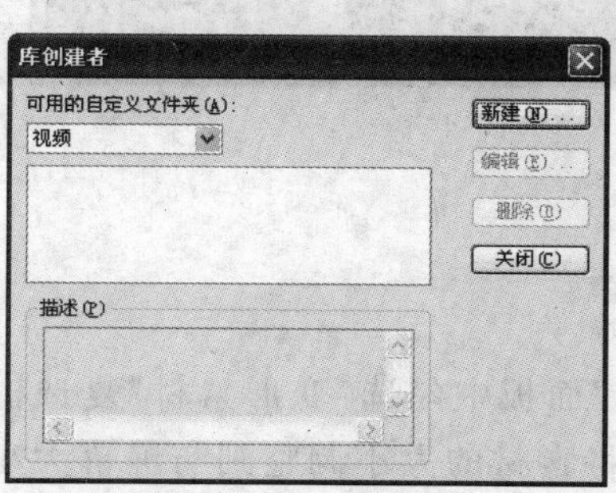

图　27-1

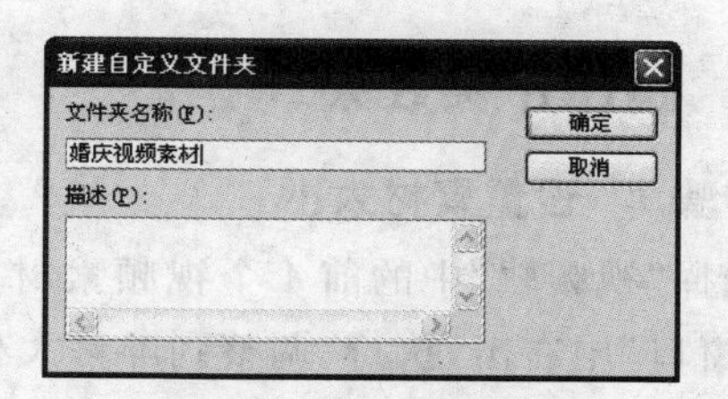

图　27-2

使用同样的方法，在“库创建者”对话框中单击“可用的自定义文件夹”下方的下三角按钮，在弹出的列表中分别选择“图像”和“音频”选项，创建“婚庆图像”素材库和“婚庆音频”素材库。

小知识：“库创建者”对话框

该对话框主要用于创建库，在编辑素材较多的影片时便于操作。其各个部分和图标按钮介绍如下。

- 可用的自定义文件夹：单击该选项下方的下三角按钮，可以在弹出的列表中选择库所在的文件夹，其中包括视频、图像、音频、标题和项目视频。
- 描述：显示创建库时对该库所作的描述文本。
- 新建：单击该图标按钮，可以弹出“新建自定义文件夹”对话框，以便新建库。
- 编辑：编辑所选择的库。
- 删除：删除所选择的库。

步骤 2　导入素材

单击“画廊”右侧的下三角按钮，执行“视频—婚庆视频素材”命令，将光盘的“片头素材”文件夹中的视频素材、“星光.avi”和“结婚录像.avi”图像素材导入“婚庆视频”素材库中，如图 27-3 所示。使用同样的方法，将光盘中的“图片素材”、“音频素材”添加到“婚庆图像”素材库和“婚庆音频”素材库中。

图　27-3

步骤 3　添加素材

切换到“婚庆视频”素材库，将该库中的“彩带.avi”视频素材添加到“覆叠轨”，将其他的视频素材添加到“视频轨”中，其顺序如图 27-4 所示。

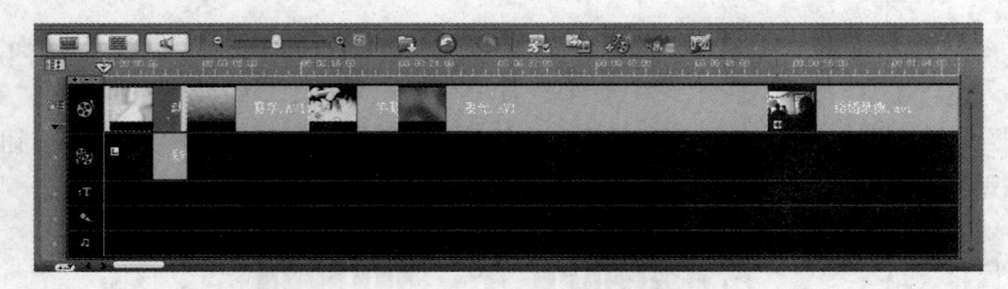

图　27-4

27.2　制作片头效果

步骤 1　设置素材大小

选择“视频轨”中的前 4 个视频素材，在“属性”面板中勾选“变形素材”复选框，然后在“预览窗口”中右击，执行“调整到屏幕大小”命令，将素材的大小调整到与屏幕大小相同，如图 27-5 所示。

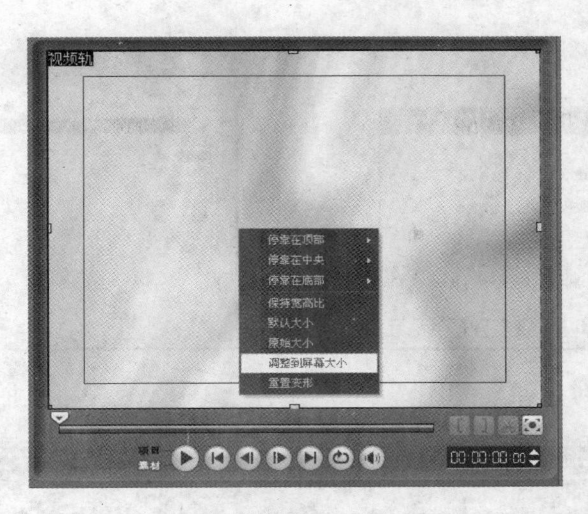

图　27-5

步骤 2　设置覆叠素材透明度

选择“覆叠轨”中的“彩带.avi”视频素材，在“属性”面板中单击“遮罩和色度键”按钮，在弹出的面板中勾选“应用覆叠选项”复选框，并单击“类型”右侧的下三角按钮，在弹出的快捷菜单中选择“色度键”选项，如图 27-6 所示。在“预览窗口”中右击，执行“调整到屏幕大小”命令。

图　27-6

步骤 3　设置素材回放速度

选择“视频轨”中的“星光.avi”视频素材右击，在弹出的快捷菜单中执行“回放速度”命令，在打开的“回放速度”对话框中设置“速度”为 400，如图 27-7 所示。

提示：选择要设置回放速度的素材后，在“视频”面板中单击“回放速度”图标按钮，也可以打开“回放速度”对话框，为素材设置回放速度。

步骤 4　添加覆叠轨

单击工具栏中的“轨道管理器”按钮，在打开的“轨道管理器”对话框中勾选“覆叠轨 ＃2”复选框，添加一条覆叠轨，如图 27-8 所示。

步骤 5　添加覆叠素材

单击“画廊”右侧的下三角按钮，执行“图像”→“图像—婚庆图像素材库”命令，在该素材库中，将“合照.jpg”添加到“覆叠轨 ＃1”的 23:22 位置，将“新郎.jpg”添加到“覆叠轨 ＃2”的 23:22 位置，将“新娘.jpg”添加到 27:18 位置，如图 27-9 所示。

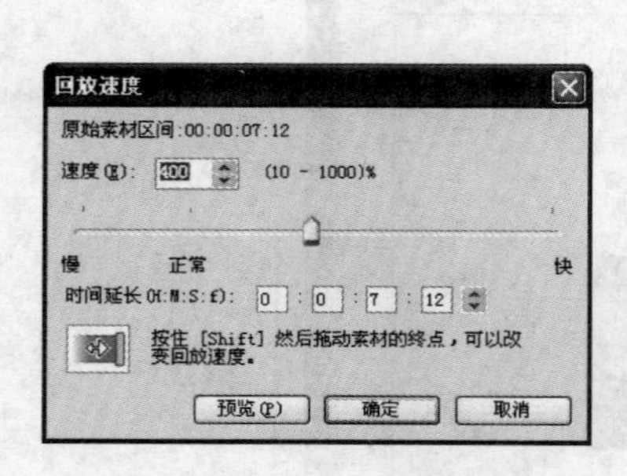

图 27-7

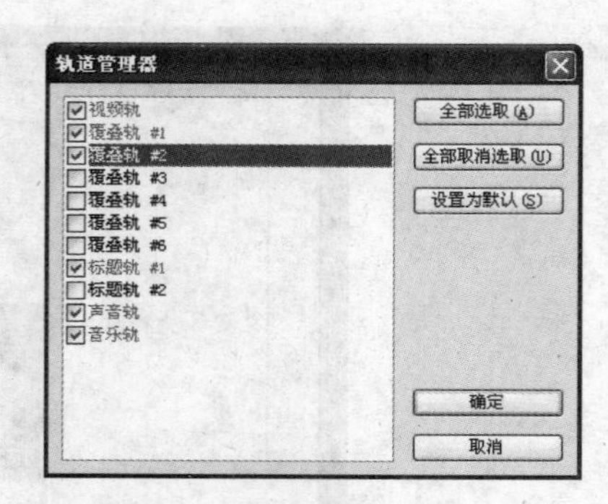

图 27-8

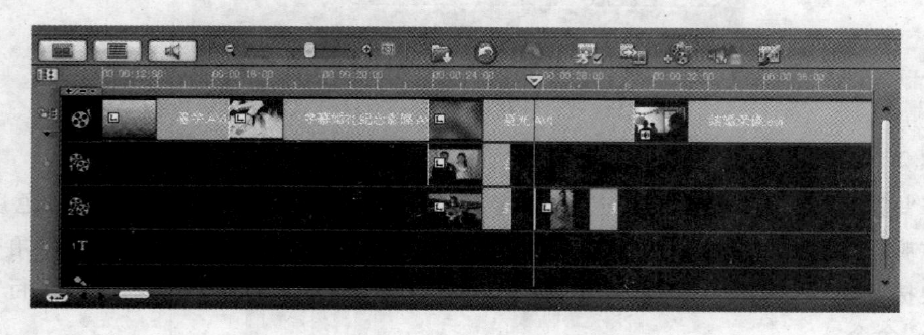

图 27-9

步骤 6　设置素材播放长度

选择"合照.jpg"图像素材，将其区间设置为7:11，并在"预览窗口"中，将鼠标指针移动到右下角的黄色块上，拖动鼠标改变素材的大小，如图 27-10 所示。

图 27-10

分别选择"新郎.jpg"和"新娘.jpg"图像素材，在"覆叠轨 ＃2"中使用拖动鼠标的方法，将素材的播放长度设置为如图 27-11 所示长度。

步骤 7　设置覆叠素材透明度

选择"合照.jpg"覆叠素材，在"属性"面板中单击"遮罩和色度键"按钮，在弹出的面板中设置"透明度"为 80，如图 27-12 所示。

步骤 8　设置素材遮罩帧

分别选择"新郎.jpg"和"新娘.jpg"图像素材，在"属性"面板中单击"遮罩和色度键"按钮，在弹出的面板中应用"双心形"遮罩帧，然后在"预览窗口"中，将图像素材适当地放大一些，如图 27-13 所示。

步骤 9　设置素材进入/退出动画

分别选择"新郎.jpg"和"新娘.jpg"图像素材，在"属性"面板中分别单击"进入"设置栏的"从左边进入"按钮和"退出"设置栏的"从右边退出"按钮，如图 27-14 所示。

图　27-11

图　27-12

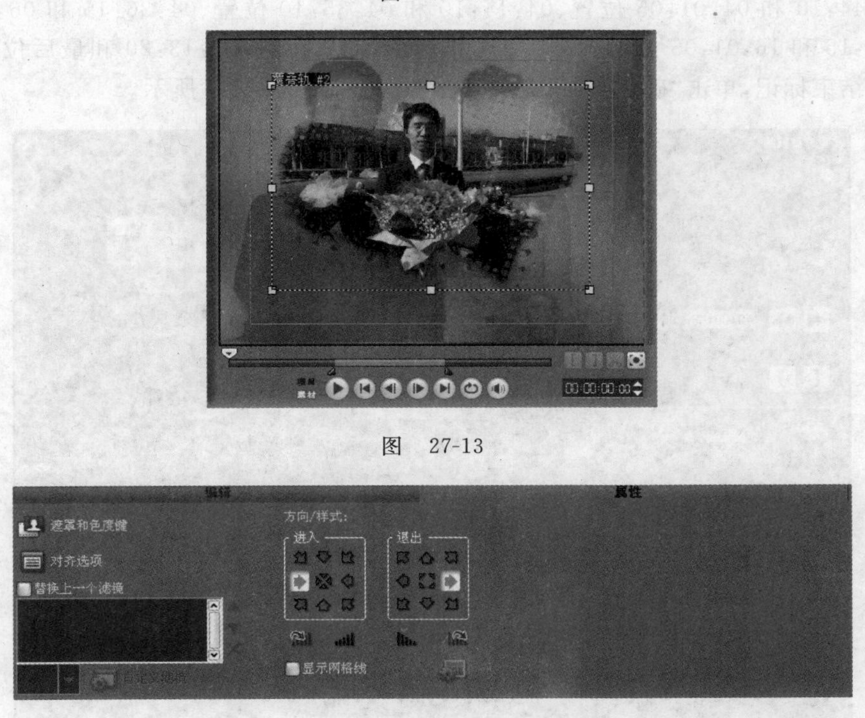

图　27-13

图　27-14

27.3　添加转场

步骤 1　为片头素材添加转场效果

单击“画廊”右侧的下三角按钮，执行“转场”→“过滤”命令，切换到“过滤”类转场库中，选择“溶解”转场效果，将其添加到“视频轨”的前 3 个视频素材中。然后，切换到“旋转”类转场库中，选择“旋转”转场效果，将其添加到“视频轨”的第 3 个视频素材与第 4 个视频素材之间，如图 27-15 所示。

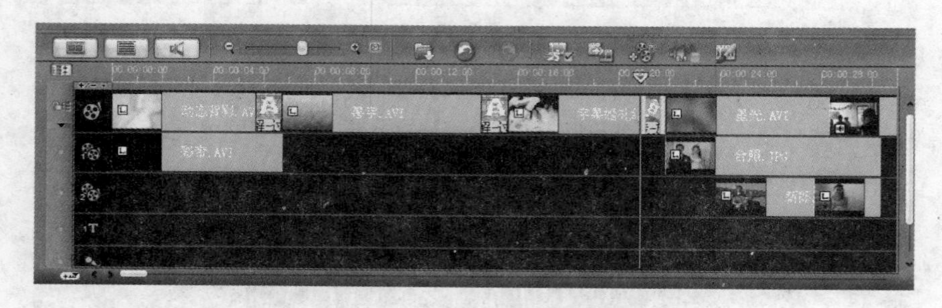

图 27-15

步骤 2　分割视频素材

选择“结婚录像.avi”视频素材，单击“视频”面板中的“多重修整视频”按钮，在打开的“多重修整视频”对话框中单击“设置起始标记”按钮[，拨动“飞梭轮”转盘，在 01:30:15 位置单击“设置结束标记”图标按钮，剪切视频。使用同样的方法，分别在 01:31:20 和 03:41:10 位置、03:44:10 和 04:01:05 位置、04:14:10 和 04:35:10 位置、04:36:15 和 06:15:15 位置、06:25:15 和 16:01:05 位置、16:08:10 和 17:12:15 位置、17:13:20 和最后位置设置起始标记和结束标记，单击“确定”按钮完成素材的修整，如图 27-16 所示。

图 27-16

步骤 3　添加转场效果

切换到“相册”类转场效果库，分别选择该库中的转场效果，根据喜好将其添加到分割的素材间，效果如图 27-17 所示。

图 27-17

提示：也可以根据自己的喜好及审美观，选择其他转场类库中的一些转场效果，将其添加到分割的素材间。

27.4 编辑视频素材

步骤 1 保存静态图像

切换到"图像—婚庆图像"素材库，在"时间轴"视图中，将时间指针移动到 04:27:12 位置，选择该时间段的视频素材，并在"视频"面板中单击"保存为静态图像"按钮，将该帧视频保存为静态图像，如图 27-18 所示。然后，分别移动时间指针到 04:33:12 位置、04:37:16 位置、04:44:12 位置，将这些帧的图像保存为静态图像。

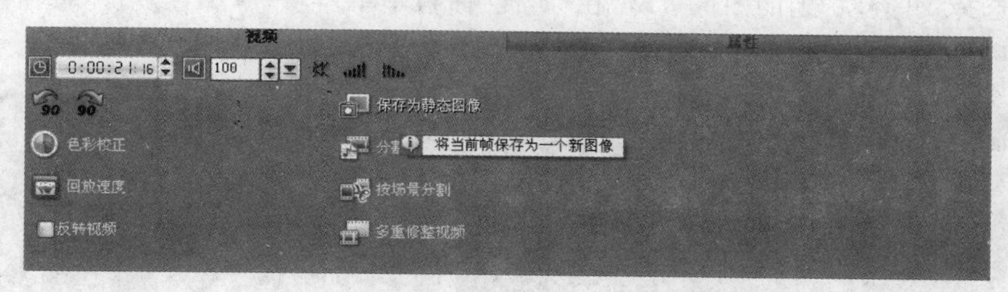

图 27-18

选择"视频轨"中的倒数第 2 段分割的视频素材，分别将 16:08:11 位置、16:23:00 位置、16:35:00 位置、16:37:00 位置和 17:01:11 位置帧的画面保存为静态图像，并且将这些图像素材保存到"图像—婚庆图像"素材库中，如图 27-19 所示。

图 27-19

步骤 2　设置素材播放长度

右击第 1 次保存静态图像的分割素材，执行“回放速度”命令，在打开的“回放速度”对话框中，将其“速度”设置为 160，然后将该素材保存的静态图像添加到该段视频下面的“覆叠轨”中，如图 27-20 所示。使用同样的方法，设置倒数第 2 段视频素材的“速度”为 350，并将静态图像素材添加到相应位置的“覆叠轨”中。

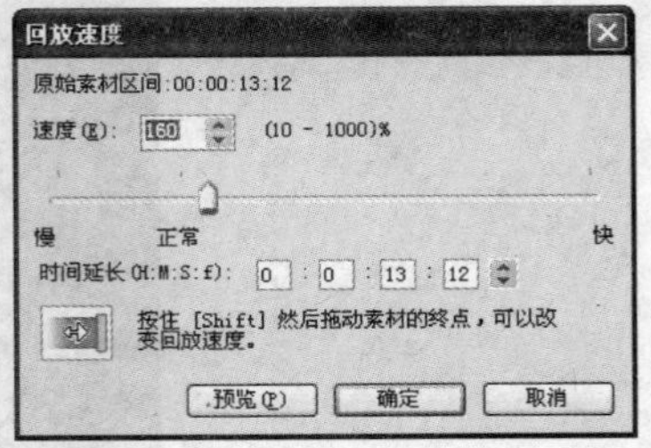

图　27-20

分别选择“覆叠轨”中的图像素材，在“编辑”选项卡中，将其“区间”设置为 01:20，改变素材的播放长度，如图 27-21 所示。

图　27-21

步骤 3　设置素材边框

分别选择“覆叠轨”上的图像素材，在“属性”面板中单击“遮罩和色度键”按钮，在弹出的面板中设置“边框”为 10，如图 27-22 所示。

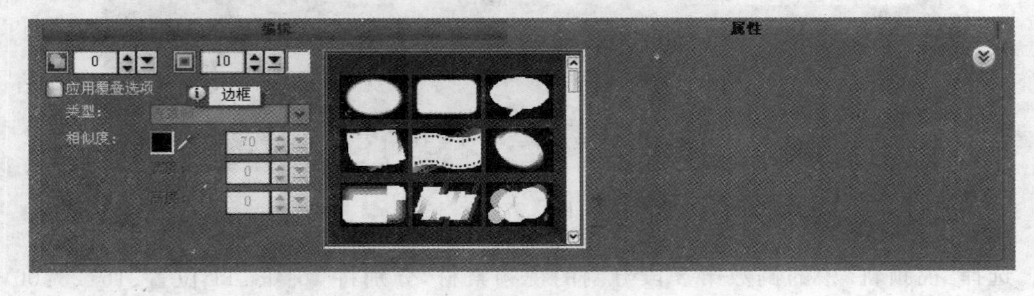

图　27-22

步骤 4　设置素材进入动画

分别选择“覆叠轨”上的图像素材，在“属性”面板中单击“进入”设置栏的“从左边进入”按钮，并单击“暂停区间前旋转”按钮，其效果如图 27-23 所示。

步骤 5　设置素材大小

分别选择“覆叠轨”中的图像素材，在“预览窗口”中将鼠标指针移动到右下角的黄色块上，拖动鼠标改变素材的大小，如图 27-24 所示。

图　27-23

图　27-24

课堂练习

任务背景：小王的朋友过生日，朋友把当天过生日的情景都拍摄了下来，想让小王将拍摄的画面制作成生日聚会影片。

任务目标：制作生日聚会影片。

任务要求：将拍摄的素材导入会声会影中，制作影片的片头，对素材进行剪辑，并添加转场等效果，修饰影片。

任务提示：在制作生日聚会影片时，一般对生日聚会的流程进行编辑。

练习评价

项　　目	标准描述	评定分值	得　分
基本要求 60 分	制作生日聚会片头	20	
	剪辑视频素材	20	
	添加转场、滤镜等效果	20	
拓展要求 40 分	从美化的角度，完善影片效果	40	
主观评价		总　分	

课后思考

(1) 如何在项目中添加库文件夹？

(2) 如何保存静态图片？

(3) 如何为覆叠素材添加边框？

第 28 课　完成婚礼光盘制作

在影片的制作过程中，背景音乐和音效以及标题的制作是不可缺少的一部分。在影片中的完美音效和标题文字，可以提高影片的观赏性。本课除了为婚礼影片添加标题字幕、音效和背景音乐外，还会将制作完成的婚庆影片制作成光盘，永久保留。

课堂讲解

任务背景： 小王完成婚庆影碟中视频部分的编辑后，便通过会声会影中的“标题”面板来制作影片的标题。另外，小王还根据制作的标题和视频部分编辑的要求，上网搜索了一些音效和背景音乐加入影片中，使婚礼影片变得更加完美。

任务目标： 通过对影片标题和音频的制作，深入了解婚庆影片的制作流程及方法，并掌握使用会声会影刻录光盘的方法。

任务分析： 其实，影片标题文字、音频素材的制作和光盘刻录的制作方法，在前面的章节中均有详细的介绍，只要使用前面章节中提到的方法，便可以很好地完成影片的制作及光盘的刻录。

28.1 添加标题文本

步骤 1 分割视频

在“视频轨”中，将时间指针移动到 24:30:00 位置，选择最后一段视频素材，并单击“导览”面板中的“按照飞梭栏的位置剪辑素材”按钮分割素材，如图 28-1 所示。

图 28-1

步骤 2 添加滤镜

切换到“焦距”类视频滤镜库，选择“模糊”视频滤镜，将其添加到“视频轨”中分割的最后一段视频素材，并为该素材添加 5 个“模糊”滤镜，如图 28-2 所示。

图 28-2

步骤 3 添加标题样式

单击“标题”标签，选择 KIDS PARTY！标题样式，将其添加到时间指针所在位置，并设置其播放长度与“视频轨”中最后一段视频素材相同，如图 28-3 所示。

步骤 4 设置标题

在“预览窗口”中双击，选择 KIDS 字母，将其删除输入“祝：”，然后选择 PARTY 字母，将其删除并输入“幸福美满”。在“编辑”面板中，将“祝：”文字的“字体”设置为“文鼎海报体繁”，“字体大小”设置为 84。选择“幸福美满”文字，设置“字体”为“文鼎古印体繁”，并在“预览窗口”中改变文字的位置，如图 28-4 所示。

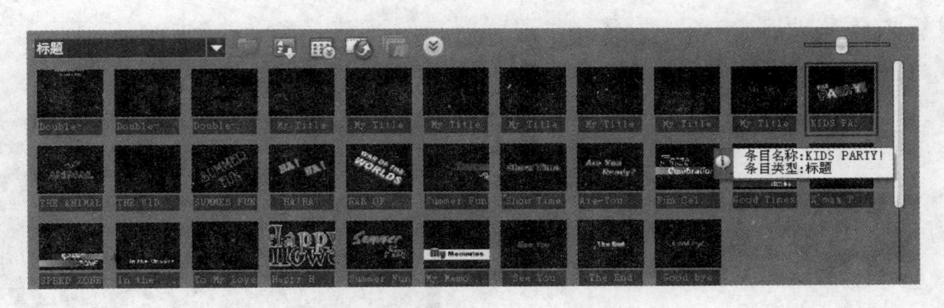

图 28-3

图 28-4

步骤 5 添加标题文字

将时间指针移动到 22:20 位置，并在“预览窗口”中双击输入“新郎：马小奇”。在“编辑”面板中单击“选取标题样式预设值”右侧的下三角按钮，选择第 2 行的第 2 个标题样式，并设置“区间”为 2s，“字体”为“华文行楷”，“字体大小”为 66，“按角度旋转”为 0，如图 28-5 所示。

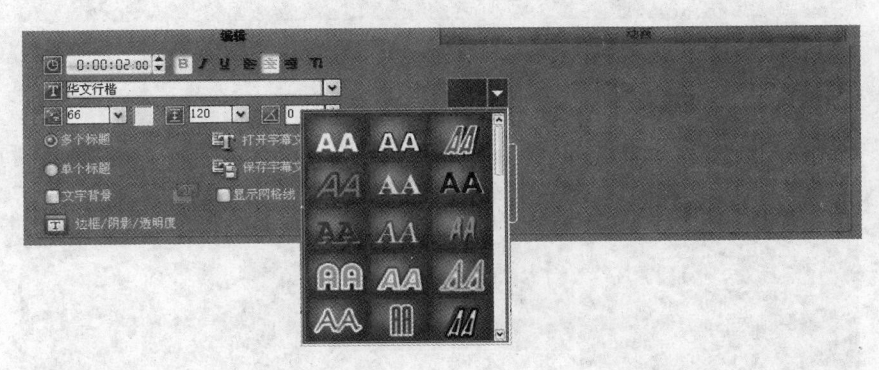

图 28-5

步骤 6 设置标题动画

打开“动画”面板，单击“类型”右侧的下三角按钮，选择“飞行”类标题动画，并在列表框中选择最后一个标题动画。然后，单击“自定义动画”按钮，在打开的“飞行动画”对话框中，单击“进入”设置栏的“从右边进入”按钮，如图 28-6 所示。

将鼠标指针移动到 25:23 位置，在“预览窗口”中双击，输入“新娘：王珂晴”文字，并改变其位置，如图 28-7 所示。在“编辑”面板中，设置“区间”为 2s。

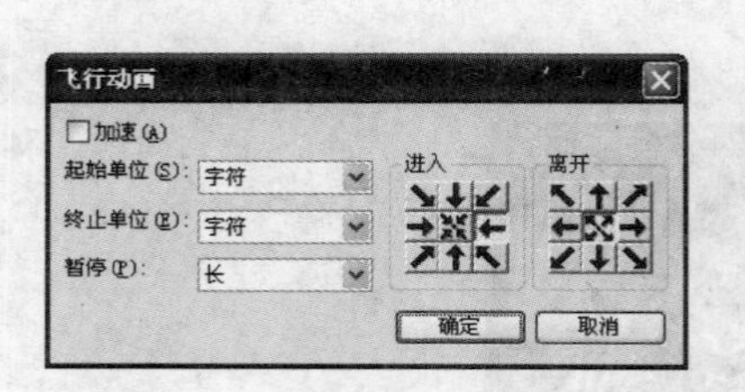

图 28-6

图 28-7

28.2 添加音频

步骤 1 设置视频素材音量

选择分割“结婚录像”的第 4 段素材，在“视频”面板中单击“静音”图标按钮。使用同样的方法，选择倒数第 3 段素材，单击“静音”按钮，将素材的音频去除，如图 28-8 所示。

图 28-8

步骤 2 添加片头音效

单击“画廊”右侧的下三角按钮，执行“音频—婚庆音频素材”命令，在该素材库中选择“片头音效.wav”素材，将其添加到“声音轨”中，如图 28-9 所示。

图 28-9

步骤 3　编辑片头音频素材

在“时间轴”视图中，将时间指针移动到 22:16 位置选择“片头音效. wav”素材，单击“导览”面板中的“按照飞梭栏的位置剪辑素材”按钮 分割音频素材，然后选择“声音轨”中剪切的第 2 段素材，右击选择“删除”选项，如图 28-10 所示。

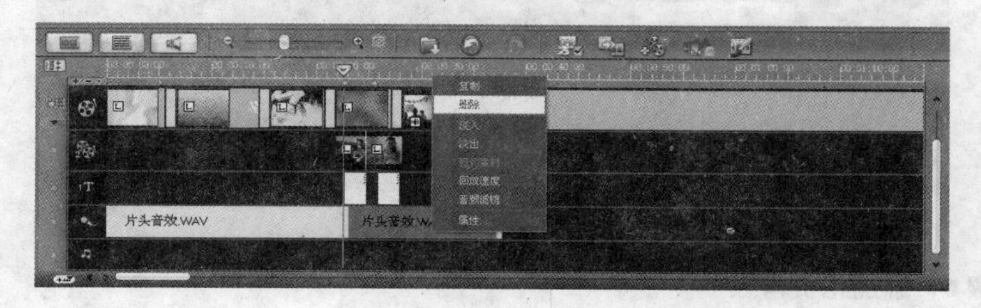

图　28-10

选择“片头音效. wav”素材，在“音乐和声音”面板中单击“淡出”按钮 ，为音频素材设置淡出音频效果，如图 28-11 所示。

图　28-11

提示：选择要添加淡入/淡出音频效果的素材并右击，在弹出的快捷菜单中选择“淡入”和“淡出”选项，也可以为音频素材设置淡入和淡出音频效果。

步骤 4　添加打字音效

选择“打字音效. wma”音频素材，将其添加到 22:20 位置，然后在 24:08 位置剪切素材，并删除剪切的第 2 段素材，如图 28-12 所示。

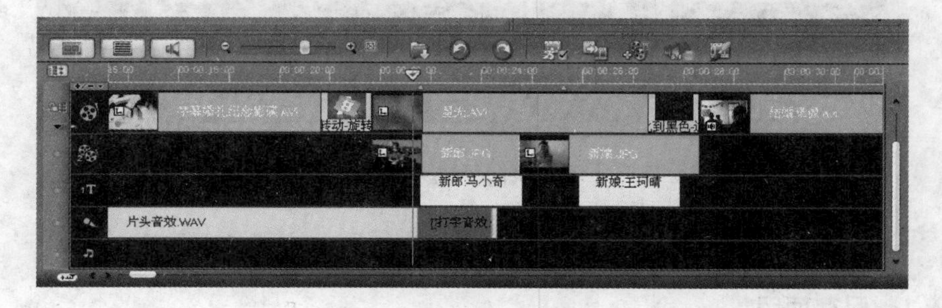

图　28-12

步骤 5　复制音频

右击“声音轨”中的“打字音效. wma”音频素材，执行“复制”命令，在“婚庆音频”素材库的空白处右击，从弹出的快捷菜单中选择“粘贴”选项，复制音频素材，如图 28-13 所示。然后，将复制的音频素材添加到“声音轨”的 25:23 位置。

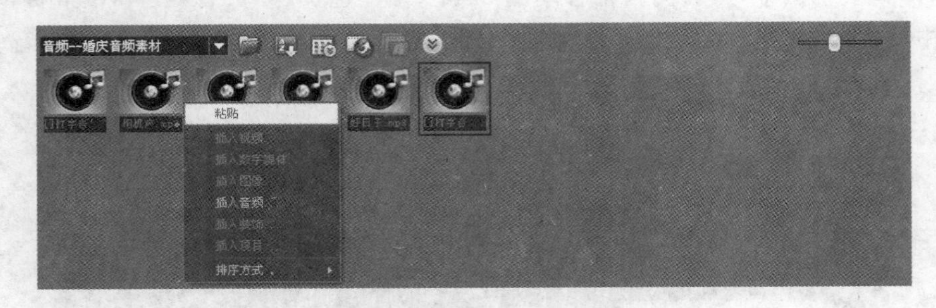

图　28-13

步骤 6　添加相机音效

选择“相机声. mp3”音频素材，将其添加到“声音轨”中，并与“覆叠轨”中添加保存的帧图像素材相对应，如图 28-14 所示。

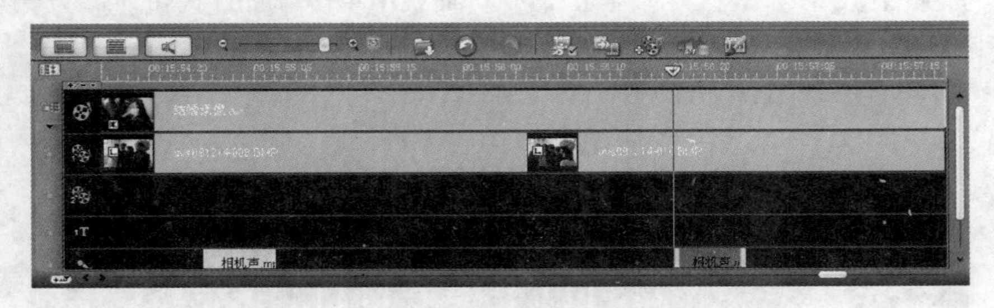

图　28-14

步骤 7　添加背景音乐

选择“迎新. wav”音频素材，将其添加到“声音轨”的 09:24:12 位置，并根据视频素材的长度，多添加几遍。使用同样的方法，将“好日子. mp3”音频素材添加到“声音轨”的 16:16:00 位置，如图 28-15 所示。

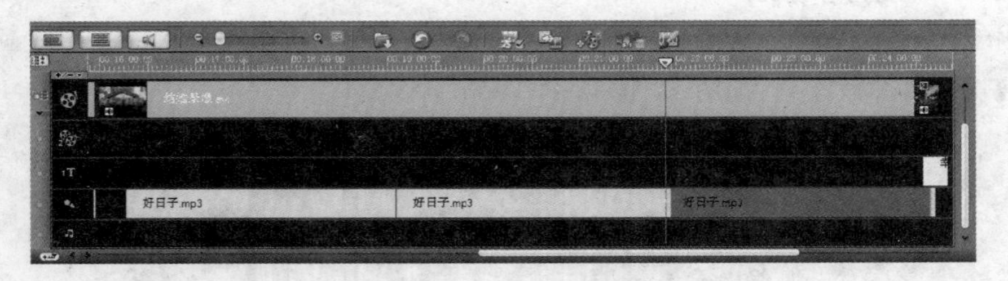

图　28-15

28.3　刻录光盘

步骤 1　保存项目

执行“文件”→“保存”命令，在打开的“另存为”对话框中单击“保存在”右侧的下三角按钮，确定项目保存的位置，并在“文件名”文本框中输入“婚庆影碟”文件名，单击“保存”按钮保存项目，如图 28-16 所示。

图　28-16

步骤 2　选择光盘类型

单击“分享”标签，在面板中单击“创建光盘”按钮，在打开的下拉列表中选择 DVD 选项，将光盘创建为 DVD 格式，如图 28-17 所示。

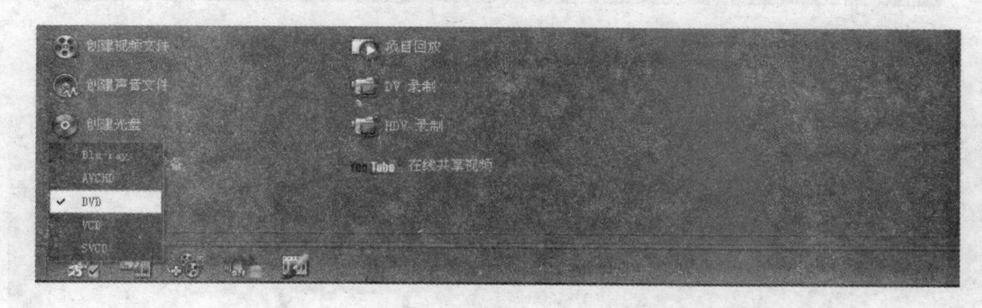

图　28-17

步骤 3　添加章节

在打开的 Corel VideoStudio 对话框中单击“添加章节”按钮，然后在打开的“添加/编辑章节”对话框中拖动“滑动条”滑块，分别在 02:23:15 位置、09:24:09 位置、12:54:19 位置和 16:01:20 位置单击“添加章节”按钮，并单击“确定”按钮完成章节的添加，如图 28-18 所示。

步骤 4　设置主菜单

单击“下一步”按钮，在打开的对话框中拖动“画廊”选项中的滑块，选择 05vs_SceB25 主菜单，并在“预览窗口”中将“我的主题”修改为“天作之合”，如图 28-19 所示。

步骤 5　创建光盘镜像

单击“下一步”按钮，在打开的 Corel VideoStudio 对话框中勾选“创建光盘镜像”复选框，并单击后面的“浏览用于创建光盘镜像文件的路径”按钮，在打开的对话框中选择光盘镜像文件保存的位置，然后单击“刻录”按钮，开始创建光盘镜像文件，如图 28-20 所示。

添加/编辑章节
拖动滑动条或单击「添加章节」(如果恰当的帧显示的话)
当前选取的素材:
婚庆影碟
自动添加章节...
删除章节
删除所有章节
总章节:
滑动条
确定
取消

图 28-18

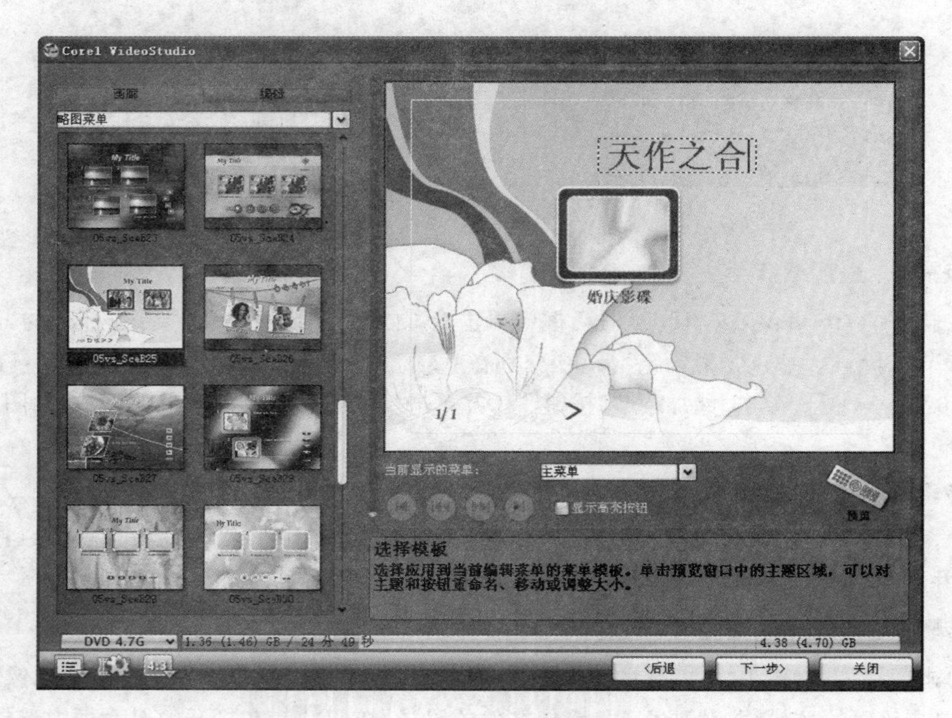
Corel VideoStudio
略图菜单
天作之合
婚庆影碟
1/1
当前显示的菜单:
主菜单
显示高亮按钮
预览
选择模板
选择应用到当前编辑菜单的菜单模板。单击预览窗口中的主题区域，可以对主题和按钮重命名、移动或调整大小。
DVD 4.7G
<后退
下一步>
关闭

图 28-19

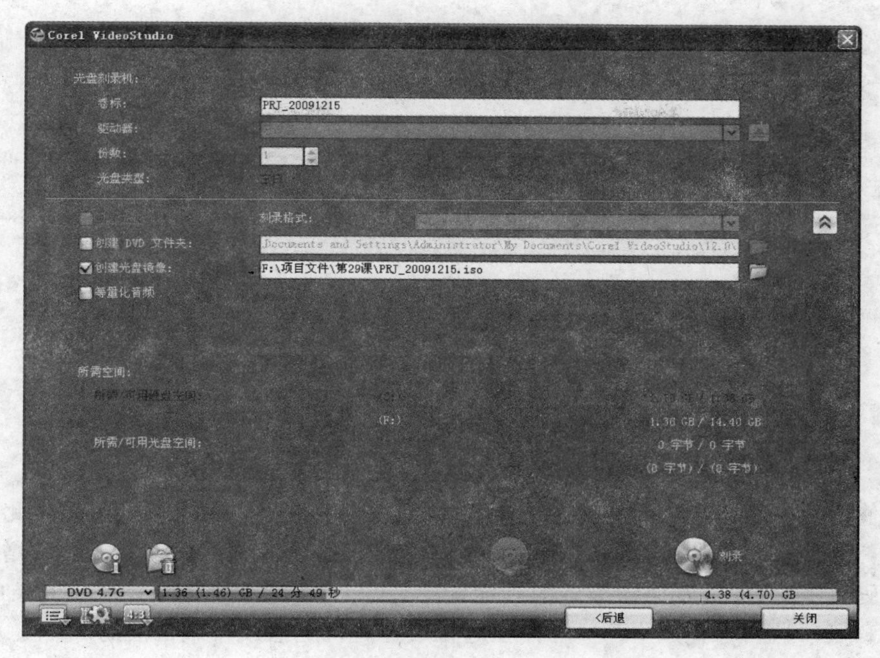

图　28-20

课堂练习

任务背景： 小王将朋友生日聚会影片中视频的部分编辑完成后，便通过本课学习的方法，为影片添加了标题及背景音乐。由于朋友家使用的是DVD，于是小王便将制作的生日聚会影片刻录成了DVD。

任务目标： 刻录生日聚会DVD光盘。

任务要求： 为影片添加标题字幕、背景音乐，并对音频素材进行剪辑修改，最后刻录DVD光盘。

任务提示： 为影片添加字幕时，用户可以添加一些祝福的话语，字幕可以使用彩色字体，使其醒目。另外，添加背景音乐时，也可以适当地保留一些视频素材中原有的声音，烘托氛围。

练习评价

项　目	标准描述	评定分值	得　分
基本要求60分	添加、编辑标题字幕	20	
	添加剪辑音频素材	20	
	使用会声会影软件刻录DVD光盘	20	
拓展要求40分	下载光盘刻录软件刻录光盘	40	
主观评价		总　分	

课后思考

（1）简单描述标题文字属性设置包括哪些？

（2）如何复制音频素材？

第12章

实战演练：旅游的记忆

第29课 制作幻灯片

平时使用数码相机拍摄的生活照、艺术照、风景照都显得过于简单、单调。此时，使用“数码故事”软件来制作具有个性创意效果的幻灯片，可以让静止的画面动起来，增强美感。其中，“数码故事”软件可以使拍摄到的画面配上音乐、字幕和转换效果，将其刻录成VCD、SVCD或DVD光盘，像播放MTV一样在电视或计算机上播放自编自演的PTV。

课堂讲解

任务背景： 小王的一位同学旅游回来，拜托小王把他拍摄到的整个旅游过程及景点，制作成精美的光盘，以便与其他同学分享。

任务目标： 了解数码影像后期、电视制式和视频格式等内容。

任务分析： 在学习影像后期作用之前，需要先了解影像的一般流程，并了解刻录光盘的相关知识。

29.1 幻灯片基本设置

步骤1 执行“选项”命令

启动“数码故事”软件，单击“文件”图标按钮，执行“选项”命令，如图29-1所示。

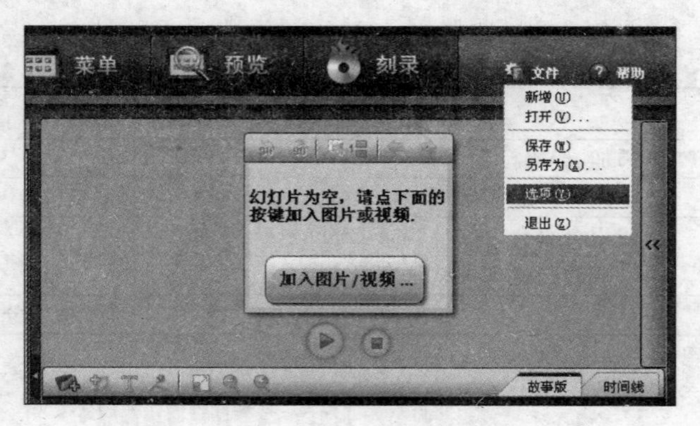

图 29-1

步骤2 选项的一般设置

在打开的“输出选项”对话框中单击“一般”标签，并在该对话框中设置幻灯片的“电视制式”、“视频比例”及“播放模式”，如图 29-2 所示。

小知识：“一般”选项设置

在“输出选项”对话框中，主要包含以下选项设置。

1）电视制式

电视信号的标准也称为电视的制式。电视制式是用来实现电视图像信号、伴音信号或其他信号传输的方法和电视图像的显示格式，以及这种方法和电视图像显示格式所采用的技术标准。

其中，视频信号是一种模拟信号，由视频模拟数据和视频同步数据构成，用于接收端正确地显示图像。信号的细节取决于应用的视频标准或者“制式”。“数码故事”软件主要包括两种电视制式，NTSC（National Television Standards Committee，美国全国电视标准委员会）和 PAL（Phase Alternate Line，逐行倒相）电视制式。

2）视频比例

视频比例是指影视播放器播放的影视画面长和宽的比例。普通家庭所用的 CRT 电视机，其显示画面长和宽的比例是 4∶3，即视频比例为 4∶3。目前正在发展的高清显示，视频比例一般要求是 16∶9。在“数码故事”中主要提供了 4∶3、16∶9 和 1∶1 3 种视频比例。

另外，单击“输出选项”对话框中的“高级”按钮，还可以在“选择格式”列表框中选择合适的 DVD 模式，也可以在“比例”栏中选择合适的比例，如图 29-3 所示。

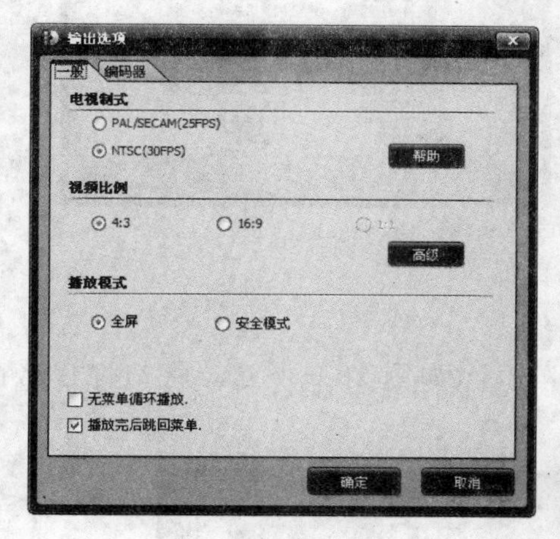

图　29-2

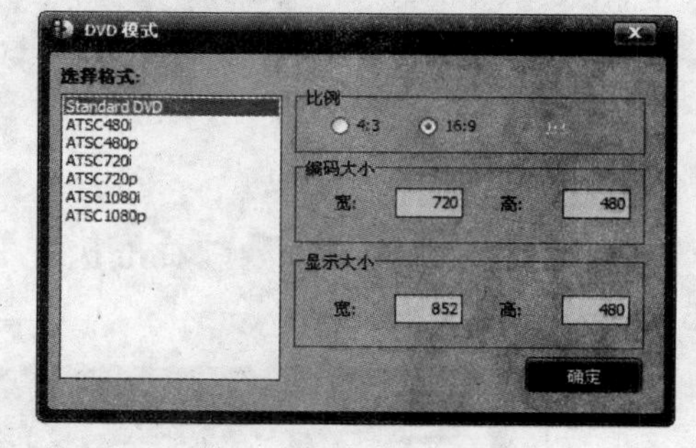

图　29-3

3）播放模式

在“播放模式”栏中主要包含两种播放模式，分别为“全屏”和“安全模式”。

另外，在“一般”选项卡中还包括两个复选项，分别为“无菜单循环播放”和“播放完后跳回菜单”，可根据需要进行选择。

步骤 3　设置编码器

单击“编码器”标签，在该选项卡中，可以设置“编码选项”、“视频质量”及“DVD 音频语言”，如图 29-4 所示。

小知识：编码器设置

在“编码器”选项卡中，可以对以下几项进行设置。

1）编码选项

在“编码选项”栏中主要包括强制 CBR 模式和渐进模式两个复选项。其中，强制 CBR 模式有助于改进兼容性，但有可能增加文件体积和降低质量。而渐进模式有助于改进质量和缩小体积，但硬件兼容性不佳。

2）视频质量

在“视频质量”栏中主要包括 3 个视频质量的选项，分别为“最快编码速度，但生成视频质量较差”；“中等质量，速度中等”和“最好质量，但所需时间较长”。

3）DVD 音频语言

在“DVD 音频语言”栏的下拉列表中可以选择其他的 DVD 音频语言。另外，还可以单击“更多”按钮，在弹出的“DVD 语言”对话框中，提供了更多的 DVD 音频语言，用户可以根据需要进行选择，如图 29-5 所示。

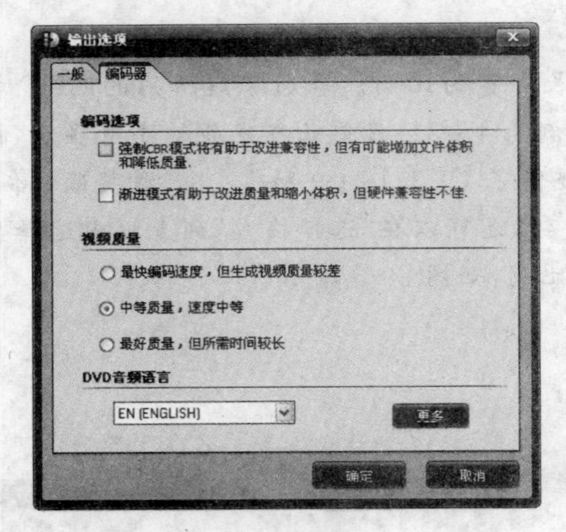

图　29-4

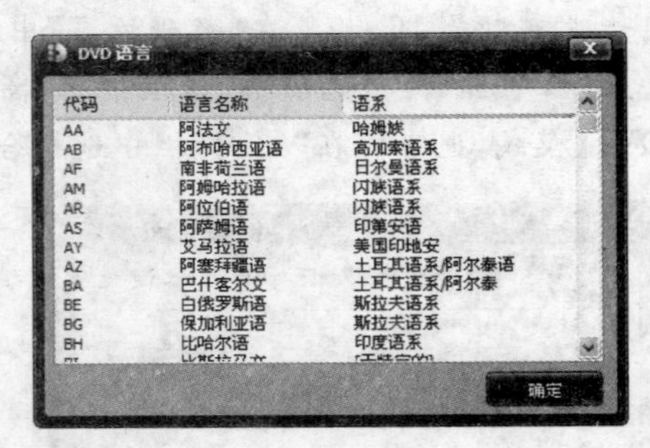

图　29-5

步骤 4　重命名幻灯片

选择幻灯片 Slideshow 1，右击执行“重命名”命令，如图 29-6 所示。将幻灯片名由 Slideshow 1 更改为“埃及风光”。

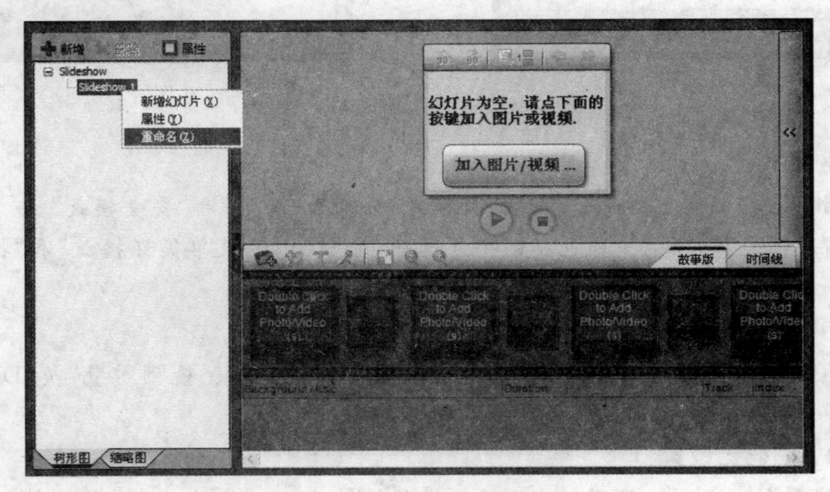

图　29-6

提示：单击“项目”列表框上的“属性”按钮，在弹出的“幻灯片属性”对话框中，也可重命名幻灯片。

29.2　添加图片素材

步骤1　导入素材

单击“数码故事”窗口中的“加入图片/视频”按钮［加入图片/视频...］，在弹出的“打开”对话框中选择需要插入的图片素材，如图29-7所示。

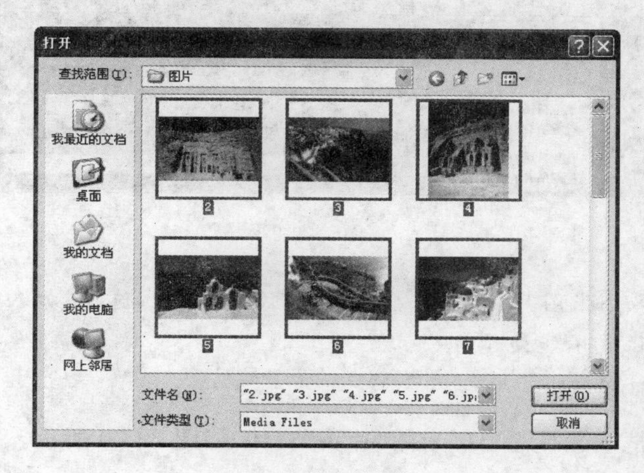

图　29-7

步骤2　显示导入的素材

单击“打开”对话框中的“打开”按钮，即可导入素材。此时，可以在“导览”面板和“视频轨”中查看导入的素材，如图29-8所示。

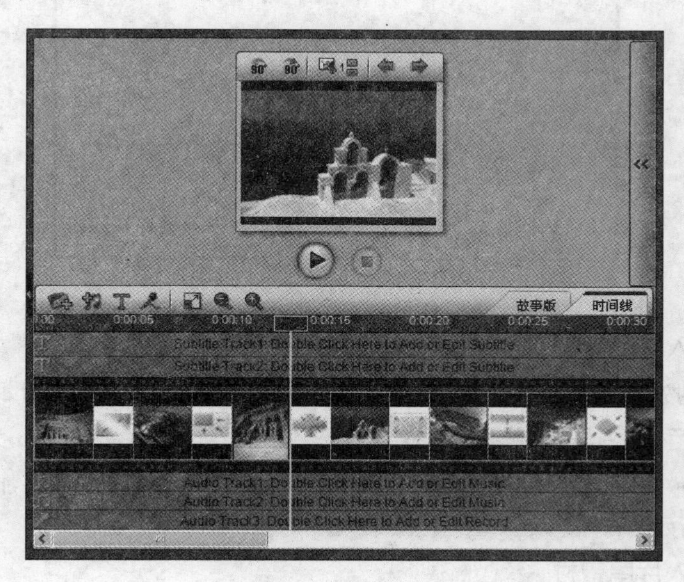

图　29-8

29.3 添加视频素材

步骤 1 选择“插入媒体剪辑”选项

在“视频轨”中右击第 1 张图片，选择“插入媒体剪辑”选项，如图 29-9 所示。

图 29-9

提示：若选择第 1 张图片，单击工具栏中的“添加”按钮，选择“加入图片/视频”选项，则插入的图片或视频位置不能处于片头位置。

步骤 2 选择视频素材

在“打开”对话框中选择需要插入的“片头”文件，如图 29-10 所示。

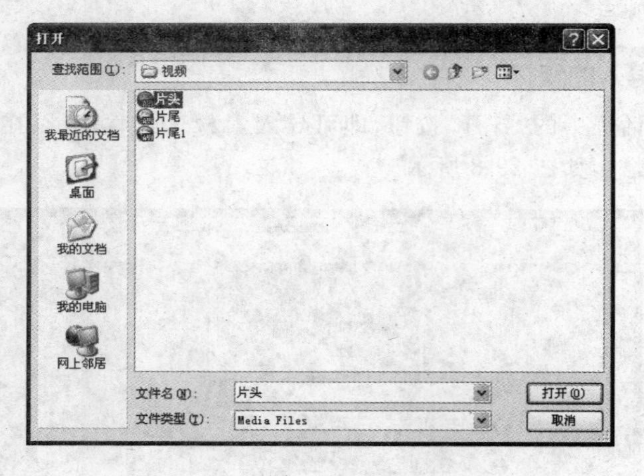

图 29-10

步骤 3 导入并查看视频素材

单击“打开”按钮，即可将“片头”素材导入“视频轨”中，如图 29-11 所示。

步骤 4 执行“加入图片/视频”命令

选择“视频轨”中的最后一张图片，并单击“添加”按钮 ，选择“加入图片/视频”选项，如图 29-12 所示。

步骤 5 导入片尾素材

在“打开”对话框中选择“片尾”素材进行插入，即可在“导览”面板和“视频轨”中查看导入的“片尾”素材，如图 29-13 所示。

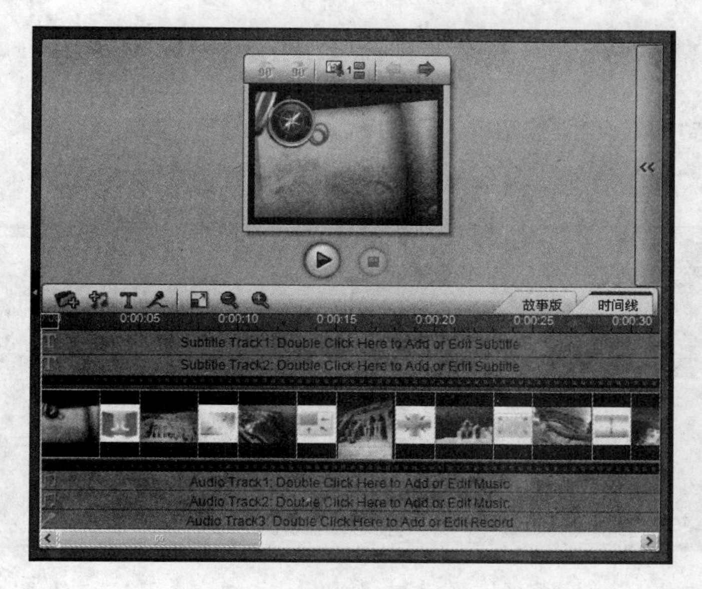

图　29-11

图　29-12

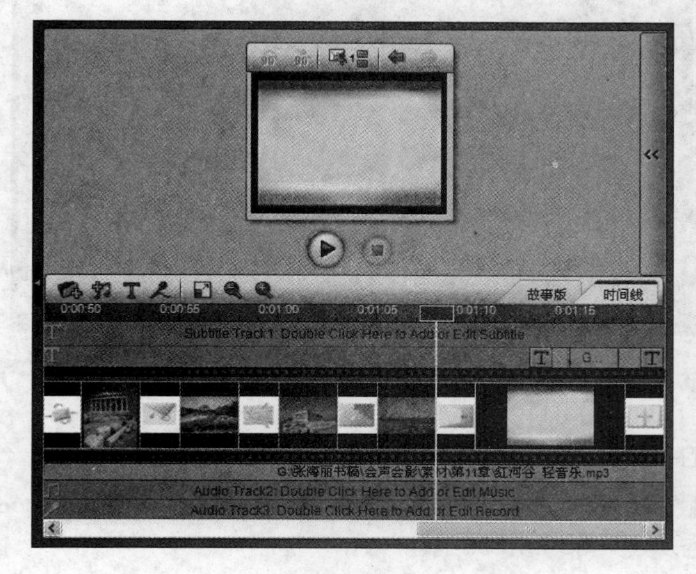

图　29-13

29.4 添加字幕

步骤 1　单击“加入文字”按钮

选择“视频轨”中的“片头”素材，单击“加入文字”按钮，如图 29-14 所示。

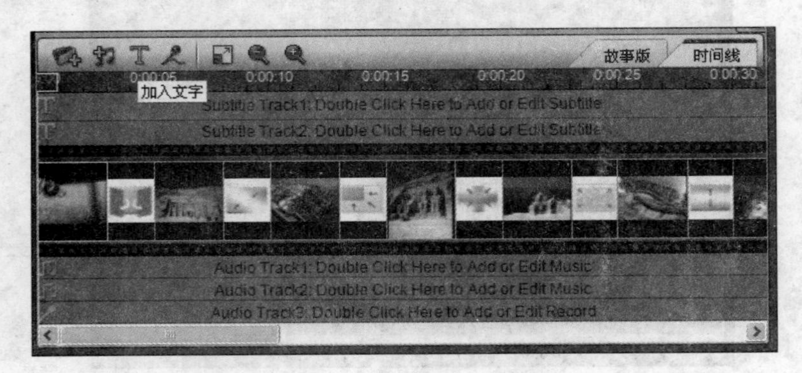

图　29-14

步骤 2　设置字幕格式

在弹出的“字幕编辑”对话框中输入“埃及之旅”，并设置“字体”为“华文彩云”，“字号”为64，“字形”为“加粗”，“字体颜色”为 pink，“动作”为“进入”，“类型”为 Circumvolve In，如图 29-15 所示。

图　29-15

步骤 3　设置片尾字幕格式

在“视频轨”中选择“片尾”素材，并在“字幕编辑”对话框中输入“Good Bye!”，设置字体、字形、字体颜色及效果等，如图 29-16 所示。

图 29-16

29.5 添加音效

步骤 1 单击“加入背景音乐”按钮

单击工具栏中的“加入背景音乐”按钮，如图 29-17 所示。

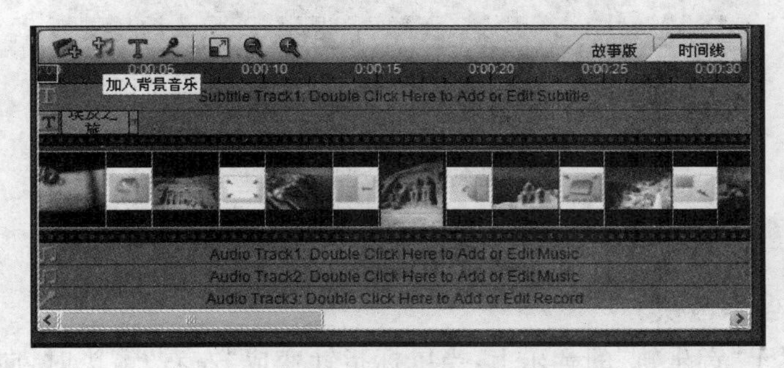

图 29-17

步骤 2 选择音频文件

在“打开”对话框中选择合适的音频文件，如图 29-18 所示。

图 29-18

步骤3　剪辑前奏音频

将鼠标指针置于“音乐轨”轨道的最左侧，当鼠标指针变成“左右”箭头时，向右拖动至如图29-19所示的位置后松开，即可将该音乐的一些空白前奏删除。

图　29-19

步骤4　拖动音频

选择“音乐轨”中的音乐，向左拖动至最左端，如图29-20所示。

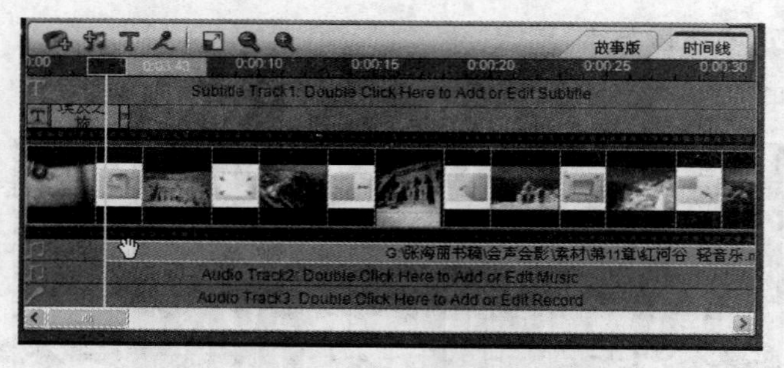

图　29-20

步骤5　剪辑多余音频

将鼠标指针置于“音乐轨”的音乐上，当鼠标指针变成“左右”箭头时，向右拖动至与“视频轨”中的图像长度一致时松开，如图29-21所示。

图　29-21

课堂练习

任务背景： 小王非常喜欢街舞，因此收集了不少街舞的视频片段，小王想将街舞片段制作成一个影片。

任务目标： 制作时尚街舞影片。

任务要求：将街舞视频素材导入"数码故事"软件中，并对视频素材进行剪辑，添加转场及效果。

任务提示：在"数码故事"软件中对视频素材的编辑比"会声会影"软件编辑视频的方法要简单。"数码故事"软件对视频素材的编辑均在"编辑视频"对话框中进行。

练习评价

项　目	标准描述	评定分值	得　分
基本要求 60 分	导入视频素材	20	
	剪辑视频素材	20	
	添加相框	20	
拓展要求 40 分	使用"数码故事"软件中提供的素材美化影片	40	
主观评价		总　分	

课后思考

(1) 如何对"数码故事"软件的电视制式进行设置？

(2) 如何为素材添加音效？

(3) 如何为素材的字幕设置格式？

第 30 课　后期处理旅游相册

旅游相册的后期处理主要包括对菜单样式的设置、预览及刻录等处理。其中，菜单展现了在电视机或计算机上播放时的显示画面，它犹如一个商品的外包装，菜单设计的好坏直接影响到整个项目的外表风格。本章将学习如何使用"数码故事"软件来制作菜单，主要包括对菜单样式及标题的设置，另外还可以为菜单添加背景音乐。

课堂讲解

任务背景：小王完成了对幻灯片的基本设置及素材的简单编辑之后，需要使用"数码故事"软件来制作一个精美的菜单并将旅游相册进行刻录。

任务目标：掌握制作菜单的一般流程、制作方法及光盘刻录的方法。

任务分析：在制作菜单时，可以学习如何为菜单添加背景图片、边框及背景音乐等，并且可以掌握"数码故事"软件制作菜单的一般工作流程及刻录光盘的流程。

30.1　选择菜单样式

步骤 1　选择菜单种类

在"步骤"面板中选择"菜单"选项卡，然后在"种类"下拉列表中选择 Travel 选项，如图 30-1 所示。

步骤 2　选择菜单样式

双击 Travel02 选项，即可选择菜单样式，如图 30-2 所示。

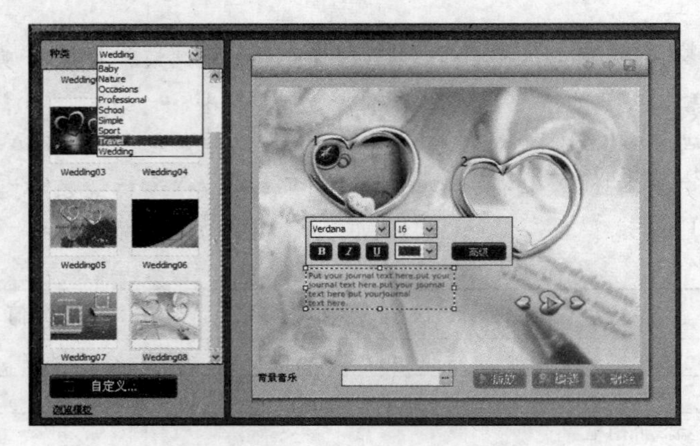

图 30-1

图 30-2

步骤 3 设置画框

双击需要设置的相框，即可打开"画框类型"对话框，在该对话框中选择合适的相框类型，如图 30-3 所示。

步骤 4 删除相框

选择要删除的相框，右击执行"删除"命令，即可删除多余的相框，如图 30-4 所示。

图 30-3

图 30-4

提示：选择需要删除的相框，按 Delete 键也可删除相框。

30.2　自定义菜单样式

步骤 1　单击“自定义”按钮

在“菜单”面板中单击“自定义”按钮，即可弹出“自定义菜单”对话框，如图 30-5 所示。

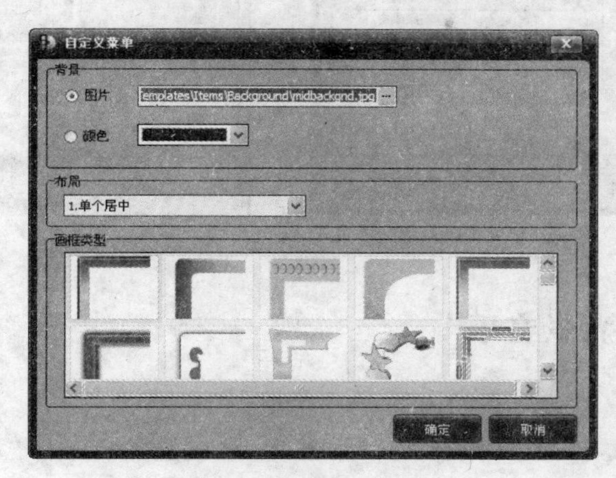

图　30-5

提示：选中“背景”栏中的“颜色”单选按钮，即可设置背景为一种颜色。

步骤 2　选择背景图片

选中“图片”单选按钮，并单击其后的“浏览”按钮 ⋯ ，在弹出的“选择图片”对话框中选择如图 30-6 所示的背景图片。

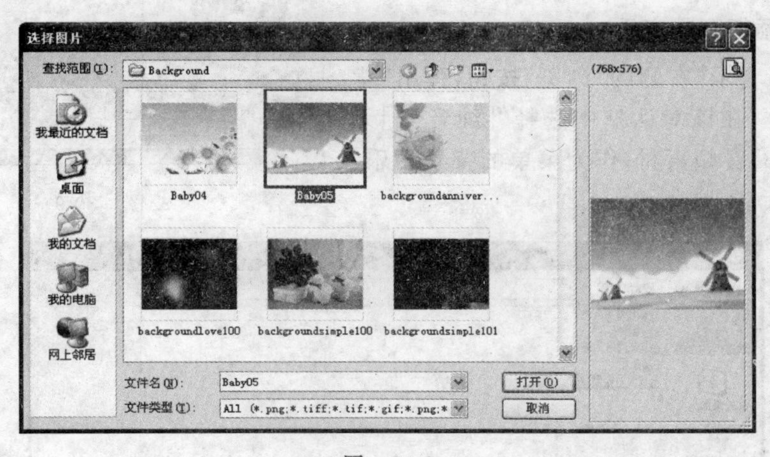

图　30-6

步骤 3　设置菜单布局及画框类型

在“布局”栏中单击“布局”右侧的下三角按钮，选择“1.单个居中”选项，然后在“画框类型”栏中，选择如图 30-7 所示的画框。

步骤 4　查看自定义菜单效果

单击“确定”按钮，即可在“菜单”面板中查看自定义的菜单样式，如图 30-8 所示。

图　30-7

图　30-8

30.3　添加标题和背景音乐

步骤 1　添加标题

双击文本框中的文字 My Photo CD，并更改为“一起旅行……”，然后设置“字体”为 Arial Unicode MS，“字号”为 64，“字体颜色”为 pink，如图 30-9 所示。

图　30-9

提示：若需要再次为菜单添加标题，可右击图片空白处，选择“加入文字”选项，可添加一个文本框。或者双击图片空白处，也可添加一个文本框。

步骤 2　添加背景音乐

单击“背景音乐”右侧的“浏览”按钮，弹出“背景音乐”对话框，在该对话框中选择“[纯音乐]天际-纯音乐.mp3”音频素材，作为菜单的背景音乐，如图 30-10 所示。

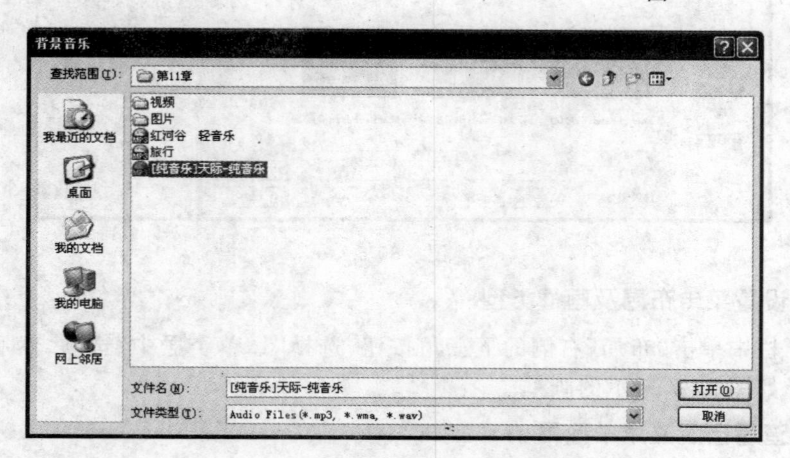

图　30-10

30.4　预览相册效果

步骤1　预览菜单

选择“步骤”面板中的“预览”选项卡，即可通过单击上方的各图标按钮来预览菜单的整体制作效果，如图30-11所示。

图　30-11

步骤2　预览幻灯片

单击“导览”面板中的1按钮，即可播放制作的第1张幻灯片的效果，如图30-12所示。单击其他的数值按钮，则可以查看其他幻灯片的制作效果。

图　30-12

30.5　刻录光盘

步骤1　刻录

在“步骤”面板中选择“刻录”选项卡，并设置其输出格式、生成镜像文件和生成DVD文件的相关参数，如图30-13所示。

小知识：刻录参数

- 输出格式：单击该选项右侧的下三角按钮，可以在弹出的菜单中选择影片的输出格式。

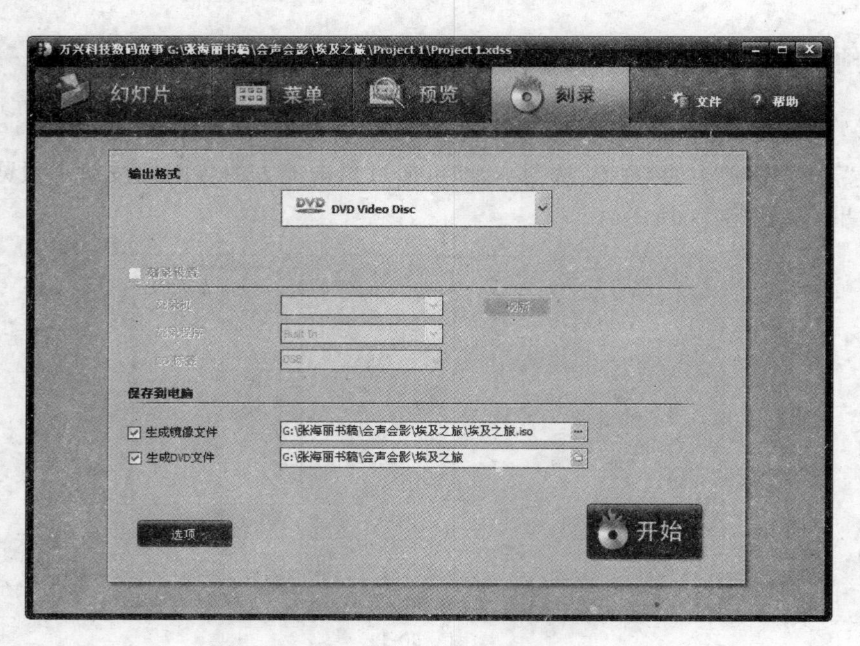

图 30-13

- 刻录设置：勾选该复选框，可以在该项中设置刻录机的型号、刻录程序及添加标签。
- 保存到电脑：在该项中勾选相应的复选框，可以在计算机的硬盘中生成光盘镜像文件及 DVD 文件。
- 选项：单击该图标按钮，可以在弹出的对话框中设置光盘的属性。

步骤 2　刻录过程

单击“开始”按钮，即可弹出“生成文件”对话框，如图 30-14 所示。

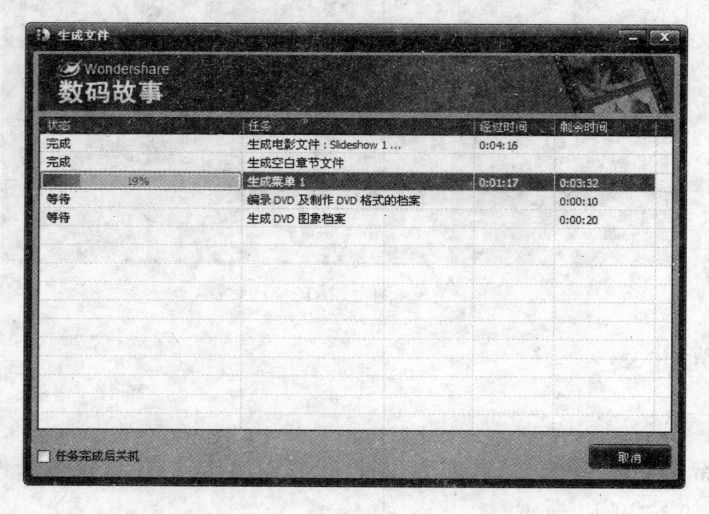

图 30-14

步骤 3　显示生成信息

刻录完成后，系统将弹出一个“生成信息”对话框，如图 30-15 所示。

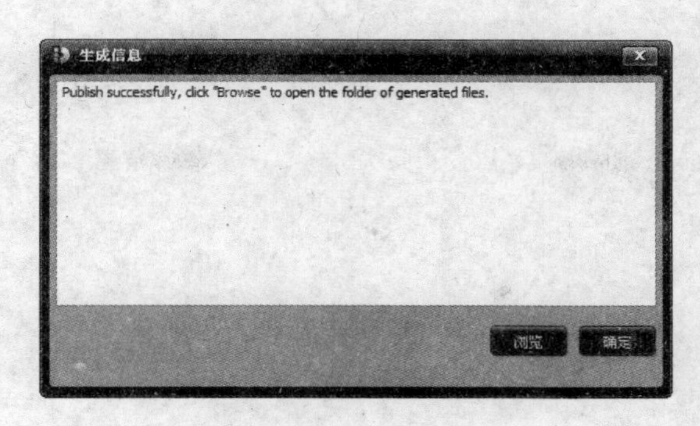

图　30-15

课堂练习

任务背景：小王使用“数码故事”软件将视频素材编辑完成后，便对影片进行添加标题字幕及背景音乐的修饰。由于制作的影片输出后占用硬盘的空间比较大，因此小王便将制作的影片刻录成了光盘保留。

任务目标：后期处理时尚街舞光盘。

任务要求：对制作的影片添加标题字幕、背景音乐，并使用“数码故事”软件刻录光盘。

任务提示：其实，使用“数码故事”软件刻录光盘的方法很简单，但是需要在网上搜索到相关的注意事项。

练习评价

项　目	标准描述	评定分值	得　分
基本要求 60 分	添加标题字幕	20	
	选择菜单样式	20	
	预览幻灯片效果及刻录光盘	20	
拓展要求 40 分	比较“会声会影”软件与“数码故事”软件刻录光盘的方法	40	
主观评价		总　分	

课后思考

(1) 菜单的设置方法是什么？

(2) 自定义菜单的方法是什么？